W0381702

Thieme

Audiometrie

Eine Anleitung für die praktische Hörprüfung

Dieter Mrowinski
Günther Scholz

4., aktualisierte und erweiterte Auflage

160 Abbildungen
13 Tabellen

Mit CD-ROM AUDIOSIM-Lernprogramm für die Tonschwellenaudiometrie mit Vertäubung

Georg Thieme Verlag
Stuttgart · New York

Anschriften:
Professor Dr.-Ing. Dieter Mrowinski
Uetzer Steig 24
14089 Berlin
E-Mail: dieter.mrowinski@t-online.de

Dr. rer. medic. Dipl.-Ing. Günther Scholz
Charité, Universitätsmedizin Berlin
HNO-Klinik, Campus Mitte
Charitéplatz 1
10117 Berlin
E-Mail: g.scholz.berlin@gmx.de

Bibliografische Information
der Deutschen Nationalbibliothek

Die Deutsche Nationalbibliothek verzeichnet diese Publikation in der Deutschen Nationalbibliografie; detaillierte bibliografische Daten sind im Internet über http://dnb.d-nb.de abrufbar.

1. Auflage 1994
2. Auflage 2002
3. Auflage 2006

© 4. Aufl., 2011 Georg Thieme Verlag KG
Rüdigerstraße 14
70469 Stuttgart
Deutschland
Telefon: +49/(0)711/8931-0
Unsere Homepage: www.thieme.de

Printed in Germany

Grafikbearbeitung und Neuzeichnungen:
Helmut Holtermann, Dannenberg
Umschlaggestaltung: Thieme Verlagsgruppe
Redaktion: Claudia Franke, RossaMedia GmbH, Erding
Satz: primustype Hurler GmbH, Notzingen
gesetzt in UltraXML
Druck: Grafisches Centrum Cuno, Calbe

ISBN 978-3-13-118004-9
Auch erhältlich als E-Book:
eISBN (PDF) 978-3-13-157754-2

1 2 3 4 5 6

Wichtiger Hinweis: Wie jede Wissenschaft ist die Medizin ständigen Entwicklungen unterworfen. Forschung und klinische Erfahrung erweitern unsere Erkenntnisse, insbesondere was Behandlung und medikamentöse Therapie anbelangt. Soweit in diesem Werk eine Dosierung oder eine Applikation erwähnt wird, darf der Leser zwar darauf vertrauen, dass Autoren, Herausgeber und Verlag große Sorgfalt darauf verwandt haben, dass diese Angabe **dem Wissensstand bei Fertigstellung des Werkes** entspricht.
Für Angaben über Dosierungsanweisungen und Applikationsformen kann vom Verlag jedoch keine Gewähr übernommen werden. **Jeder Benutzer ist angehalten**, durch sorgfältige Prüfung der Beipackzettel der verwendeten Präparate und gegebenenfalls nach Konsultation eines Spezialisten festzustellen, ob die dort gegebene Empfehlung für Dosierungen oder die Beachtung von Kontraindikationen gegenüber der Angabe in diesem Buch abweicht. Eine solche Prüfung ist besonders wichtig bei selten verwendeten Präparaten oder solchen, die neu auf den Markt gebracht worden sind. **Jede Dosierung oder Applikation erfolgt auf eigene Gefahr des Benutzers.** Autoren und Verlag appellieren an jeden Benutzer, ihm etwa auffallende Ungenauigkeiten dem Verlag mitzuteilen.

Geschützte Warennamen (Warenzeichen) werden **nicht** besonders kenntlich gemacht. Aus dem Fehlen eines solchen Hinweises kann also nicht geschlossen werden, dass es sich um einen freien Warennamen handelt.
Das Werk, einschließlich aller seiner Teile, ist urheberrechtlich geschützt. Jede Verwertung außerhalb der engen Grenzen des Urheberrechtsgesetzes ist ohne Zustimmung des Verlages unzulässig und strafbar. Das gilt insbesondere für Vervielfältigungen, Übersetzungen, Mikroverfilmungen und die Einspeicherung und Verarbeitung in elektronischen Systemen.

Vorwort zur ersten Auflage

Dieses Buch beruht auf dem Inhalt und den Erfahrungen unserer seit vielen Jahren durchgeführten Kurse zur subjektiven und objektiven Audiometrie, die wir für Hals-Nasen-Ohren-Ärzte, Arbeitsmediziner, Audiometristinnen und Arzthelferinnen durchgeführt haben. Das Buch kann in seiner konzentrierten Darstellung aber auch für Medizinstudenten, Hörgeräteakustiker und Ingenieure hilfreich sein. Es ist in der Theorie sehr kurz gefasst, deckt aber den gesamten für die moderne Hörprüfung erforderlichen Bereich bis zur BERA und den otoakustischen Emissionen ab. Die ausführlichen Bilddarstellungen sollen eine schnelle Information am Arbeitsplatz erlauben.

Die Autoren D. Mrowinski, G. Gerull und G. Scholz sind Ingenieurwissenschaftler, die zusammen mit Ärzten der Hals-Nasen-Ohren-Universitätsklinik in einer Arbeitsgruppe für Sinnesdiagnostik tätig sind. Herr Priv.-Doz. Dr. J. Thoma war Oberarzt an unserer Klinik und ist jetzt niedergelassener HNO-Facharzt, und Frau OÄ Dr. Karin Zieger leitet unsere Phoniatrie/Pädaudiologie. Wertvolle Hinweise und Korrekturen verdanken wir auch unseren Audiometristinnen Angelika Exner-Nicolau, Kathrin Gogolok, Ruth Heinzmann, Sabine Schiffer Nasserie, Barbara Schimmel und Marion Wilhelm. Für seine unermüdliche Arbeit an Text und Abbildungen danken wir Herrn G. Dommenget. Dem Thieme Verlag danken wir für die freundliche und fachkundige Beratung und die zügige Herstellung dieses Buches.

Berlin, im Januar 1994

D. Mrowinski
G. Gerull
G. Scholz
J. Thoma

Vorwort zur vierten Auflage

Wir freuen uns, dass nach dem Erfolg der dritten Auflage eine vierte erscheinen kann. In allen Kapiteln wurden Verbesserungen und Ergänzungen vorgenommen. Das Kapitel der akustisch evozierten Potenziale wurde um die Chirp-BERA erweitert, die Hörgerätetechnik um neue Verfahren der Signalverarbeitung ergänzt und die Arbeitsmedizin entsprechend der neuen Verordnung aktualisiert. Für Korrekturvorschläge und Erweiterungswünsche wenden Sie sich am besten per E-Mail direkt an uns.

Das bewährte Lernprogramm AUDIOSIM auf der beigefügten CD ist von A. Voigt neu programmiert und den derzeitigen PC-Betriebssystemen angepasst worden. Wir bedanken uns beim Thieme Verlag für die Mithilfe in Wort und Bild.

Berlin, im Januar 2011

D. Mrowinski
G. Scholz

Inhaltsverzeichnis

1 Das Hörorgan

Äußeres Ohr

Beim Hören im freien Schallfeld und vor allem für das Richtungshören ist die charakteristische Form der *Ohrmuschel* von Bedeutung. Bei den üblichen audiometrischen Untersuchungen kann dies aber in der Regel unberücksichtigt bleiben.

Der *äußere Gehörgang* beginnt am Grunde der Ohrmuschel und endet am Trommelfell (Abb. 1.**1**). Im äußeren Teil besteht der Gehörgang aus Knorpel und ist deshalb (in engen Grenzen) dehnbar und elastisch. In seinem knorpeligen Anteil kann man durch Einführen eines Ohrtrichters den nicht ganz gerade verlaufenden Gehörgang so ausrichten, dass der Blick auf das *Trommelfell* freigegeben wird. Im starren knöchernen Gehörgang ist die Haut sehr dünn und extrem schmerzempfindlich, daher sollte man dort mit Manipulationen zurückhaltend und vorsichtig sein.

Die Haut des äußeren Gehörgangs wird durch das Ohrschmalz (Zerumen) feucht und geschmeidig gehalten, eine wichtige Voraussetzung für die Widerstandskraft der Haut gegen das Eindringen von Krankheitserregern. Es wandert mit den Teilen der Haut, deren oberste Schicht sich regelmäßig erneuert, nach außen. Bei manchen Menschen funktioniert dieser Selbstreinigungsmechanismus nicht oder nur ungenügend: Es kommt zur Bildung eines Zerumenpfropfs, welcher, um einen ungehinderten Schalltransport zum Mittelohr sicherzustellen, vor der audiometrischen Untersuchung durch den Arzt entfernt werden muss.

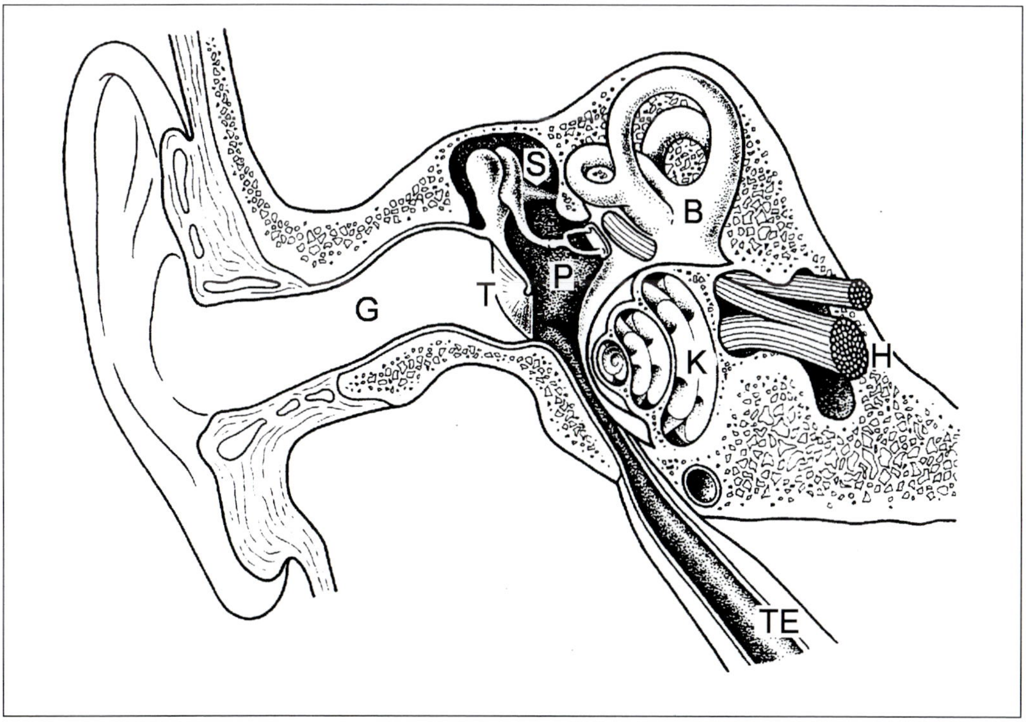

Abb. 1.**1** Das Ohr. G: Gehörgang, T: Trommelfell, P: Paukenhöhle, S: Stapediusmuskel, K: Kochlea, H: Hörnerv, TE: Eustachische Tube, B: Bogengänge.

Mittelohr

Nachdem der Schall seinen Weg durch den Gehörgang genommen hat, trifft er auf das Trommelfell, welches die Eintrittspforte zum Mittelohr darstellt (Abb. 1.**1**). Das Trommelfell ist eine zarte Membran, die mittels eines Faserrings (des Anulus fibrosus) in den Knochen eingelassen ist. Dieser Faserring fehlt nur in einem kleinen Teil des Trommelfells (Pars flaccida). Dies ist die Stelle, an welcher bei der Entstehung eines Cholesteatoms (s. u.) durch eine randständige Trommelfellperforation Haut vom Gehörgang in das Innere des Mittelohres einwachsen kann.

Etwa in der Mitte des Trommelfells ist das erste Gehörknöchelchen, der Hammer, befestigt. Von dort wird die Schallenergie an das zweite Gehörknöchelchen, den Amboss, und von diesem an den Steigbügel weitergeleitet. Die Fußplatte des Steigbügels verschließt das ovale Fenster mit der Eingangsmembran zum Innenohr. Sie leitet die Schwingungen von Trommelfell und Gehörknöchelchen in die Innenohrflüssigkeit weiter.

Eine wichtige Funktion kommt der *Ohrtrompete*, der Tuba Eustachii (Abb. 1.**1**, rechts unten), zu. Sie nimmt ihren Ausgang am Boden des Mittelohrs und endet im Nasenrachenraum. Beim Schlucken oder Gähnen öffnet sie sich im nasalen Anteil, wodurch ein Druckausgleich zwischen der im Mittelohr eingeschlossenen Luft und dem jeweils herrschenden atmosphärischen Außendruck herbeigeführt wird. Diese Druckgleichheit ist die wichtigste Voraussetzung für ein ungehindertes Schwingen des Trommelfells. Unter- oder Überdruck führen zu einer Versteifung des Trommelfells und zu einer eingeschränkten Weiterleitung des Schalls vom äußeren Gehörgang zum Innenohr.

Auf den ersten Blick scheint die komplizierte Struktur des Mittelohrs eine überflüssige Laune der Natur zu sein, es wäre doch (scheinbar) viel einfacher, die Schallenergie auf direktem Wege an die Innenohrstrukturen heranzuführen. Doch erinnern wir uns: Bis zum Trommelfell findet der gesamte Schalltransport in der uns umgebenden Luft statt. An der Fußplatte muss die Schallenergie in das flüssigkeitsgefüllte Innenohr übertragen werden. Flüssigkeiten setzten jedoch den Schallwellen einen vielfach höheren Widerstand (Impedanz) entgegen als Luft. Trommelfell und Gehörknöchelchen dienen dazu, diesen Unterschied durch eine Schalldruckverstärkung zu überwinden: Durch die Hebelwirkung der Gehörknöchelchen und durch die Konzentration der Schallenergie von der großen Fläche des Trommelfells auf die sehr viel kleinere Fußplatte des Steigbügels wird eine Schalldruckverstärkung um das ca. 25-Fache erreicht.

Zwei kleine Muskeln, welche an den Gehörknöchelchen ansetzen, können die Schallübertragung beeinflussen: Der *Stapediusmuskel* kippt, durch hohe Schallintensitäten aktiviert, den Steigbügel ein wenig an und versteift auf diese Weise die Gehörknöchelchen, um das Hörorgan vor einer Überlastung zu schützen. Das Gleiche geschieht bei höherem Schalldruck durch die Kontraktion des Tensor-tympani-Muskels, welcher am Hammer ansetzt.

Innenohr

Anatomie

Das Innenohr, welches Gleichgewichts- und Hörorgan gleichermaßen umfasst (wobei wir allerdings nur letzteres näher betrachten wollen), bietet auf den ersten Blick ein kompliziertes Bild (Abb. 1.**1**, rechts), weswegen es auch *„Labyrinth"* genannt wird: Es besteht aus einem Flüssigkeitsraum, der aber nicht einen langgestreckten Gang darstellt, sondern vielfältig gewunden ist: im Gleichgewichtsteil zu den Bogengängen mit dazwischen liegenden sackartigen Erweiterungen

(Sakkulus und Utrikulus), im Hörorgan zur Ohrschnecke, der *Kochlea*.

Der Eingang der Schnecke, das ovale Fenster, liegt unter der Steigbügelfußplatte. Dahinter beginnt ein mit Flüssigkeit (Perilymphe) gefüllter, gewundener Schlauch, die *Scala vestibuli* (Vorhoftreppe). Das Ende dieses Schlauchs mündet an der Schneckenspitze mit einer kleinen Öffnung (*Helikotrema*) in die *Scala tympani* (Paukentreppe), die zum Mittelohr zurückführt und durch eine elastische Membran im *runden Fenster* abgeschlossen ist.

Zwischen beiden Gängen zieht sich in gleichen Windungen ein weiterer mit Flüssigkeit (Endolymphe) gefüllter Raum von der Schneckenbasis bis zur Spitze, der Ductus cochlearis (Schneckengang), dessen Boden die *Basilarmembran* bildet, ein dünnes, schwingungsfähiges Häutchen. Die Abb. 1.**2** zeigt einen Querschnitt durch eine Windung der Kochlea.

Auf der Basilarmembran sind in einer Reihe die inneren und in drei Reihen die äußeren Haarzellen angeordnet, deren haarähnliche Zilien in die Tektorialmembran ragen. Diese Anordnung wird *Corti-Organ* genannt (Abb. 1.**3**). Eine Erregung der Sinneszellen kommt durch Scherbewegungen der Sinneshärchen zustande. Dadurch werden im Hörnerv elektrische Entladungen (Aktionspotenziale) ausgelöst.

Von den etwa 30000 Fasern des Hörnerven sind 95% mit den inneren Haarzellen verbunden und leiten die akustische Erregung zum Gehirn weiter (afferente Fasern). Die äußeren Haarzellen sind überwiegend mit efferenten Nervenfasern verkoppelt, die zentrale Informationen zum Hörorgan übermitteln.

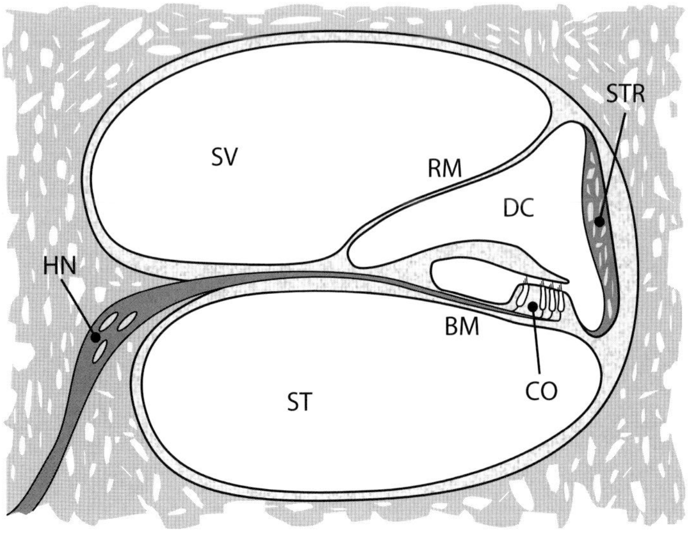

Abb. 1.**2** Schematischer Querschnitt durch eine Schneckenwindung. SV: Scala vestibuli, ST: Scala tympani, DC: Ductus cochlearis, RM: Reissner-Membran, BM: Basilarmembran, CO: Corti-Organ, STR: Stria vascularis, HN: Hörnerv.

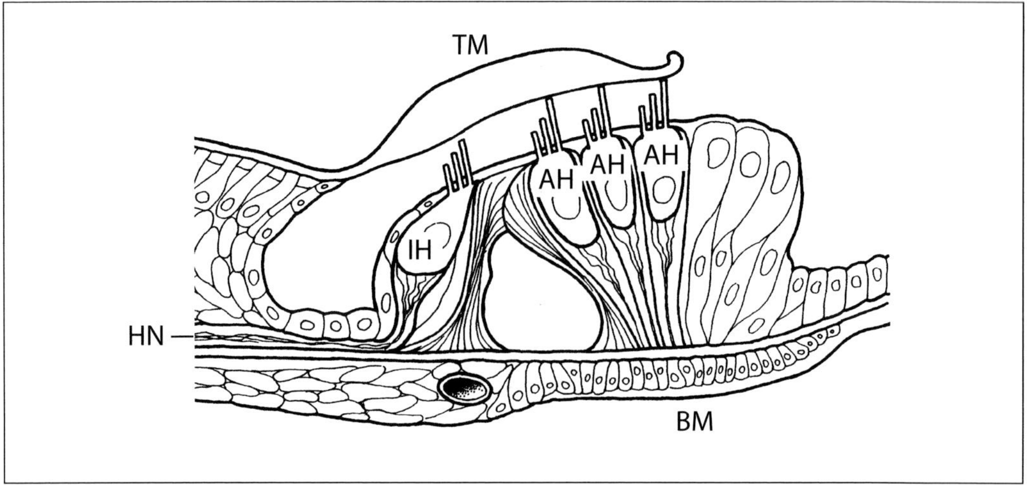

Abb. 1.3 Corti-Organ mit IH: Innere Haarzelle, AH: Äußere Haarzelle, BM: Basilarmembran, TM: Tektorialmembran, HN: Hörnerv.

Akustische Anregung und Tonhöhenwahrnehmung

Die Bewegung der Luftmoleküle bei einem Schallreiz versetzt das Trommelfell und die Gehörknöchelchen in Schwingungen. Über die Fußplatte des Steigbügels gelangen die Schwingungen in die Innenohrflüssigkeit. Auf der Basilarmembran pflanzt sich eine Wanderwelle fort, die vom ovalen Fenster weg in die Schnecke hineinläuft. Der größte Ausschlag dieser Wanderwelle liegt im Verlauf der Basilarmembran für jede Frequenz an einem jeweils zugehörigen Ort. Danach flacht die Welle sehr rasch ab. Am Punkt ihres größten Ausschlags wirken die stärksten Scherkräfte auf die dort befindlichen Haarzellen; dort werden auch die meisten Aktionspotenziale ausgelöst.

Hohe Töne verursachen die größte Auslenkung der Basilarmembran bereits an der Basis der Schnecke. Bei tieferen Tönen muss die Wanderwelle erst weiter in die Schnecke hineinlaufen, um nahe der Spitze (Apex) ihre größte Kraft zu entfalten. Zusätzlich zu diesem Ortsprinzip wird die Tonhöhe auch aus dem zeitlichen Abstand der Aktionspotenziale bestimmt, die mit der Periodendauer des erregenden Tones aufeinander folgen (Periodizitätsprinzip).

Kann ein Patient hohe Frequenzen nicht mehr hören, so sind seine Haarzellen an der Basis der Kochlea geschädigt. Diese *basokochleäre* Schwerhörigkeit tritt bei der Alters- und der Lärmschwerhörigkeit auf. Eine Innenohrhörstörung im tiefen Frequenzbereich beruht auf einer Schädigung im Bereich der Spitze der Kochlea und wird *apikokochleäre* Schwerhörigkeit genannt. Sie ist typisch für die Menière-Krankheit. Eine Hörschädigung im mittleren Schneckenbereich (*mediokochleäre* Schwerhörigkeit) kann erblich bedingt sein.

Äußere Haarzellen als aktive Verstärker

Mit der bisher beschriebenen mechanischen Anregung der Wanderwelle sind die Empfindlichkeit und die Trennschärfe des Gehörs nicht zu erklären. An der Hörschwelle schwingt das Trommelfell um 10^{-10} m; dies ist weniger als ein Atomdurchmesser. Wir können Frequenzunterschiede vom 30. Teil eines Halbtons hören. Diese Leistungen kann das Corti-Organ nur durch eine aktive Mitarbeit vollbringen.

Durch Messungen an isolierten äußeren Haarzellen wurde gefunden, dass diese sich bei elektrischer Reizung verkürzen und verlängern können. Bei einer Bewegung der Härchen (Stereozilien) entsteht in der Haarzelle eine elektrische Spannung (Rezeptorpotenzial), die wiederum auf die Haarzelle einwirkt und ihre periodische Dehnung und Stauchung verstärkt. Die Energie für dieses „Aufschaukeln" der Haarzellen wird durch elektrochemische Prozesse in der Stria vascularis (ein Zellgewebe im Ductus cochlearis, Abb. 1.**2**) geliefert. Durch die verstärkten Schwingungen der äußeren Haarzellen des Corti-Organs werden im gesunden Ohr „Arbeitsgeräusche" ausgelöst, die im Gehörgang als *otoakustische Emissionen* gemessen werden können.

Dieser aktive Verstärkungsprozess erhöht die Amplitude der mechanischen Wanderwelle in Schwellennähe am Ort der höchsten Auslenkung um das Hundertfache (40 dB). Die Abb. 1.**4** zeigt schematisch den Verlauf der passiven und der aktiv verstärkten Wanderwelle. Es ist zu erkennen, wie die Empfindlichkeit und Trennschärfe durch die aktive Verstärkung erhöht werden. Die verstärkte Schwingung wird über den Kontakt zur Tektorialmembran an die inneren Haarzellen weitergegeben, die den Hörnerv erregen. Für höhere Schallpegel nimmt die Verstärkung ab, bis ab etwa 60 dB SPL nur die passive Auslenkung verbleibt.

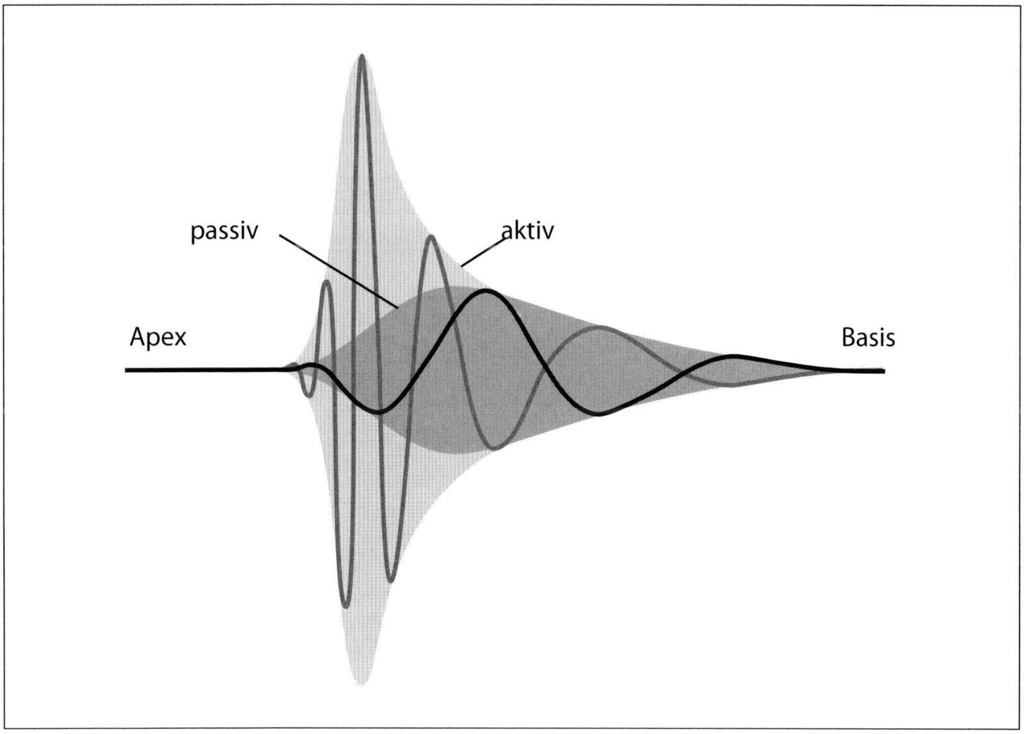

Abb. 1.**4** Passive und aktiv verstärkte kochleäre Wanderwelle mit Hüllkurven. Die aktive Wanderwelle zeigt eine verstärkte Amplitude und erhöhte Trennschärfe.

Lautheitsausgleich (Rekruitment)

Von einem Innenohrtrauma (z. B. durch Lärm oder ototoxische Medikamente) sind immer zunächst die empfindlicheren äußeren Haarzellen betroffen. Erst beim Fortschreiten der Schädigung leiden auch die inneren Haarzellen. Nach einer Zerstörung der aktiven äußeren Haarzellen entsteht ein Hörverlust von etwa 50–60 dB. Über dieser Schwelle steigt die Lautstärkeempfindung aber stark an, da die inneren Haarzellen bei höheren Pegeln auch bei gesundem Ohr nur passiv angeregt werden. Trotz des Verlustes des leisen und mittleren Hörbereichs werden laute Töne so laut wahrgenommen wie im gesunden Ohr. Dieser *Lautheitsausgleich* wird auch *Rekruitment* genannt. Das Verstehen von Sprache wird durch die schlechtere Trennschärfe der passiven Wanderwelle zusätzlich erschwert.

Retrokochleäre Hörbahn

Mit dem Hörnerv, dessen Ganglienzellen sich im Zentrum der knöchernen Schnecke befinden, beginnt der *retro*kochleäre (*hinter* der Kochlea liegende) Anteil des Hörorgans. Die dem Gehirn zulaufenden Fasern des Hörnerven enden in Schaltzentralen des Hirnstamms, welche vorderer und hinterer Kochleariskern (Nucleus cochlearis, vgl. Abb. 13.**1**) genannt werden. Von dort zieht eine zweite Nervenbahn teilweise gekreuzt, aber auch ungekreuzt zu einem weiteren Kerngebiet, den oberen Olivenkernen beider Seiten. Die nächste Umschaltung erfolgt in den medialen Kniehöckern (Corpus geniculatum mediale) beider Seiten, von welchen ein ganzes Bündel von Nervenbahnen in die Schläfenlappen zieht.

Da ein Teil der Hörbahn auf die Gegenseite kreuzt, ist jedes periphere Labyrinth mit beiden Gehirnhälften verbunden. Entsprechend treten bei der Schädigung einer Hemisphäre nur geringe Störungen auf. Die primäre Hirnrinde liegt in beiden Schläfenlappen an der Vorderseite der Sylvanischen Fissur. Sekundäre Hörgebiete liegen weiter zentralwärts. In diesen Hörzentren werden Tonhöhenunterschiede, Lautstärkedifferenzen und Zeitmuster von Erregungen verarbeitet. Die bewusste Wahrnehmung des Gehörten spielt sich jedoch erst in der Großhirnrinde (Kortex) ab.

2 Krankheiten des Gehörs

Es gibt sehr viele verschiedene Erkrankungen des Ohres. Hier sollen nur einige wenige Krankheitsbilder beispielgebend erläutert werden, um bestimmte immer wiederkehrende Mechanismen der Funktionsstörungen deutlich werden zu lassen. Ein Hörverlust kann seine Ursache in einer Mittelohr-, Innenohr- oder Hörnervenerkrankung haben. Die Mittelohrhörstörung wird auch *Schallleitungsstörung* genannt, im Gegensatz zur *Schallempfindungsstörung* (auch: *sensorineurale Hörstörung*), die auf Erkrankungen des Innenohres oder des Hörnerven beruht.

Mittelohr

Mittelohrentzündung

Die Mittelohrentzündung (Otitis media) ist eine der häufigsten Erkrankungen im Kindesalter. Am Beginn steht meist ein Infekt des Nasen- bzw. Nasenrachenraums, wobei den Rachenmandeln (Adenoiden) eine besondere Bedeutung zukommt. Durch die Schwellung der Schleimhaut in diesem Bereich kommt es zu einem funktionellen Verschluss der Ohrtrompete, und der Druckausgleich zwischen Mittelohrdruck und dem atmosphärischen Druck der Außenluft bleibt aus. Durch fortwährende Resorption der im Mittelohrraum eingeschlossenen Luft entsteht dort ein Unterdruck; das Trommelfell wird nach innen gezogen (Trommelfellretraktion). Wird dieser Unterdruck über längere Zeit nicht ausgeglichen, tritt Flüssigkeit (Serum) aus dem Blutkreislauf in den Mittelohrraum, füllt diesen schließlich aus und behindert dadurch die Schwingungsfähigkeit von Trommelfell und Gehörknöchelchen (Sero- oder Mukotympanon). Auf diese Weise entsteht eine Schallleitungsschwerhörigkeit.

Gelangen Bakterien in den Mittelohrraum, so kann es zur eitrigen Mittelohrentzündung kommen, welche auch mit einer bleibenden Perforation des Trommelfells enden kann.

Cholesteatom

Bei einer randständigen Trommelfellperforation oder Unterbrechungen des Faserringes (Anulus fibrosus), der das Trommelfell umfasst, kann Haut aus dem Gehörgang in das Mittelohr einwachsen. Die von dieser Haut gebildeten Hornmassen und enzymatische Vorgänge führen zu einer chronischen Knocheneiterung (Cholesteatom), welche sich schrankenlos auf angrenzende Strukturen wie z. B. den Gesichtsnerv, die Kochlea oder die harte Hirnhaut ausbreitet und diese schließlich zerstört. Das Cholesteatom muss chirurgisch vollständig entfernt werden.

Otosklerose

Eine weitere Form der Schallleitungsschwerhörigkeit ist die Otosklerose. Als Folge von Knochenumbauvorgängen kommt es, wenn letztere in der Nähe des ovalen Fensters stattfinden, zu einer Bewegungseinschränkung des Steigbügels. Die Therapie dieser Erkrankung besteht im Ersatz des fixierten Steigbügels durch eine auf verschiedenste Art geformte Prothese aus Draht bzw. Kunststoff, durch welche ein ungehinderter Schalltransport vom Amboss zum Innenohr wiederhergestellt wird (Stapedektomie).

Innenohr

Während die Erkrankungen des Mittelohrs dem Auge (und der Mikrochirurgie) größtenteils zugänglich sind, ist das Innenohr der direkten Betrachtung verborgen. Durch unsere Hör- und Gleichgewichtsbefunde und durch bestimmte klinische Zeichen können wir aber Rückschlüsse auf mögliche Funktionsstörungen ziehen.

Hereditäre Schwerhörigkeit

Hereditäre (vererbte) Erkrankungen des Innenohres treten relativ häufig auf; meist wird eine seitengleiche Schwerhörigkeit im mittleren Frequenzbereich gefunden. Die Hörstörungen können schon bei der Geburt vorliegen, sich erst im Laufe der Kindheit entwickeln oder mit der Pubertät einsetzen. Diese Schwerhörigkeit kann auch in Verbindung mit anderen Krankheitssymptomen auftreten wie z. B. beim *Usher-Syndrom*, einer Kombination von fortschreitender Sehschwäche (Retinopathia pigmentosa) und Schwerhörigkeit oder gar Ertaubung.

Morbus Menière

Ein besonders eindrucksvolles Beispiel für eine solche Erkrankung des Innenohrs ist der Morbus Menière (Menière-Krankheit), benannt nach seinem Erstbeschreiber, dem Pariser Ohrenarzt Prosper Menière. Typisch sind die drei Hauptsymptome: Drehschwindelanfälle, Tieftonschwerhörigkeit und Ohrgeräusche (Tinnitus), oft auch ein Druckgefühl. Als Ursache wird ein Überdruck im häutigen Labyrinth vermutet, wobei es zu Zerreißungen der feinen Membranen des Innenohres mit nachfolgender Vermischung der Innenohrflüssigkeiten kommt. Eine genaue Ursache für die Entstehung dieser Krankheit, deren Symptome zwar therapeutisch beeinflusst werden können, die aber im Grunde lebenslang bestehen bleibt, ist nicht bekannt. Möglicherweise spielen Faktoren, welche bei der Entstehung des Hörsturzes diskutiert werden, eine Rolle.

Hörsturz

Der Hörsturz ist eine andere, in unserer bewegten Zeit immer häufiger auftretende Innenohrerkrankung. Hierbei kommt es zu einem plötzlichen, meist einseitigen, mehr oder weniger starken Hörverlust mit oder ohne Tinnitus. Nicht selten ist auch das Gleichgewichtsorgan von einer Funktionsstörung betroffen. Die Ursachen, die zum Hörsturz führen können, wie Stressfaktoren, Durchblutungsstörungen, Stoffwechselerkrankungen oder Virusinfekte sind ebenso mannigfach wie die angewandten Therapien.

Hörminderung durch Lärm

Eine der häufigsten und volkswirtschaftlich relevanten Ursachen chronischer Hörschäden ist die Einwirkung von Lärm. Je nach Art und Dauer des einwirkenden Lärms unterscheiden wir zwischen dem akuten Lärmschaden (z. B. nach Diskothekenbesuch) und der Schwerhörigkeit durch z. T. jahrelange Lärmeinwirkung (z. B. am Arbeitsplatz). Beide Arten der Schwerhörigkeit gehen häufig mit einem teilweise quälenden Ohrgeräusch (Tinnitus) einher. Ursachen der Hörminderung sind bei plötzlichen hohen Schallimpulsen lokale mechanische Zerstörungen im Innenohr, oder bei chronischer Lärmeinwirkung eine dauerhafte Zerstörung der äußeren Haarzellen sowie eine langsame Schädigung neuraler Zellstrukturen.

Der Hörverlust tritt vorzugsweise bei Frequenzen oberhalb von 1 kHz auf. Bis zu 1 kHz bleibt das Gehör in der Regel normal. Der größte Hörverlust findet sich im Bereich von 3–6 kHz; meist beträgt der Hörverlust bei 4 kHz aber nicht mehr als 60 dB. Im Frühstadium der Lärmschädigung fällt oft ein eng umschriebener geschädigter Bereich um 4 kHz auf, die c^5-Senke (benannt nach dem fünfgestrichenen c der musikalischen Tonreihe). Als Folge der hochfrequenten Hörstörung werden z. B. Telefon-, Tür- und Fahrradklingeln, aber auch die Konsonanten, Zischlaute und hohen Vokalformanten der Sprache nicht mehr gehört.

Da eine beginnende Lärmschädigung des Gehörs vom Betroffenen kaum bemerkt wird, sich aber bei weiterer Lärmeinwirkung schnell ausweiten kann, werden bei Arbeitnehmern in Lärmbereichen arbeitsmedizinische Vorsorgeuntersuchungen (Kapitel 16) durchgeführt.

Toxische Hörschäden

Die äußeren Haarzellen des Corti-Organs reagieren sehr empfindlich auf Zellgifte (sog. ototoxische Stoffe). Dies können Medikamente sein wie z. B. Salicylate und Cisplatin, aber auch gewerblich verwendete Lösungsmittel oder Schwermetalle sowie Sucht- und Genussmittel. Diese toxischen Hörschäden betreffen vor allem den Hochtonbereich, sind fast immer symmetrisch und können reversibel oder irreversibel verlaufen, wobei das Ausmaß der Haarzellenzerstörung von der Konzentration der Giftstoffe in den Lymphflüssigkeiten des Innenohres abhängt. Vorgeschädigte Innenohren (z. B. nach Lärmschädigung) reagieren noch anfälliger auf ototoxische Stoffe. Eine Tumortherapie mit Cisplatin erfordert im Zeitverlauf immer wieder audiometrische Kontrollen.

Hörnerv

Als Beispiel für eine Erkrankung der retrokochleären Strukturen soll das *Akustikusneurinom* dienen. Es ist vom feingeweblichen Bild her eigentlich eine gutartige Geschwulst (Neurofibrom) des Hör- bzw. Gleichgewichtsnervs, welche am Grunde des inneren Gehörgangs oder als Kleinhirnbrückenwinkeltumor entsteht. Diejenigen Geschwülste, welche im engen knöchernen inneren Gehörgang entstehen, führen durch Druck auf den Hörnerven schon sehr frühzeitig zu Symptomen wie Tinnitus und Hörminderung, wobei sich die Hörstörung evtl. zunächst nur in einem gestörten Sprachverstehen äußern kann. Akuter Schwindel tritt wegen des langsamen Wachstums des Tumors meist nicht auf. Mit Gleichgewichtsuntersuchungen gelingt es aber, die Mindererregbarkeit des Gleichgewichtsorgans der betroffenen Seite schon frühzeitig zu erkennen. Kleinhirnbrückenwinkeltumoren dagegen können wegen des größeren zur Verfügung stehenden Raumes eine beträchtliche Größe erreichen, bevor sie klinische, audiologische oder otoneurologische Zeichen setzen.

Unbehandelt können diese Neubildungen durch Verdrängung lebenswichtiger Hirnstrukturen zum Tode führen. Da rechtzeitig erkannte Neurinome oft unter Erhalt des Hörvermögens und der Funktion des Gesichtsnervs operativ entfernt werden können, ist beim Vorliegen entsprechender Symptome eine äußerst sorgfältige audiologische Diagnostik unter Einschluss der Hirnstammaudiometrie und der Prüfungen der Funktion des Gleichgewichtsorgans unabdingbar. Vor einem operativen Eingriff wird der Befund durch bildgebende Verfahren wie z. B. das Computer- oder Kernspintomogramm abgesichert.

3 Akustische Grundlagen

Dieses technisch anspruchsvolle Kapitel, in dem viele Ihnen vielleicht neue Bezeichnungen und Maße vorkommen, sollte Sie nicht am Weiterlesen hindern. Wenn Sie zunächst das Dezibel als Maßeinheit des Hörverlustes akzeptieren, ist das Verständnis der Hörtests durchaus möglich, und die Grundlagen können beim zweiten Lesen nachgeholt werden.

Schallfeldgrößen

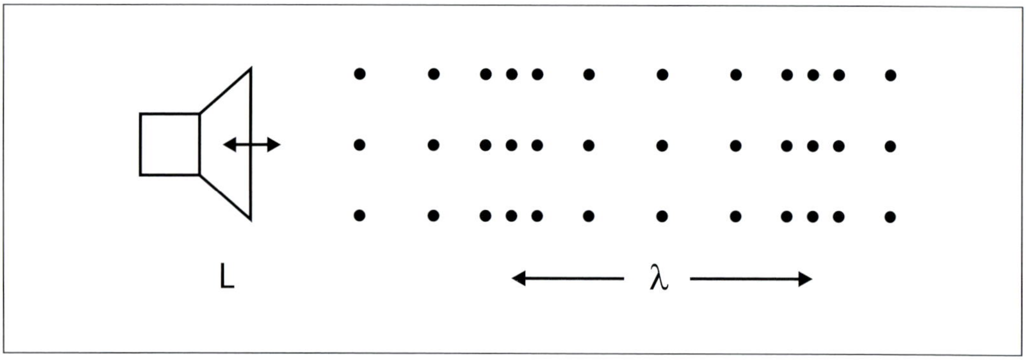

Abb. 3.1 Schallwelle (λ = Wellenlänge), L: Lautsprecher.

Schall nennt man die hörbare Bewegung kleiner Teilchen in gasförmigen, flüssigen und festen Medien, die um eine Ruhelage schwingen. Schallschwingungen werden durch schwingende Körper (Saiten, Membranen) erzeugt und breiten sich bei fester Ruhelage der Teilchen durch elastische Kopplung im freien Schallfeld kugelförmig aus. Die dabei erreichte Schallgeschwindigkeit hängt von den akustischen Eigenschaften der Umgebung ab, in welcher die Schallausbreitung erfolgt. Das Ausmaß der Teilchenbewegung richtet sich nach dem Druck, der ihre Schwingung bewirkt, dem Schalldruck. Die Fortleitung erfolgt wellenförmig mit festen Abständen von Verdichtungen und Verdünnungen. Den Abstand zwischen den höchsten Verdichtungen nennt man Wellenlänge (Abb. 3.1). Die Wellenlänge ist davon abhängig, wie schnell die Schwingung des Schallgebers erfolgt. Die Anzahl der Schwingungen pro Sekunde nennt man Frequenz. Hohe Frequenzen haben eine kurze, tiefe Frequenzen eine lange Wellenlänge. Die Kenngrößen des Schallfeldes sind in Tab. 3.1 dargestellt.

Tab. 3.1 Kenngrößen des Schallfeldes.

Schalldruck	p	gemessen in	Pa	(Pascal = Newton/m^2)
Schallgeschwindigkeit	c	"	m/s	(Meter pro Sekunde)
Wellenlänge	λ	"	m	(Meter)
Frequenz	f	"	Hz	(Hertz = 1/s)
Die Schallgeschwindigkeit in Luft beträgt rund 340 m/s.				

Dabei gilt die Beziehung:

$$\lambda = c/f \text{ (}\lambda\text{: Lambda)}$$

Das menschliche Ohr ist in der Lage, im empfindlichsten Frequenzbereich schon den geringen Schalldruck von 20 µPa (20×10^{-6} Pa) als Höreindruck wahrzunehmen. Andererseits ist eine Schmerzempfindung bei etwa 200 Pa erreicht. Es wird also ein Bereich von sieben Zehnerpotenzen (1:10000000) als Schallempfindung verarbeitet (Abb. 3.**2**). Mit einem solchen Zahlenbereich ist die praktische Hörprüfung nicht anschaulich durchzuführen; es muss daher eine handlichere Einheit gefunden werden. Dafür bietet sich eine logarithmische Skala an. Mit dem *Dezibel (dB)* wird prinzipiell das logarithmische Verhältnis zweier Größen angegeben, das mit *Pegel* bezeichnet wird. In der Akustik wird daher das Verhältnis eines gemessenen Schalldrucks p zum kleinsten wahrnehmbaren Schalldruck p_0 als Schalldruckpegel L in Dezibel bezeichnet und nach der folgenden Formel berechnet:

$$L\ (\text{dB}) = 20 \log \frac{P}{P_0} = 10 \log \left(\frac{P}{P_0}\right)^2 = 10 \log\left(\frac{I}{I_0}\right)$$

mit $p_0 = 20$ µPa, I: Schallintensität

Es ist leicht zu überprüfen, dass ein auf das zehnfache gesteigerter Schalldruck zu einem Anstieg des Pegels um 20 dB führt (log 10 = 1). Damit ist eine brauchbare Skalierung für die Hörprüfung gefunden, die mit 0 dB (20 µPa) beginnt und für die Schmerzempfindung bei 200 Pa den Wert von 140 dB erreicht. Um zu kennzeichnen, dass der Bezugswert von 20 µPa verwendet wurde, wird der Schalldruckpegel in *dB SPL* (Sound Pressure Level = *Schalldruckpegel*) angegeben.

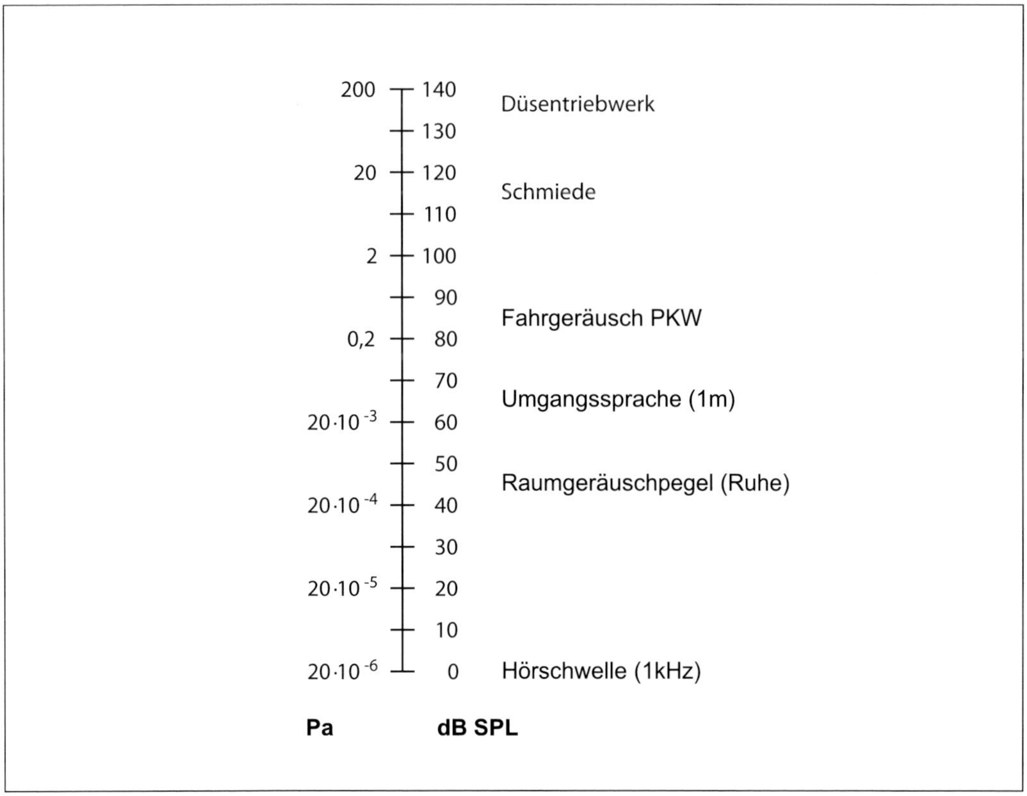

Abb. 3.**2** Skalen für Schalldruck (Pa) und Schalldruckpegel (dB SPL).

Zeitverlauf und Frequenzspektrum

Der Schalldruck eines Tones (z. B. an der Lautsprechermembran in Abb. 3.**1**, S. 10) lässt sich in seinem zeitlichen Verlauf mathematisch als eine Sinusschwingung beschreiben (Abb. 3.**3 a**). Einfacher ist dieser Vorgang im Frequenzspektrum (rechts) darzustellen: Eine sinusförmige Schwingung im Zeitbereich wird als Linie bei der jeweiligen Frequenz im Spektrum eingetragen, wobei die Höhe der Linie dem Schalldruck oder dem Schalldruckpegel entspricht.

Periodische Schwingungen, die nicht sinusförmig, sondern komplizierter (z. B. dreieckig oder rechteckig) sind *(Klänge)*, enthalten mehrere Frequenzen und zeigen im Frequenzspektrum daher mehrere Linien.

Signale, die sich nicht periodisch wiederholen, sondern einmalig oder zufällig verlaufen, haben *„kontinuierliche"* Spektren, bei denen in einem bestimmten Bereich alle Frequenzen vorhanden sind. Ein Beispiel dafür ist das „weiße" Rauschen (Abb. 3.**3 b**). Dem Zeitverlauf (links) entspricht etwa das Geräusch eines Wasserfalls. Im Frequenzspektrum (rechts) treten alle Frequenzanteile mit gleichem Pegel zusammen auf.

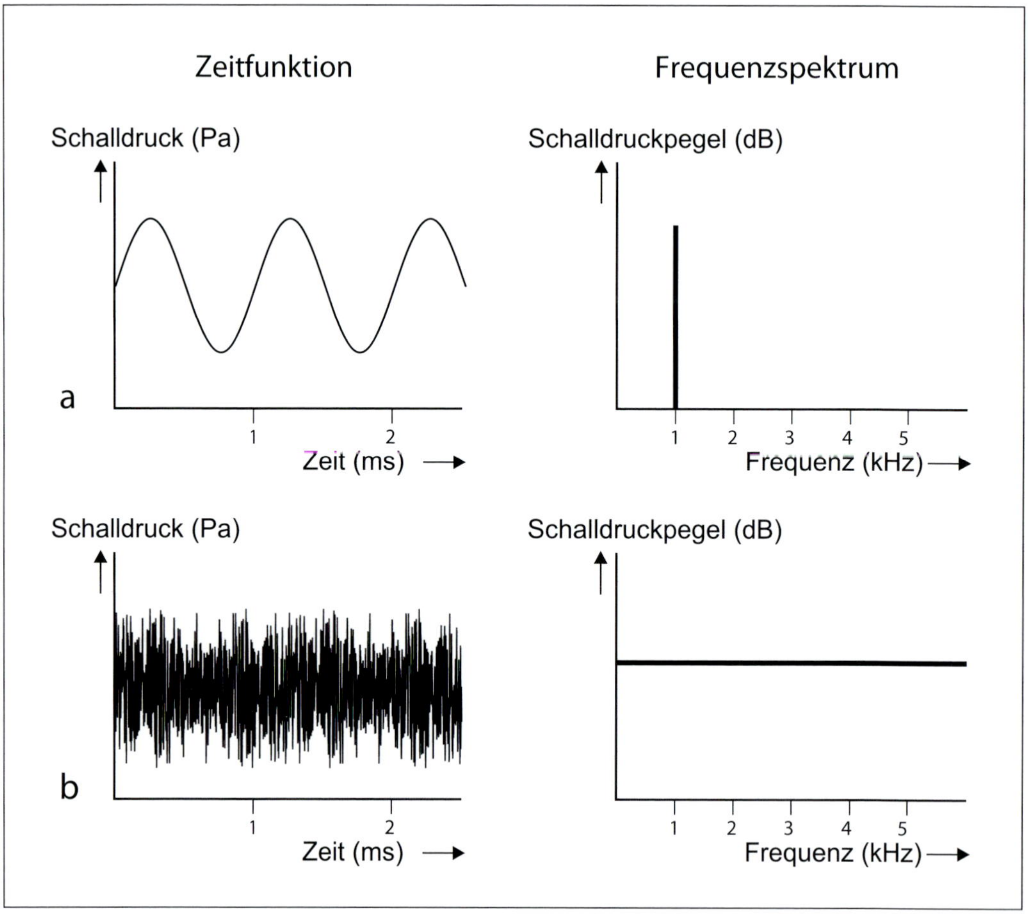

Abb. 3.**3** Zeitverlauf und Frequenzspektrum.
a Für einen Ton.
b Für weißes Rauschen.

Hörfeld und Tonschwellenaudiogramm

Das Ohr kann Luftschwingungen der Frequenzen von 16 Hz bis 20 kHz als Schall wahrnehmen. Jenseits des Hörbereichs werden tiefere Frequenzen als Infra-, höhere als Ultraschall bezeichnet. Im Hörbereich werden sehr tiefe und sehr hohe Töne schlechter gehört als im mittleren Bereich von 1–4 kHz. Der Bezugspunkt für die Audiometrie ist der Pegel von 0 dB SPL bei 1000 Hz (1 kHz). Für das Hören von Tönen der Frequenzen von z. B. 250 Hz und 8 kHz ist ein Schalldruckpegel von 20 dB SPL, also der zehnfache Schalldruck erforderlich (vgl. Hörschwelle in Abb. 3.**4**).

Die Schmerzgrenze liegt bei 130 bis 140 dB SPL und hängt wenig von der Frequenz ab. Als Hörfeld wird das Gebiet zwischen Hör- und Schmerzschwelle bezeichnet. Im Bereich über der sogenannten Unbehaglichkeitsschwelle, die für mittlere Frequenzen bei 90 dB SPL liegt, können bei längerer Schalleinwirkung Gehörschäden ausgelöst werden. Der verbleibende angenehme Hörbereich wird durch Musik voll genutzt; für das Verstehen von Umgangssprache reicht ein begrenztes Gebiet aus (schraffiert in Abb. 3.**4**).

Die Hörprüfung wird nicht im gesamten Hörfeld vorgenommen. Die üblichen Kopfhörer können sehr tiefe Töne nur schwach und verzerrt wiedergeben und strahlen sehr hohe Frequenzen so eng gebündelt ab, dass geringe Verlagerungen des Hörers zu Messfehlern führen. Für die Hörprüfung ist das engere Feld von 125 Hz bis 10 kHz maßgebend, das den Pegel- und Frequenzbereich der Umgangssprache einschließt. Die Testfrequenzen sind, ausgehend von 1 kHz, in Oktaven (Frequenzverhältnis 2:1) und Quinten (3:2) angeordnet. Der Tieftonbereich unter 125 Hz ist von geringem diagnostischem Interesse; dagegen kann eine *Hochtonaudiometrie* über 10 kHz mit verbesserten Kopfhörern die Früherkennung von Innenohrschädigungen bei Kindern erleichtern.

Wird das Audiogramm in der Darstellung der Abb. 3.**4** (Ausschnitt) bzw. der Abb. 3.**5 a** zur Messung eines Hörverlustes verwendet, so muss dieser für jede Messfrequenz als Pegelunterschied zwischen Normalhörschwelle und gemessener Hörschwelle abgelesen werden *(Absolutdarstellung)*.

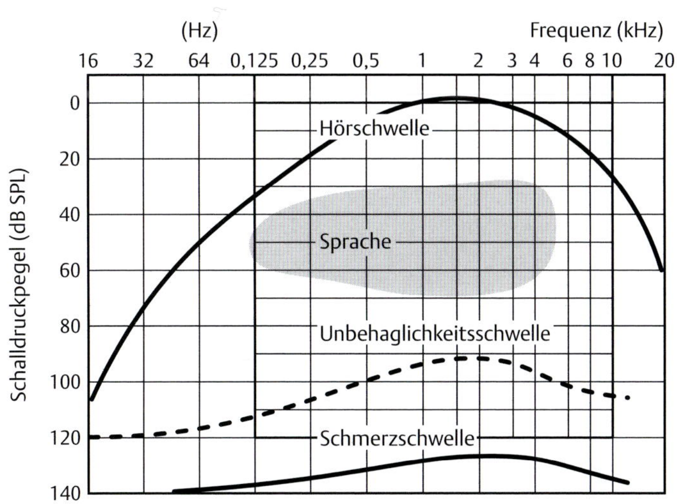

Abb. 3.**4** Hörfeld.

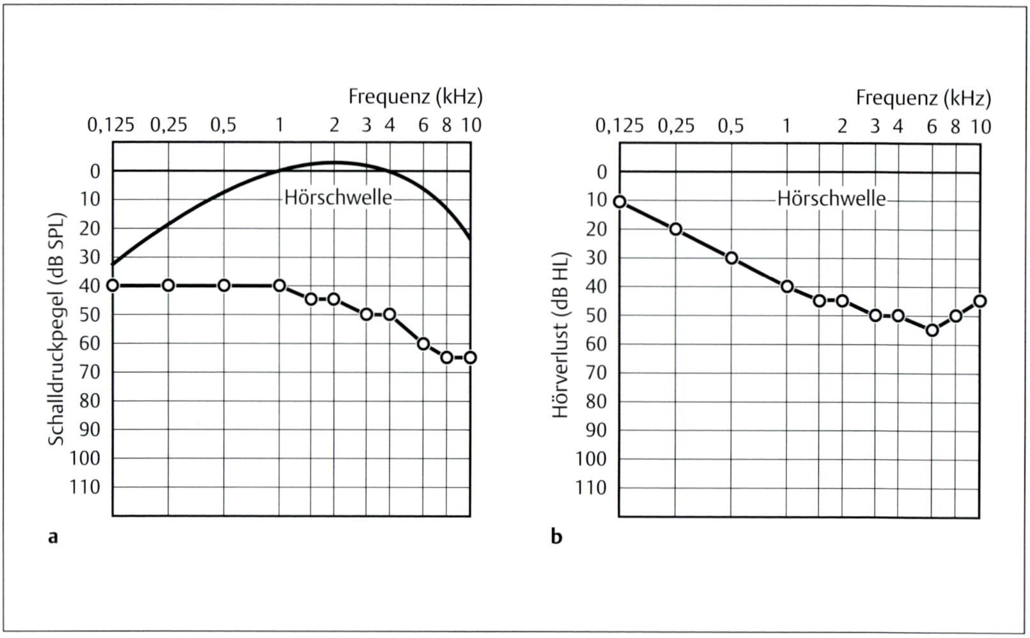

Abb. 3.**5** Tonschwellenaudiogramm.
a Absolutdarstellung. **b** Relativdarstellung.

Praktischer ist die Benutzung einer gemeinsamen Pegelskala für alle Frequenzen (*Relativdarstellung*, Abb. 3.**5 b**). Das Audiometer wird vom Hersteller so eingestellt, dass für alle Frequenzen beim Überschreiten der geraden Nulllinie die Normalhörschwelle erreicht wird. Der Pegel bezieht sich jetzt nicht mehr für alle Frequenzen auf den Schalldruck 20 µPa, sondern auf den Verlauf der menschlichen Hörschwelle. Die Angabe erfolgt daher als Hörverlust (Hearing Loss) in *dB HL*. Soll eine Angabe in Bezug auf eine individuelle Hörschwelle (z. B. bei Schwerhörigkeit) erfolgen, verwendet man die Bezeichnung *dB SL* (Sensation Level = Hörpegel). Pegeldifferenzen werden einfach in dB angegeben.

Die normale Hörschwelle (0 dB HL) gilt für otologisch normale Jugendliche im Alter von 18 Jahren. Auch ohne Hörschädigung steigt die Hörschwelle vor allem im Bereich hoher Frequenzen mit dem Alter an. Ursachen sind neben der normalen

dB SPL	– Bezug:	Schalldruck 20 µPa
dB HL	– Bezug:	frequenzabhängige Normalhörschwelle
dB SL	– Bezug:	frequenzabhängige individuelle Hörschwelle

Lärmbelastung Mangeldurchblutung, Stoffwechselerkrankungen und auch ototoxische Medikamente. In der Abb. 3.**6** sind statistisch ermittelte altersabhängige Schwellen dargestellt, die für Frauen und Männer unterschiedlich verlaufen. Die Altersabhängigkeit des Gehörs ist vor allem für die Bewertung von Lärmschäden von Bedeutung (vgl. Tab. 16.**1**, Tab. 16.**2**).

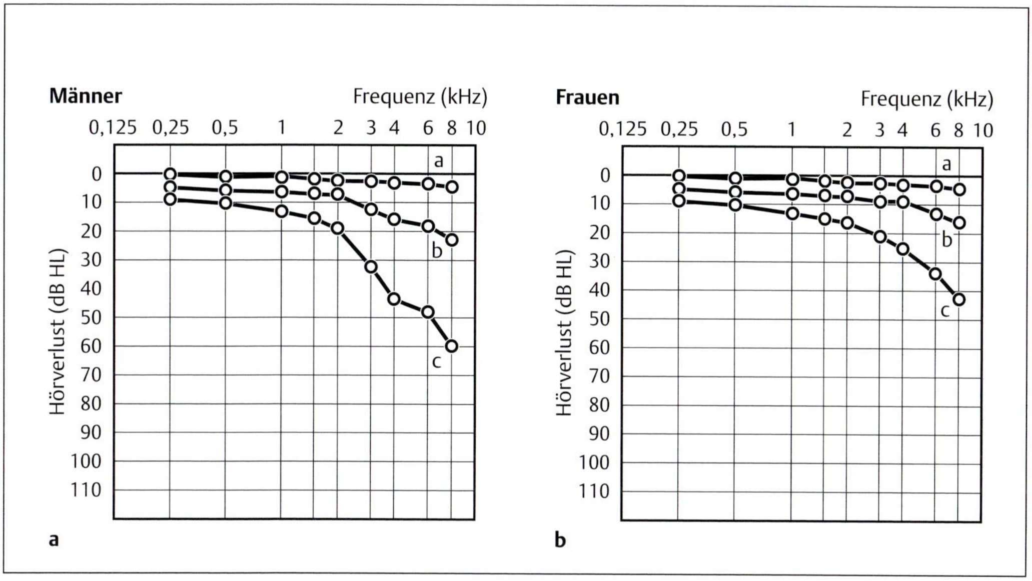

Abb. 3.**6** Luftleitungshörschwelle in Abhängigkeit vom Alter (a: 30; b: 50; c: 70 Jahre) und Geschlecht otologisch normaler Personen nach ISO 7029. Die dargestellten Schwellen werden in den Altersgruppen von 50 % der Personen überschritten.

Audiometer und Hörer

Audiometer

Zur Erzeugung und Einstellung der Prüftöne verschiedener Frequenzen, des Vertäubungsrauschens und deren Darbietung über akustische Wandler (Hörer) werden Tonaudiometer verwendet. Zur Untersuchung beider Ohren dienen zwei Verstärker, deren Ausgangspegel in dB HL angegeben sind. Die Einstellung der Lautstärke erfolgt meist mit zwei Schiebern, die möglichst stufenlos arbeiten sollten. Bei einfachen Geräten sind 5 dB-Sprünge üblich, die aber keine Knackgeräusche im Kopfhörer verursachen dürfen. Die Dokumentation wird in einem Audiogrammformular vorgenommen, in das möglichst schon im Verlauf der Messung („halbautomatisch") die Schwellenpunkte eingetragen werden. Die Markierung kann im Kreuzungspunkt von Pegel- und Frequenzschieber oder auch in einem hinter dem Papier aufleuchtenden Punkt erfolgen. Moderne Audiometer arbeiten rechnergesteuert, zeigen das Audiogramm im Bildschirm und ermöglichen eine Dokumentation auf Datenträgern. Für die Sprachaudiometrie ist der Anschluss eines CD-Spielers für die Testwörter bzw. Sätze erforderlich.

Auch bei einfachen Audiometern ist meist der SISI-Test verfügbar. Vor der Beschaffung ist zu klären, welche weiteren Tests (Fowler-, Langenbeck-, Stenger-, Feldmann-Test) benötigt werden.

> Vor jedem Arbeitsbeginn ist die Funktion des Audiometers kurz zu testen. Wöchentlich ist das Gerät durch die Aufnahme eines bekannten Audiogramms zu überprüfen. Gesetzlich vorgeschrieben ist eine jährliche Wartung und Kalibrierung durch eine zugelassene Firma.

Auch bei der Sprachaudiometrie ist vor dem Arbeitsbeginn eine kurze Funktionskontrolle vorzunehmen, indem beim Sprachschallpegel von 20 dB das Verstehen der Hälfte der Zahlen überprüft wird (vgl. Kapitel 9). Audiometer müssen in ausreichend ruhigen Räumen betrieben werden. Besonders hohe Anforderungen (nach ISO 8253) sind bei der Messung der Knochenleitungsschwelle einzuhalten, da hier das Ohr nicht durch die Hörermuschel abgedeckt ist.

Hörer

Das akustische Signal kann dem Patienten über Kopfhörer, Knochenleitungshörer (sog. *Wandler*) oder im freien Schallfeld über Lautsprecher angeboten werden.

Kopfhörer

Kopfhörer (Lufthörer) werden als Doppelhörer für beide Ohren mit Flachmuffen verwendet und erzeugen Luftschall. Sie erreichen Pegel bis 130 dB HL, wobei für das Überschreiten des 110 dB-Wertes meist eine spezielle Taste (*+20 dB*) zu betätigen ist, um den Patienten vor der unbeabsichtigten Darbietung sehr hoher Lautstärken zu schützen. Bei sehr tiefen und hohen Frequenzen (s. Abb. 3.**7**) ist der erreichbare Maximalpegel geringer, da entsprechend dem Tonschwellenverlauf (Abb. 3.**5 a**) eine erhöhte Leistung erforderlich ist. Bei tiefen und lauten Tönen ist auch beim Luftleitungshörer eine Vibration spürbar, die von ertaubten Patienten manchmal als Höreindruck angegeben wird. Diese *Fühlschwelle* kann so einen nicht vorhandenen Hörrest vortäuschen.

Einsteckhörer

Einsteck- oder Sondenhörer sind in ihrer Anwendung umständlicher als einfach aufgesetzte Kopfhörer, werden aber für spezielle Untersuchungen (z. B. Tympanogramm, Otoemissionen) benötigt. Ihre Anwendung bei der Tonschwellenaudiometrie hat den Vorteil eines geringeren Überhörens.

Knochenleitungshörer

Der Knochenleitungshörer ist ein elektrisch angetriebener Vibrator, der mittels eines Andruckbügels auf das Mastoid des zu untersuchenden Ohres aufgesetzt wird. Er erregt Schwingungen des Schädelknochens, die *direkt das Innenohr* erreichen, ohne wie der Luftschall durch das Mittelohr zu laufen. Die Pegeleinstellung bezieht sich wie beim Lufthörer auf die Normalschwelle. Wegen seines ungünstigen Frequenzgangs eignet der Knochenhörer sich nicht zur Wiedergabe von Sprache. Große Ausführungen müssen vom Patienten selbst angedrückt werden, geben aber wegen ihrer besseren Schalldämmung weniger störenden Luftschall ab. Der Betriebsanleitung des Audiometers ist zu entnehmen, ob dieser Luftschall durch zusätzliches Abdecken des zu untersuchenden Ohres mit dem gerade nicht aktiven Lufthörer gedämmt werden muss.

Da durch den Knochenhörer größere Kräfte erzeugt werden müssen als beim Lufthörer, sind sein Frequenzbereich und Leistungsumfang begrenzt. Er ist je nach Ausführung zwischen 250 Hz und 8 kHz einsetzbar; im mittleren Frequenzbereich werden 70–80 dB HL erreicht (Abb. 3.**7**). Der verfügbare Schallpegel sinkt vor allem bei den hohen Frequenzen stark ab. Die Überschreitung des Leistungsbereichs wird im Audiometer durch eine mechanische Blockierung des Schiebers oder durch Abschalten des Hörers verhindert. Die *Fühlschwelle* ist wesentlich niedriger als beim Lufthörer und kann bei der Untersuchung einer Tieftonschwerhörigkeit leicht zu Messfehlern führen.

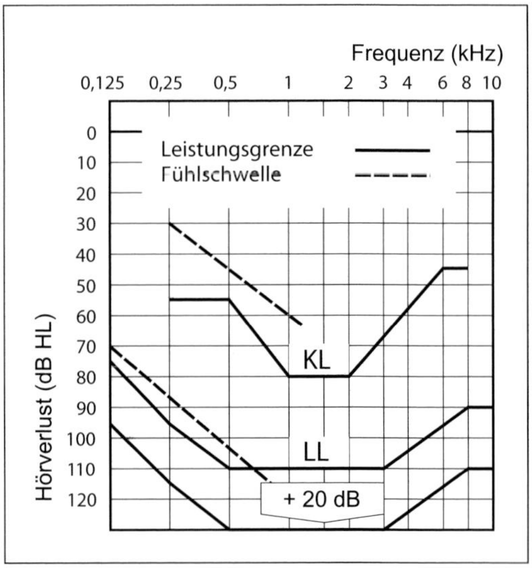

Abb. 3.**7** Leistungsgrenzen und Fühlschwellen für Luft- und Knochenhörer (Kopfhörer Beyer DT 48, Knochenleitungshörer Radio Ear B-72).

4 Stimmgabel- und Hörweitenprüfung

Auch ohne Audiometer sind einfache Hörtests durchführbar, die wichtige Informationen über das Ausmaß und die Ursache einer Hörstörung liefern. Die Stimmgabel- und die Hörweitenprüfung sollten jeder Audiometrie vorangestellt werden, um die Reaktionsweise des Patienten kennen zu lernen, den Patienten in die audiologische Prüfsituation einzuführen und die später apparativ erhobenen Befunde abzusichern.

Stimmgabelprüfung

Zur Untersuchung wird eine Stimmgabel der Schwingungsfrequenz von 435–440 Hz (Normalstimmton a^1) verwendet. Die Schwingung kann auf zwei Wegen hörbar werden: Die Gabelzinken strahlen Luftschall ab, der den Weg durch das Mittelohr nimmt. Setzt man den Fuß der Stimmgabel auf das Mastoid hinter dem Ohr auf, wird der Ton vom Schädelknochen direkt zum Innenohr geleitet. Der Stimmgabelton wird bei Normalhörigkeit in Luftleitung um etwa 25 dB lauter als in Knochenleitung wahrgenommen.

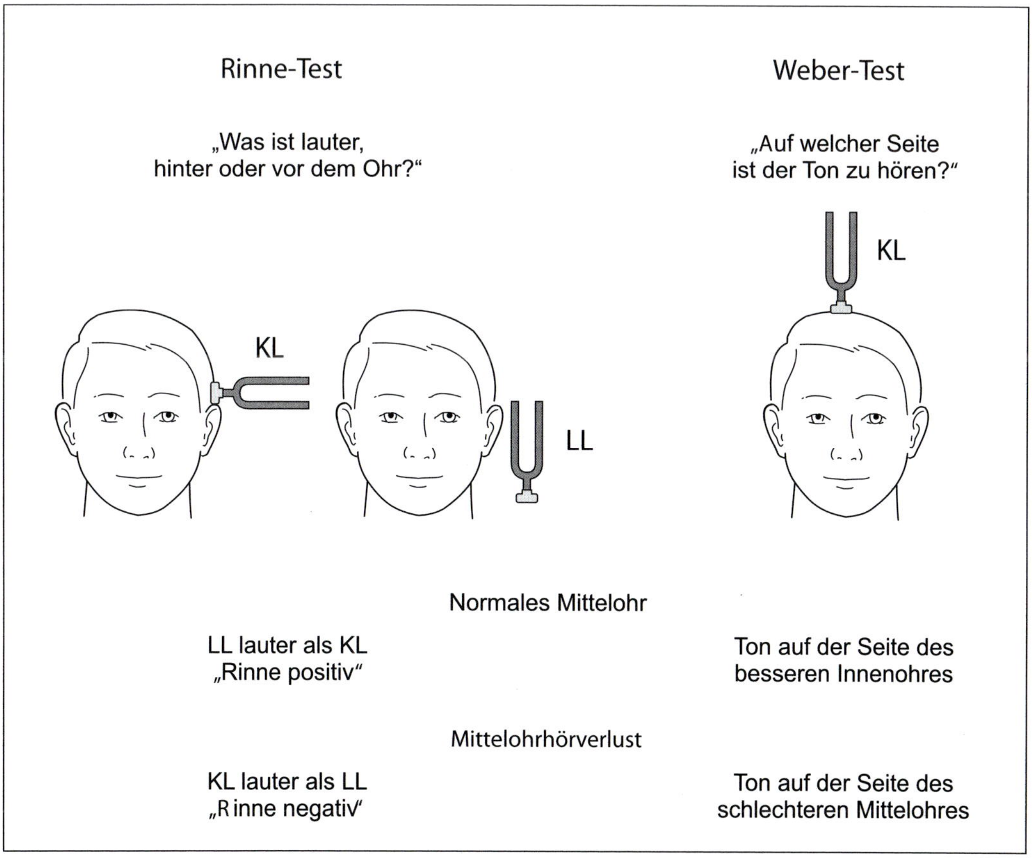

Abb. 4.1 Stimmgabeltests. LL= Luftleitung (vor dem Ohr), KL = Knochenleitung (hinter dem Ohr).

Rinne-Test

Es wird an beiden Ohren einzeln geprüft, ob ein Mittelohrhörverlust vorliegt. Die Stimmgabel wird angeschlagen, zunächst vor das Ohr gehalten, und dann hinter dem Ohr aufgesetzt (Abb. 4.**1**). Der Patient wird gefragt, in welcher Lage der Höreindruck lauter ist. Anschließend wird das andere Ohr untersucht.

Für Probanden ohne Mittelohrhörverlust ist die Stimmgabel in Luftleitung lauter (*Rinne positiv*). Übersteigt der Mittelohrhörverlust den Betrag von etwa 25 dB, so ist der Ton in Knochenleitung besser hörbar (*Rinne negativ*). Eine geringe zusätzliche Schallempfindungsstörung beeinflusst das Testergebnis nicht.

Weber-Test

Zwischen beiden Ohren wird ein Seitenvergleich in Knochenleitung vorgenommen. Der Fuß der Stimmgabel wird im Scheitel oder auf die Stirn aufgesetzt (Abb. 4.**1**). Der Patient wird gefragt, auf welcher Seite er den Ton hört.

Im Normalfall wird der Ton „im Kopf", also in der Mitte wahrgenommen. Sind beide Mittelohren intakt, so wird bei unterschiedlichem Innenohrhörverlust der Ton der besseren Seite zugeordnet. Bei einseitigem Mittelohrschaden wird der Ton wegen der verminderten Schallfortleitung aus der Paukenhöhle in den Gehörgang auf der geschädigten Seite angegeben. Im Fall kombinierter Hörstörungen können die Angaben des Patienten unsicher oder schwer interpretierbar sein.

Aufzeichnung

Das Audiogrammformular enthält ein Feld, in das die Ergebnisse des Rinne- und Weber-Tests eingetragen werden (Abb. 4.**2**). Beim Weber-Test wird mit einem Pfeil die Richtung der Seitenangabe vermerkt. (Mitte: beide Pfeile nach innen). Das Ergebnis des Rinne-Tests wird auf beiden Seiten als positiv (+) oder negativ (–) eingetragen.

Anmerkungen

Die Stimmgabel soll weich (z. B. an der Ferse oder am Knie) angeschlagen werden, damit keine Obertonschwingungen angeregt werden. Beim

rechts		links
→	Weber	←
+	Rinne	+

Normales Gehör

rechts		links
	Weber	→
+	Rinne	–

Mittelohrschwerhörigkeit links

rechts		links
←	Weber	
+	Rinne	+

Innenohrschwerhörigkeit links

Abb. 4.**2** Ergebnisse des Stimmgabeltests.

Rinne-Test in Luftschall muss die Schwingungsrichtung der Zinken zum Ohr zeigen (vgl. Abb. 4.**1**, S. 17). Beim Aufsetzen hinter dem Ohr darf die Stimmgabel nicht die Ohrmuschel berühren.

Der Rinne-Test wird nur noch im überschwelligen Vergleich durchgeführt. Eine Abschätzung der Hörschwelle über die Abklingzeit ist durch die Tonschwellenaudiometrie abgelöst worden. Bei seitendifferenten Hören können im Rinne-Test falsche Ergebnisse durch das Überhören des Knochenleitungstons auf die andere Seite entstehen (Kapitel 6), und zwar bei Innenohr-Schwerhörigkeit zur besseren Seite, bei Mittelohr-Schwerhörigkeit zur schlechteren Seite. Es ist also immer das Ergebnis des Weber-Tests zu beachten.

Im *Gellé*-Versuch wird der Einfluss des mit einem Gummiballon erzeugten Drucks vor dem Trommelfell auf die Lautstärke des Knochenleitungstons bestimmt.

Hörweitenprüfung

Bei der Hörweitenprüfung wird das Verständnis von Flüster- und Umgangssprache normaler Lautstärke in Abhängigkeit von der Entfernung zwischen Untersucher und Patient geprüft.

Durchführung

Der Patient wendet dem Untersucher das zu prüfende Ohr zu, so dass er die Lippenbewegungen des Untersuchers nicht beobachten kann. Das Gegenohr wird mit Audiometerrauschen bei Flüstersprache mit 60 dB, bei Umgangssprache mit 90 dB vertäubt.

Der Untersucher beginnt den Test aus möglichst weiter Entfernung, die mindestens 6 m betragen sollte (Abb. 4.**3**). Es werden zweistellige (viersilbige) Zahlwörter zunächst in Flüstersprache gesprochen. Der Patient soll die Wörter wiederholen. Wenn nicht drei Zahlen nacheinander richtig gehört wurden, wird der Abstand zum Patienten verringert, im äußersten Fall bis zum Sprechen direkt am Ohr (a. c. = ad concham). Eingetragen wird die größte Entfernung, aus der der Patient drei Zahlen hintereinander richtig wiedergeben konnte. Der Test wird anschließend mit Umgangssprache wiederholt. Bei einer normalen Hörweite in Flüstersprache kann der Test mit Umgangssprache entfallen.

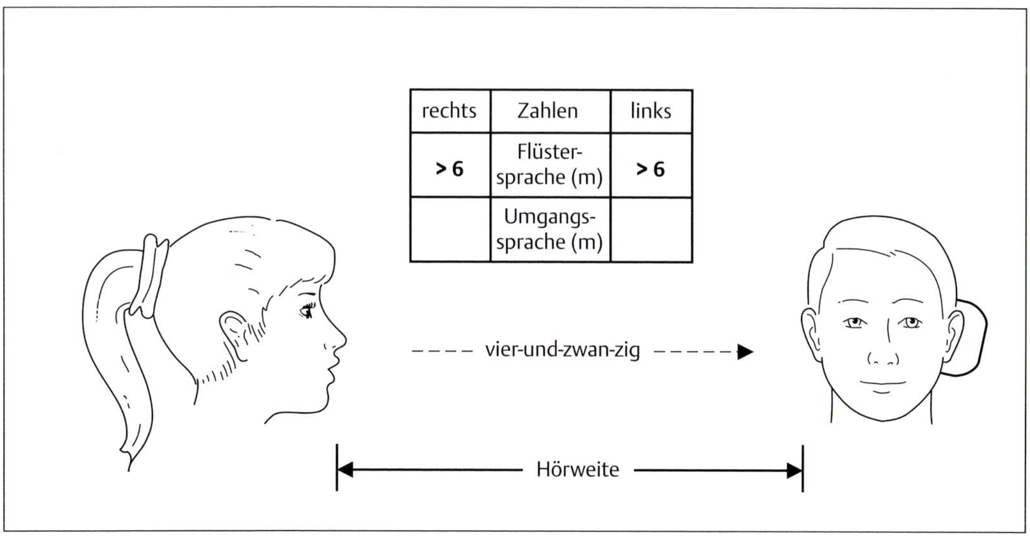

rechts	Zahlen	links
> 6	Flüstersprache (m)	**> 6**
	Umgangssprache (m)	

Abb. 4.**3** Hörweitenprüfung.

Auswertung

Im Audiogrammformular ist ein Feld vorgesehen (Abb. 4.**3** oben), in das für jedes Ohr die Hörweiten für Flüster- und Umgangssprache eingetragen werden. Hörweiten von mehr als 6 m, die in Flüstersprache auf ein normales Gehör deuten, werden mit „> 6 m“ vermerkt. Bei kleineren Räumen wird die maximal erreichbare Entfernung angegeben. Umgangssprache ist im Tieftonbereich etwa 20 dB lauter. Bei einem Hochtonhörverlust ist daher das Verständnis für Flüstersprache stärker eingeschränkt als für Umgangssprache. Zum ungefähren Vergleich mit der Tonschwelle sind in der Abb. 4.**4** die entsprechenden Hörweiten in das Audiogrammformular eingetragen.

Anmerkungen

Die Hörweitenprüfung kann nur grob orientierende Ergebnisse liefern, da jeder Untersucher unterschiedlich und nicht immer gleich laut spricht. Vor allem ist bei der Flüstersprache auf eine tonlose Aussprache zu achten. Bei den Meterangaben genügt eine Schätzung. Steht zur Vertäubung kein Audiometer zur Verfügung, kann der Patient in Flüstersprache sein Gegenohr mit dem Finger zuhalten. Beim Test mit Umgangssprache ist für größere Hörweiten eine Hilfsperson erforderlich, die durch Schütteln eines Fingers auf dem Tragusknorpel ein Vertäubungsgeräusch erzeugt.

Zur Bestimmung der Hörfähigkeit mittels Umgangs- bzw. Flüstersprache sollte der Audiometrieraum eine Diagonale von mindestens 6 m aufweisen. In kleineren Räumen kann über die Hörweite kein normales Gehör diagnostiziert werden. Der Raum sollte ruhig und reflexionsarm sein. Die Hörweitenbestimmung in langen, ungedämmten Fluren ist nicht sinnvoll, da sich die Lautstärke wegen des Nachhalls mit der Entfernung kaum ändert.

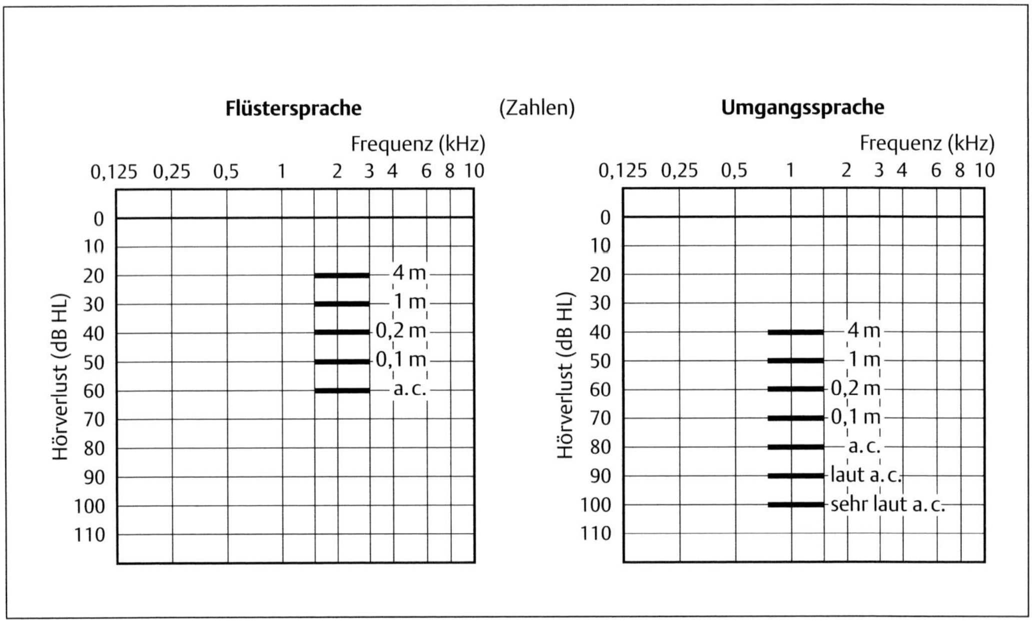

Abb. 4.**4** Hörweiten für Zahlen und vergleichbare Tonschwellenwerte.

5 Tonschwellenaudiometrie

Ermittlung der Hörschwelle

Die wichtigste und am häufigsten durchgeführte Gehöruntersuchung ist die Ermittlung der Hörschwelle für Töne verschiedener Frequenzen. Das Ausmaß eines Hörschadens wird dabei als Hörverlust (in dB) im Vergleich zum normalen Gehör bestimmt. Die Hörschwellen werden getrennt für beide Ohren in Audiogrammformulare (Relativdarstellung nach Abb. 3.**5**b) eingetragen. Der Messpunkt bei der gewählten Frequenz und dem gerade wahrgenommenen Pegel wird mit einem der Symbole aus der Abb. 5.**1** markiert. Die Messpunkte für alle Frequenzen werden durch Linien verbunden. So entsteht das Tonschwellenaudiogramm.

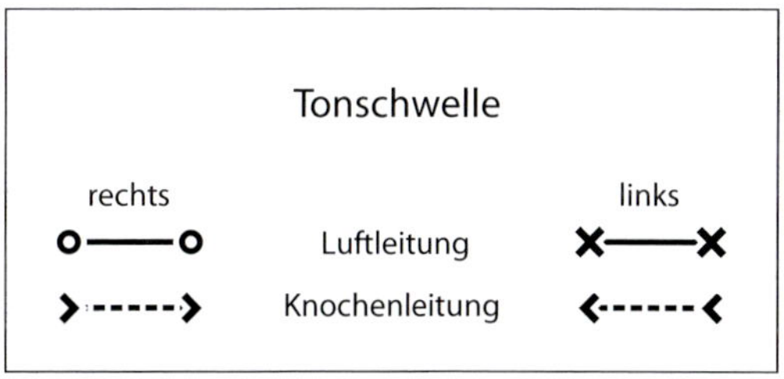

Abb. 5.**1** Symbole zur Eintragung der Luft- und Knochenleitungsschwelle für das rechte und linke Ohr.

Wenn die Schwellenkurve für Luftleitung nicht normal, also mit allen Punkten nicht besser als 10 dB HL liegt, muss auch die Schwelle für Knochenleitung bestimmt werden, um eine mögliche Schallleitungsschwerhörigkeit herauszufinden. Die meist notwendige Vertäubung des Gegenohres wird im Kapitel 6 behandelt.

Luftleitungsschwelle

Vor dem festen und richtigen Aufsetzen des Kopfhörers (rote Seite: rechtes Ohr!) sind Brille, Ohrschmuck oder Hörgerät abzunehmen. Der Patient soll bequem auf einem Stuhl mit Rückenlehne sitzen. Der Patient zeigt das Hören des Messtons durch den kurzen Druck auf eine Taste oder das Heben der Hand an. Möglich sind auch gesprochene Worte wie „ja" oder „jetzt".

Patientenanweisung: „Sie hören jetzt mittlere, tiefe und hohe Töne. Achten Sie nicht auf Geräusche, die von der anderen Seite kommen. Drücken Sie kurz die Taste, wenn ein Ton gerade hörbar wird."

Die Messung beginnt am subjektiv besseren Ohr bei der Frequenz 1 kHz. Der Pegel wird aus dem unhörbaren Bereich gesteigert, bis der Patient den ersten Höreindruck angibt. Da der Patient den Ton jetzt kennt, wird er beim zweiten Versuch schon bei einem niedrigeren Pegel reagieren. Die Messung wird wiederholt, bis der Pegel, bei dem der Ton gerade hörbar wird, sicher gefunden ist. Der entsprechende Punkt wird im Formular markiert. Es folgt die Messung bei den tieferen, dann bei den höheren Frequenzen. Auffällig abweichende Punkte sollten am Ende nochmals überprüft werden.

Die Geschwindigkeit der Pegelsteigerung muss sich nach der Reaktionsfähigkeit des Patienten richten. Ein Anhaltswert ist etwa 10 dB pro Sekunde. Einer zu schnellen Pegelzunahme kann der Patient nicht folgen, und beim zu langsamen Audiometrieren lässt die Aufmerksamkeit bald nach. In jedem Fall muss nach der Reaktion des Patienten der Pegel schnell in den unhörbaren Bereich zurückgeschoben werden, um eine Schwellenabwanderung (Adaptation, vgl. Kapitel 8) zu vermeiden.

Knochenleitungsschwelle

Nach der Bestimmung der Luftleitungsschwelle wird, wenn erforderlich, für das gleiche Ohr die Knochenleitungsschwelle aufgenommen. Der Knochenleitungshörer wird hinter dem Ohr mit einem Federbügel oder vom Patienten mit der Hand angedrückt. Dazu sollte der Stuhl mit Armlehnen ausgestattet sein. Bei einer für den Patienten gut hörbaren Lautstärke wird der Sitz des Hörers so korrigiert, dass der Ton möglichst laut gehört wird. Dabei darf der Hörer die Ohrmuschel nicht berühren.

Der *Luftleitungshörer* auf der Gegenseite dient der Vertäubung. Auf der zu untersuchenden Seite wird der Lufthörer normalerweise neben das Ohr gesetzt, damit der vom *Knochenleitungshörer* erzeugte Ton nicht durch einen Verschluss des Gehörgangs lauter wird. Da aber kleine Knochenleitungshörer zusätzlichen Luftschall abstrahlen, schreiben einige Hersteller vor allem für hohe Frequenzen das Abdecken des Ohres durch den nicht aktiven Luftleitungshörer vor.

Die Schwellenmessung wird nach der gleichen Methode und Anweisung durchgeführt wie im Fall der Luftleitung. Wegen des starken Überhörens in Knochenleitung muss besonders auf die richtige Vertäubung des Gegenohres geachtet werden.

Anmerkungen

Um genaue Ergebnisse zu erzielen, sind vor allem ein guter Kontakt zum Patienten, Ruhe und Geduld erforderlich. Die Hörschwellenmessung wird nur dann einwandfrei gelingen, wenn sich der Untersucher auf die Reaktionsart und -geschwindigkeit des Untersuchten einstellt.

Die *Genauigkeit* der Schwellenermittlung ist weniger durch das Audiometer als durch die Aufmerksamkeit des Patienten bestimmt. Bei Wiederholungsmessungen können in Luftleitung durchaus Abweichungen bis zu 10 dB auftreten. Die Knochenleitungsschwelle ist meist noch ungenauer. Das Audiogramm wird übersichtlicher und täuscht keine falsche Genauigkeit vor, wenn die Messpunkte auf 5 dB genau eingetragen werden, auch wenn das Audiometer genauere Zwischeneinstellungen erlaubt.

Die Messung der Tonschwelle kann durch Ohrgeräusche (*Tinnitus*) erschwert werden, vor allem, wenn diese nicht einen geräuschhaften, sondern tonalen Charakter haben. Vor dem Beginn der Untersuchung wird der Patient daher entsprechend befragt. Die ungefähre Stärke und Frequenzlage des Tinnitus kann durch Verdeckungsversuche (Kapitel 8) ermittelt werden.

Hat der Untersucher den Verdacht, dass der Patient einen Schwellenpunkt zu ungünstig angegeben hat, kann eine Kontrolle mit Hilfe der *Stilltaste* erfolgen, die den Ton knackfrei abschaltet. Bei einer Pegeleinstellung knapp unter der angegebenen Hörschwelle lässt man den Ton plötzlich auftauchen und erregt damit eine höhere Aufmerksamkeit. Die meisten Audiometer ermöglichen auch eine Schwellenbestimmung mit *Impulstönen*, die an der Schwelle etwas besser gehört werden als Dauertöne und auch in Fällen mit pathologischer Schwellenabwanderung (Hörermüdung, vgl. Kapitel 8) eine reproduzierbare Schwellenbestimmung erlauben. Um aber gerade auf diese Instabilität der Hörschwelle aufmerksam zu werden und für verschiedene Untersucher vergleichbare Hörschwellen zu erhalten, verwendet man im Regelfall Dauertöne.

Eine automatische Schwellenaufzeichnung durch den Patienten ohne Eingreifen des Untersuchers ist nach dem *Békésy*-Verfahren möglich (Einzelheiten s. Kapitel 20: Literatur bei Lehnhardt/Laszig). Da diese Messung zeitaufwändiger ist und vom Patienten mehr Selbständigkeit verlangt, wird sie meist nur zur Untersuchung des Schwellenschwundes (Kapitel 8) eingesetzt.

Die Probleme der *Aggravation* und *Simulation* (falsche Schwellenangaben) werden im Kapitel 10 behandelt.

Auswertung der Tonschwellenaudiogramme

Normales Gehör

Zum Vergleich mit den folgenden Tonschwellenaudiogrammen sind die Tonschwellen für ein normales Gehör in der Abb. 5.**2** angegeben: Luft- und Knochenleitungsschwelle liegen dicht an der Nulllinie. Die Messpunkte für die Luftleitungsschwelle werden bei gleichem Messwert etwas tiefer eingetragen, um eine Überlagerung mit den Symbolen der Knochenleitungsschwelle zu vermeiden. Die Luftleitungsschwelle ist normalerweise nicht besser als die Knochenleitungsschwelle. Abweichungen beider Schwellen voneinander um bis zu 10 dB müssen noch nicht auf eine Schallleitungsstörung deuten.

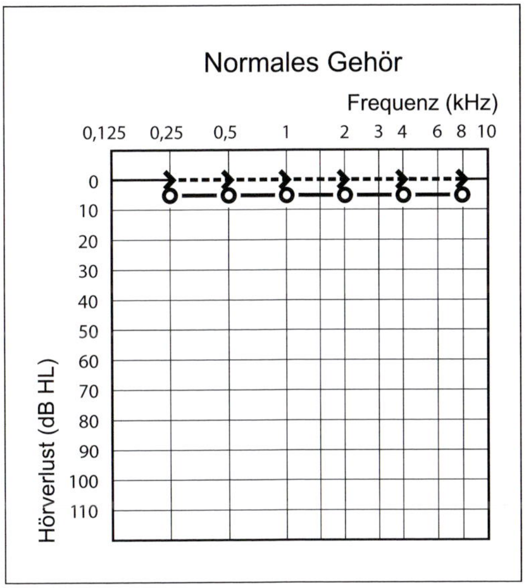

Abb. 5.**2** Tonschwellenaudiogramm bei normalem Gehör.

Mittelohrschwerhörigkeit

Liegt ausschließlich eine Schädigung des Mittelohres vor, so verläuft die Knochenleitungsschwelle im Wesentlichen normal, weil der Knochenschall direkt das Innenohr anregt, ohne den Schalltransport über das Mittelohr zu benötigen. Für die Mittelohr-Schwerhörigkeit unterschiedlicher Ursachen werden die folgenden Schwellenverläufe gefunden.

Trommelfelldefekt

Das Ausmaß des Schallleitungshörverlustes hängt stark von der Größe und Lage des Defektes ab. Die Verschiebung der Luftleitungsschwelle kann, aber muss nicht, wie unser Beispiel zeigt, unabhängig von der Frequenz sein (Abb. 5.**3 a**).

Dämpfung

Bei intaktem Trommelfell dämpft eine Flüssigkeitsansammlung in der Paukenhöhle (Serotympanon) die Bewegung der Gehörknöchelchen, was zu einer schlechteren Übertragung der hohen Töne führt. Ein ähnliches Audiogramm findet sich auch für eine Verlegung des Gehörgangs durch Zerumen (Abb. 5.**3 b**).

Versteifung

Durch eine Beweglichkeitseinschränkung des Mittelohrs wie z. B. bei der Otosklerose (Fixation des Steigbügels) wird vor allem die Übertragung tieffrequenter Schwingungen behindert. Auch die Versteifung des gespannten, eingezogenen Trommelfells bei Unterdruck in der Paukenhöhle infolge einer Tubenfunktionsstörung führt zu einer Erhöhung der Luftleitungsschwelle für tiefe Töne (Abb. 5.**3 c**).

Mittelohrblock

Bei fortgeschrittener Otosklerose ist die Differenz zwischen Luft- und Knochenleitung für alle Frequenzen etwa gleich. Die bei mittleren Frequenzen zu messende Senke (*Carhart-Mulde*) in der Knochenleitungsschwelle ist durch die Mittelohrerkrankung bedingt: Zur Ausbildung der normalen Knochenleitungsschwelle trägt auch ein Schallanteil bei, der von der knöchernen Wand des äußeren Gehörgangs als Luftschall abgestrahlt wird und durch das Mittelohr läuft. Das

Fehlen dieses Anteils bei otosklerotischer Fixierung des Steigbügels führt zu einem Knochenleitungshörverlust von bis zu 15 dB bei 2 kHz (Abb. 5.3 **d**)

Kettenunterbrechung

Ein frequenzunabhängiger Mittelohrhörverlust von bis zu 50 dB kann bei der Unterbrechung der Schallübertragung vom Amboss zum Steigbügel zu finden sein. Dies ist der größte messbare Schallleitungshörverlust, da bei höherem Luftleitungspegel eine hörbare Anregung von Knochenschall erfolgt. Die Knochenleitungsschwelle verläuft normal.

Anmerkung

In manchen Fällen sind die knorpeligen Anteile des äußeren Ohres unelastisch, so dass es beim festen Aufsetzen des Lufthörers zu einem Verschluss des Gehörgangs (*Gehörgangskollaps*) kommt, der einen Schallleitungshörverlust von bis zu 20 dB bewirken kann. Mit Einsteckhörern (wie z. B. bei der Impedanzaudiometrie) wird dieser Messfehler vermieden.

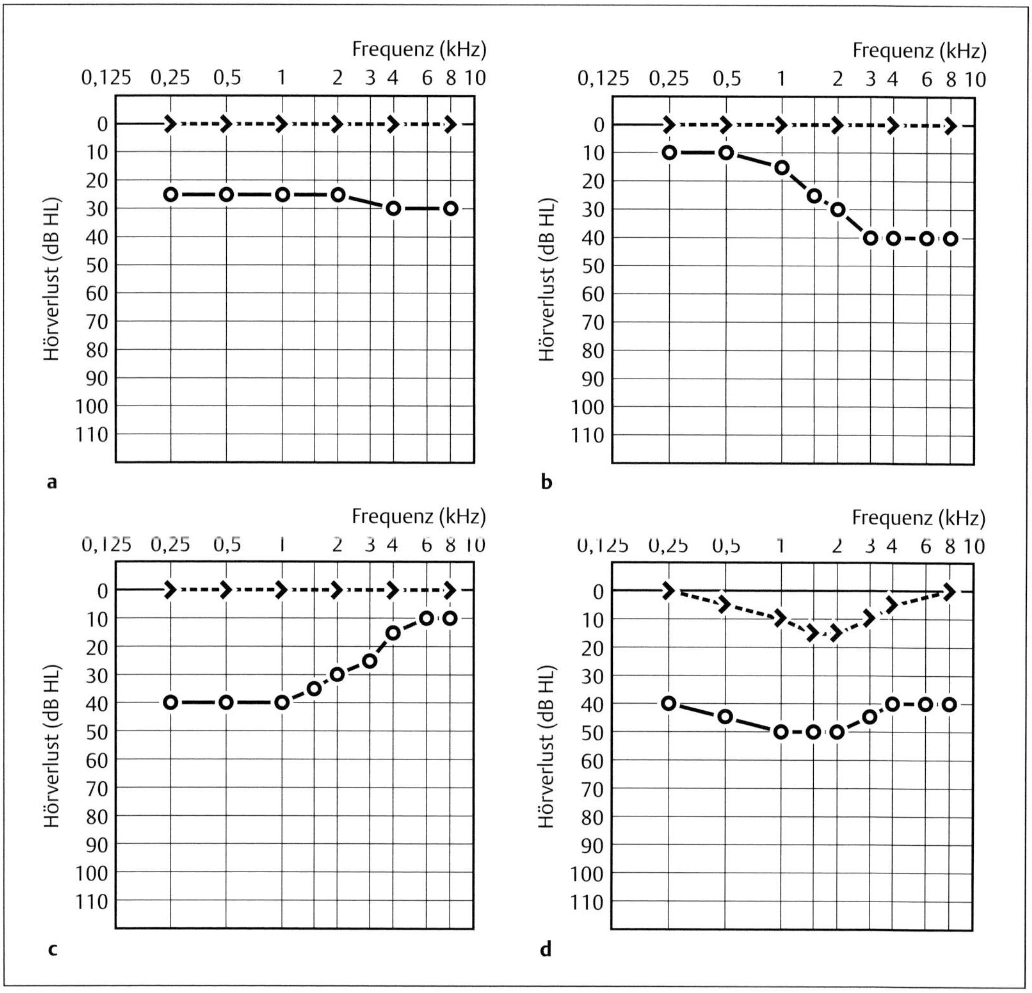

Abb. 5.**3a-d** Tonschwellenaudiogramme bei Mittelohrschwerhörigkeit.
a Trommelfelldefekt.
b Mittelohrerguss.
c Steigbügelfixation.
d Mittelohrblock.

Innenohrschwerhörigkeit

Eine Erhöhung der Knochenleitungsschwelle kann durch eine Schädigung der Sinneszellen oder des Hörnerven verursacht sein. Solange keine Bestimmung der Ursache durch überschwellige (Kapitel 7) oder objektive Messungen (Kapitel 11–13) vorliegt, spricht man von einer *Schallempfindungsschwerhörigkeit.*

Da beim Hörnervenschaden unterschiedliche und instabile Schwellenverläufe gefunden werden, sollen hier nur die häufigsten Audiogramme für den *Innenohrhörverlust* dargestellt werden. Dabei wird die Absicherung des Innenohrschadens vorausgesetzt.

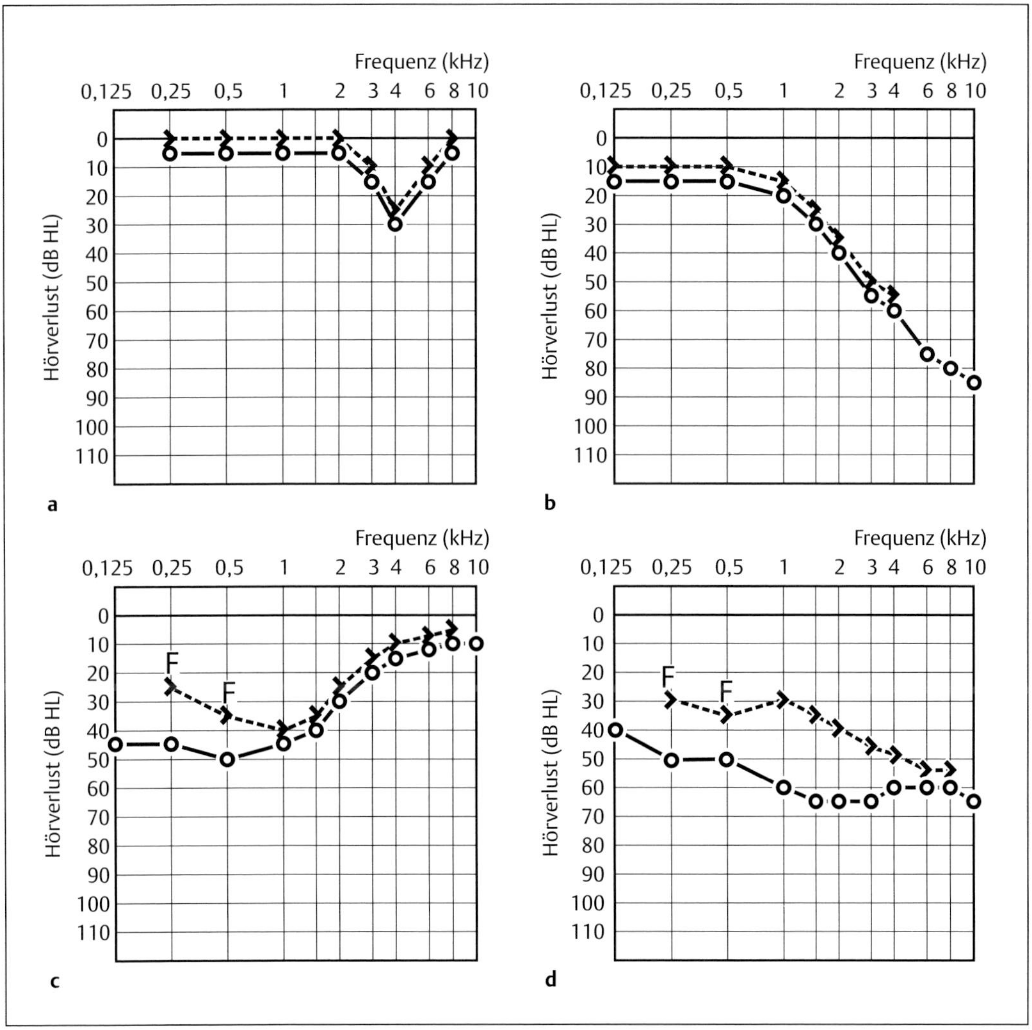

Abb. 5.**4** Tonschwellenaudiogramme bei Innenohrschwerhörigkeit. F: Fühlschwelle.
a Hochtonsenke.
b Hochtonabfall.
c Tieftonhörverlust.
d Kombinierter Hörverlust.

Hörsenke

Eine Lärmschädigung wirkt sich in ihrem Beginn nur innerhalb eines eng begrenzten Hochtonbereichs bei 4–6 kHz aus. Da dieser Hörschaden vom Betroffenen im Anfangsstadium oft nicht bemerkt wird, sind bei Lärmarbeit regelmäßige Vorsorgeuntersuchungen notwendig (Kapitel 16). Liegt die Senke eher im Bereich mittlerer Frequenzen (*mediokochleär*), so kann eine vererbte (hereditäre) Schwerhörigkeit vorliegen (Abb. 5.**4 a**).

Hochtonabfall

In diesem Fall sind die Haarzellen an der Schneckenbasis betroffen, die der Wahrnehmung hoher Frequenzen dienen. Der *basokochleäre* Hörschaden ist die häufigste Form der Innenohrschwerhörigkeit. Wir finden sie bei der Altersschwerhörigkeit (Presbyakusis), bei der fortgeschrittenen Lärmschädigung und häufig auch beim Hörsturz und nach der Anwendung ototoxischer Medikamente (z. B. Streptomyzin, Cisplatin) (Abb. 5.**4 b**).

Tieftonschwerhörigkeit

Ein Hörverlust bei tiefen Frequenzen (*apikokochleär*) ist vor allem beim Morbus Menière zu finden. Hier kommt es zu einer Drucksteigerung im Endolymphraum der Kochlea. Dies führt zu einer Verlagerung der Basilarmembran und zum Druck auf die Sinneszellen. Da die Membran zum Apex hin weicher gespannt ist, treten hier die größte Verlagerung und damit ein Hörverlust vor allem bei tiefen Frequenzen auf. Die im Beispiel auffallende Luft-Knochenleitungs-Differenz bei den tiefen Frequenzen wird durch die Fühlschwelle vorgetäuscht. Der tieffrequente Hörverlust kann sich im weiteren Verlauf der Erkrankung auf die höheren Frequenzen erweitern, so dass ein frequenzunabhängiger (*pankochleärer*) Innenohrhörverlust entsteht (Abb. 5.**4 c**).

Kombinierte Schwerhörigkeit

In diesem Fall treten Schallleitungs- und Schallempfindungsschwerhörigkeit gemeinsam auf. Der Innenohranteil (in unserem Beispiel bei 2 kHz 40 dB) wirkt sich als Verlagerung der Knochenleitungsschwelle aus; der Schallleitungsanteil (ca. 25 dB) wird als Differenz von Luft- und Knochenleitung abgelesen. Solche Hörschäden finden sich zum Beispiel, wenn durch das Eindringen toxischer Substanzen aus einem Mittelohrerguss in das Innenohr eine Schädigung der Haarzellen eingetreten ist (Abb. 5.**4 d**).

6 Überhören und Vertäubung

Beim Bestimmen der Hörschwelle entstehen leicht Fehler durch Überhören des Prüftons auf das (gerade nicht untersuchte) Gegenohr. Dieses muss durch Geräusche „vertäubt", d. h. am Mithören des Testtons gehindert werden. Da laute Vertäubungsgeräusche ablenken und unangenehm laut oder sogar schädlich sein können, sollte immer so leise wie gerade erforderlich, andererseits aber auch ausreichend laut vertäubt werden.

Die korrekte Anwendung der Vertäubung ist unabdingbar für das richtige Audiometrieren und sollte daher zunächst an den Beispielen (möglichst mit Hilfe des AUDIOSIM-Programms, Kap. 21) genau geübt werden.

Überhören

Werden dem zu untersuchenden Ohr eines Patienten Prüftöne angeboten, so gelangen diese mit geringerer Lautstärke auch ins Gegenohr. Die Überleitung des Schalls auf die andere Kopfseite geschieht bei der Messung in Luft- und Knochenleitung auf demselben Wege (Abb. 6.**1 a, b**).

Der *Knochenleitungshörer* (Abb. 6.**1 a**) versetzt auf der Messseite den Schädelknochen in Schwingungen, die auch das Innenohr der Gegenseite erreichen. Auf diesem Weg ist der Ton kaum leiser geworden (um max. 10 dB). Beim *Luftleitungshörer* (Abb. 6.**1 b**) kann zwar ein kleiner Schallanteil die Hörermuschel überwinden und sich durch die Luft zum Gegenohr ausbreiten (LL); ausschlaggebend ist aber immer der Anteil, der auf den Knochen übergeht und dann als Knochenleitungsschall (KL) fast ungedämpft direkt das andere Innenohr erreicht. Da beim Übergang vom Kopf-

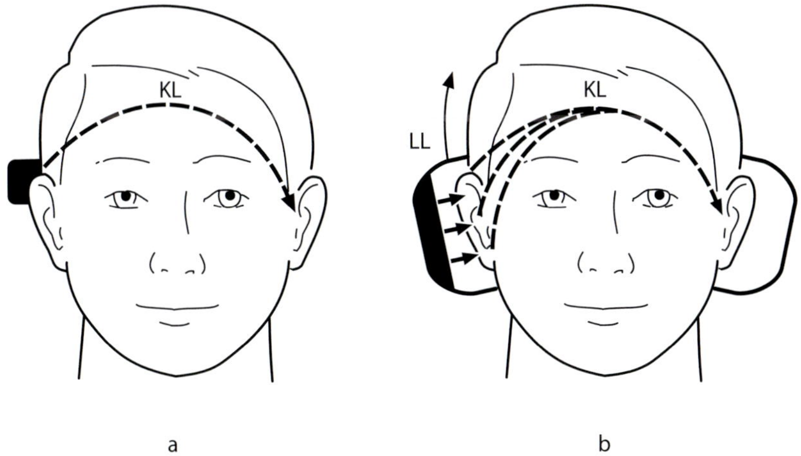

Abb. 6.**1 a,b** Das Überhören für den Knochenleitungshörer und den Luftleitungshörer geschieht in beiden Fällen über Knochenleitung (KL) zum Gegenohr. Beim Luftleitungshörer wird viel weniger übergehört, da der abgegebene Luftschall nur zu einem geringen Teil in Knochenschall umgesetzt wird.
a Knochenleitungshörer.
b Luftleitungshörer.

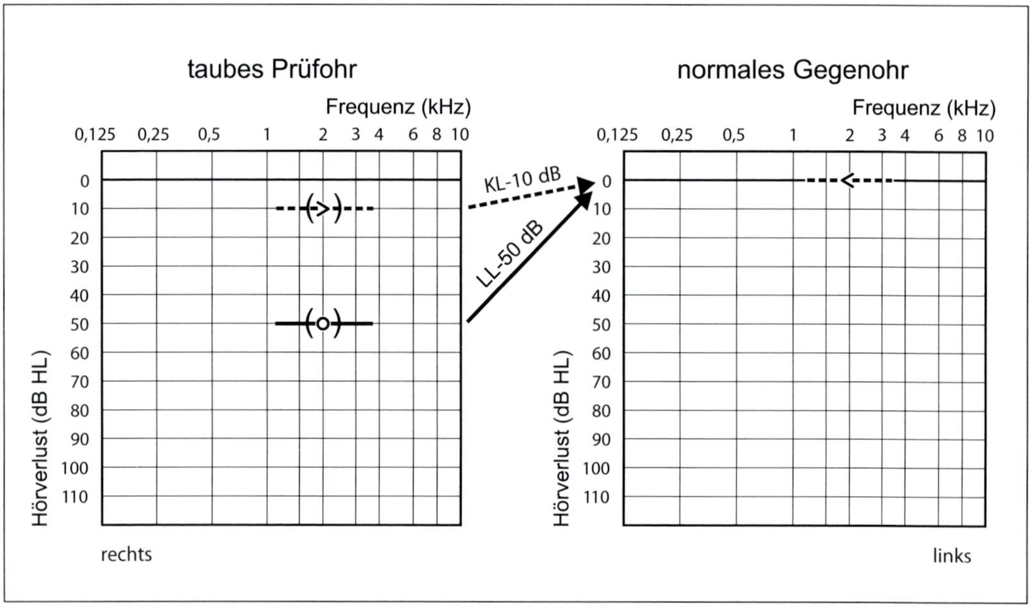

Abb. 6.**2** Überhörschwellen. Beim Versuch der Schwellenbestimmung am tauben Ohr werden die Töne an der Knochenleitungsschwelle des normalen linken Ohres wahrgenommen. Als Schwellenpunkte ergeben sich daher rechts die Überhörwerte von 10 dB (KL) und 50 dB (LL).

hörer auf den Schädelknochen ein Energieverlust entsteht, ist der schließlich vom Schädelknochen aufgenommene und zum Gegenohr weitergeleitete Schall um etwa 50 dB leiser.

Im Fall eines Patienten, der einseitig ertaubt ist, aber auf der Gegenseite, in unserem Beispiel auf seinem linken Ohr, normal hört, lässt sich das Überhören bei der Tonschwellenaudiometrie gut erklären (Abb. 6.**2**). Der Patient wird bei einem Testton von 50 dB HL für Luftleitung auf dem ertaubten Ohr einen ersten Höreindruck angeben. Da der wahrgenommene Ton sehr leise ist, merkt der Patient meist nicht, dass er den Ton eigentlich im normalen Gegenohr hört. Der gleiche Effekt des Überhörens erfolgt bei einem Testton über Knochenleitung schon ab 5 bis 10 dB HL. Dies geschieht in beiden Fällen durch Überhören auf die normale Knochenleitungsschwelle des Gegenohres. Die Fehldiagnose einer Schallleitungsstörung von 40 dB rechts lässt sich durch die Vertäubung des Gegenohres vermeiden.

Vertäubung

Der übergehörte Prüfton kann durch ein Geräusch unhörbar gemacht (verdeckt oder vertäubt) werden. Die Vertäubung wird immer mit dem Luftleitungshörer durchgeführt, da das Rauschen aus einem Knochenleitungshörer schon bei einem geringen Pegel auch das zu prüfende Ohr erreichen würde.

Vertäubungsgeräusche

Bei der Messung eines Tonschwellenaudiogramms verwendet man zur Vertäubung ein *Schmalbandrauschen*, das nur im Frequenzbereich in der Nähe des gewählten Prüftons wirksam ist (Abb. 6.**3**). Dieses Rauschen ist so eingepegelt, dass es gleich laut ist wie der auf denselben Pegel eingestellte zugehörige Ton. Eine Vertäubung von z. B. 50 dB wirkt daher so, als ob das vertäubte Ohr

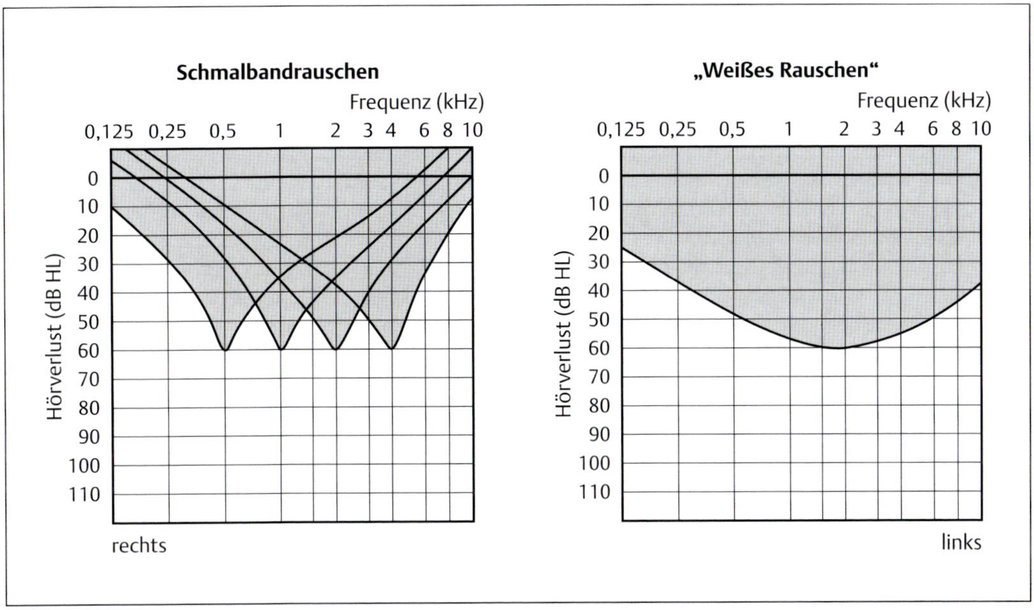

Abb. 6.**3** Vertäubungsgeräusche. Für das Schmalbandrauschen gilt dieselbe Pegelskala wie für die Prüftöne. Das „weiße Rauschen" hat zwar in allen Frequenzbereichen die gleiche Intensität, wird aber wegen der Frequenzabhängigkeit der Hörschwelle für tiefe und hohe Frequenzen leiser gehört.

eine Hörschwelle von 50 dB hätte. Für die Sprachaudiometrie wird zur Vertäubung ein *weißes Rauschen* verwendet, das sich über den gesamten Frequenzbereich erstreckt.

Zur Schonung des Patienten sollen auch beim Schmalbandrauschen Vertäubungspegel von mehr als 80 dB nur wenn unbedingt erforderlich kurzzeitig eingestellt werden. Höhere Pegel sind nur unbedenklich, wenn das zu vertäubende Ohr einen entsprechenden *Schallleitungs*hörverlust aufweist.

Vertäubungsregeln

Vor dem Beginn der Untersuchung sollte dem Patienten der Unterschied zwischen dem reinen Prüfton und dem Vertäubungsgeräusch vorgeführt und erläutert werden, damit er nur auf den Prüfton reagiert. Die Einstellung des Vertäubungspegels wird mit dem Pegelschieber für das Gegenohr vorgenommen.

Um Belastung und Untersuchungszeit einzusparen, sollte der Untersucher zunächst entscheiden, bei welchen Audiogrammfrequenzen eine Vertäubung erforderlich ist. Zur Orientierung kann zunächst das unvertäubte Audiogramm aufgenommen werden. In der Abb. 6.**4 a** ist dafür ein Beispiel dargestellt: Es können alle Audiogrammpunkte falsch gemessen, also übergehört sein, bei denen für dieselbe Frequenz der gemessene Schwellenwert

- in Luftleitung um 50 dB
- in Knochenleitung um 5 dB

oder mehr über der *Knochenleitungsschwelle des Gegenohres* liegt. In diesen Fällen muss mit Vertäubung gemessen werden.

In der Praxis ist dieser Entscheidungsspielraum weiter zu bemessen. Ein Überhören in Knochenleitung kann bei gut leitenden „harten" Köpfen schon für Pegeldifferenzen von 5 dB oder weniger eintreten. In Luftleitung sind bei den mittleren Frequenzen Werte von 60 dB oder sogar 70 dB möglich. Im Folgenden sollen aber zum besseren Verständnis die oben genannten Überhörwerte weiter verwendet werden.

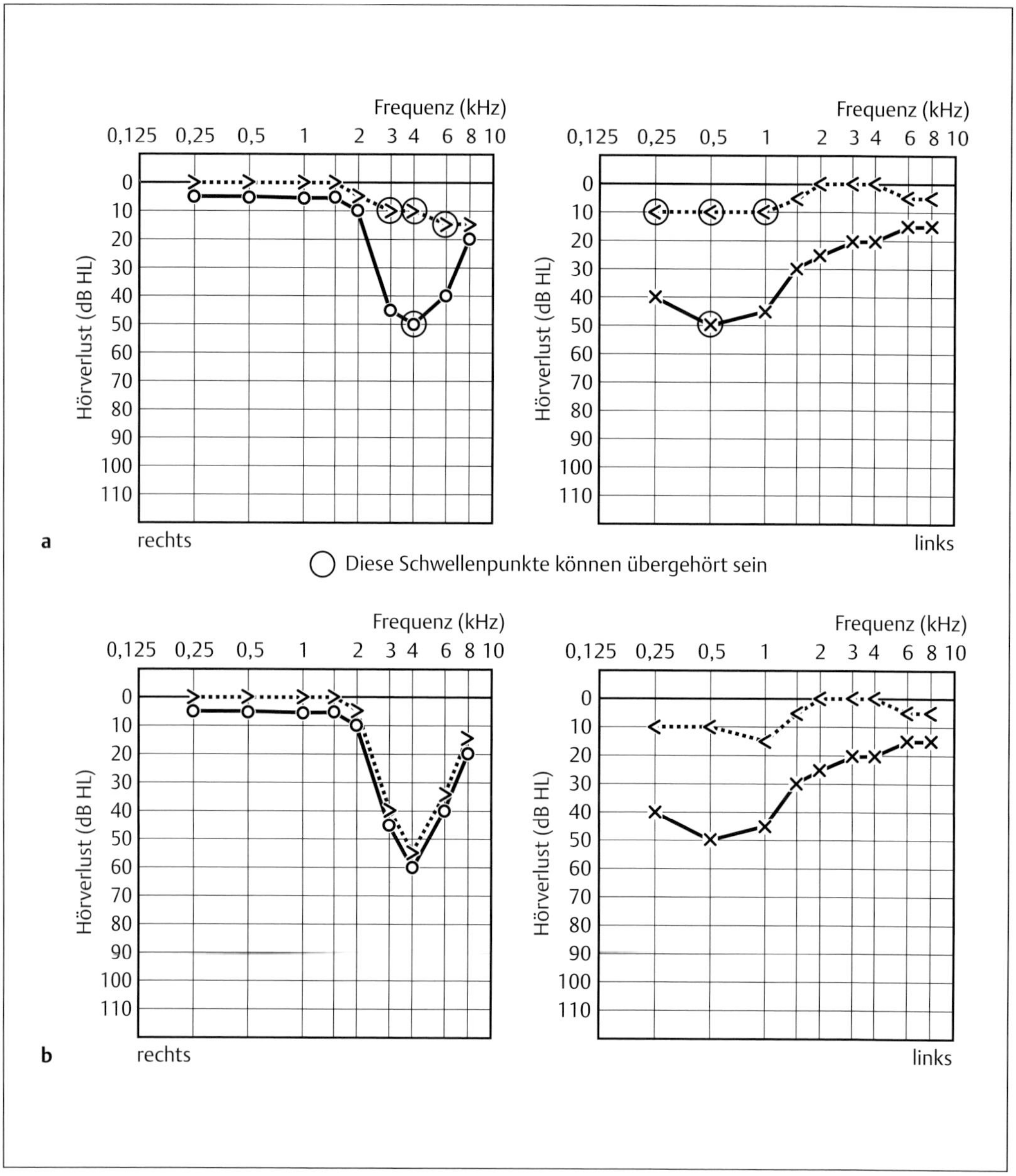

Abb. 6.**4a,b** Tonschwellenaudiogramm.
a Ohne Vertäubung.
b Mit Vertäubung.

Messung ohne Vertäubung

Vor dem Vertäuben sollte man sich klarmachen, bis zu welchem Prüfpegel ohne das Risiko des Überhörens gemessen werden kann. So kann man *ohne Vertäubung* Schwellen für Luftleitung bis 45 dB sicher messen, weil der Prüfton auf der Gegenseite um 50 dB leiser, also bestimmt unhörbar ist. Eine Knochenleitungsschwelle ist ohne Vertäubung richtig, wenn sie entweder normal (0–10 dB HL) oder die bessere beider Seiten ist. Deshalb sollte man die vom Patienten angegebene oder im Hörweitentest gefundene bessere Seite zuerst ausmessen.

Übervertäubung

Auch das Vertäubungsgeräusch gelangt um 50 dB gedämpft auf das andere, das geprüfte Ohr. Wenn dessen Hörschwelle dadurch verschlechtert wird, spricht man von *Übervertäubung*, die normalerweise nur bei der Untersuchung in Knochenleitung von Bedeutung ist. Man kann also ohne Gefahr der Übervertäubung das Gegenohr mit 50 dB vertäuben und damit am Prüfohr Luftleitungsschwellen bis 90 dB und Knochenleitungsschwellen bis 50 dB sicher erfassen. Bei noch höheren Messpegeln und bei Schallleitungsstörungen auf dem vertäubten Ohr muss man allerdings über die notwendige Vertäubung nachdenken oder die gleitende Vertäubung verwenden.

Gleitende Vertäubung

Bei der gleitenden Vertäubung wird der Vertäubungspegel bei mehrfach durchgeführter Schwellenmessung so weit erhöht, bis die ermittelte Schwelle vom Vertäubungspegel unabhängig wird. So wird der ausreichende Vertäubungspegel ohne die Gefahr der Übervertäubung gefunden.

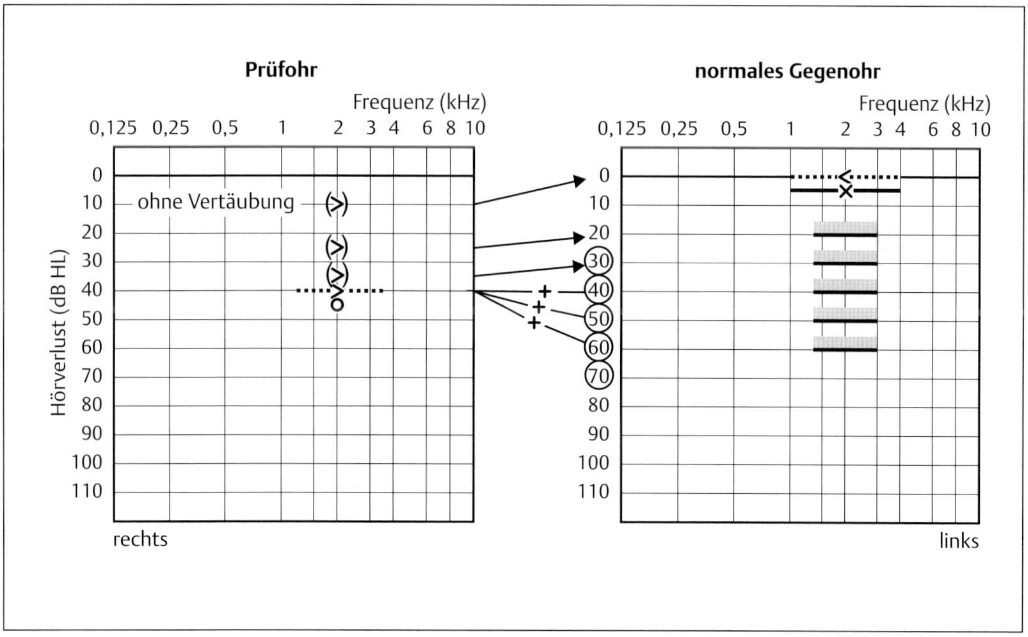

Abb. 6.**5** Gleitende Vertäubung beim Ermitteln der Knochenleitungsschwelle rechts. Die Pfeile kennzeichnen die Richtung des Überhörens. Die eingestellte Vertäubung ist dunkel hinterlegt. Eingeklammerte Schwellenpunkte sind übergehört worden. +: Hören im Prüfohr.

Der erste einzustellende Vertäubungspegel liegt für Luftleitung um 20 dB, für Knochenleitung um 10 dB über der Luftleitungsschwelle des Gegenohres. Die Messung ist auch korrekt, wenn gleich beim Vertäubungspegel von 50 dB HL begonnen wird (keine Gefahr der Übervertäubung), wobei allerdings das Prinzip der Gleitvertäubung weniger deutlich wird.

Nach dem Messen der Schwelle am Prüfohr wird der Vertäubungspegel am Gegenohr um 10 dB erhöht, dann wird erneut die Hörschwelle bestimmt. Dieser Vorgang wird so lange wiederholt, bis sich für die letzten 3 Vertäubungseinstellungen die Schwelle nicht mehr ändert. Diese Schwelle ist dann richtig.

> Ist die im Prüfohr gemessene Schwelle vom Vertäubungspegel abhängig, so wird der Messton im Gegenohr übergehört.
> Hat der Vertäubungspegel keinen Einfluss auf die Hörschwelle, so wird der Ton richtig im Prüfohr gehört.

Das Vorgehen klingt schwieriger, als es in der Praxis ist. Die folgenden Beispiele sollen das Vorgehen bei der gleitenden Vertäubung verdeutlichen.

Knochenleitungsschwelle

Im ersten Beispiel (Abb. 6.**5**) zeigt das Audiogramm des linken Ohres bei 2 kHz normale Hörschwellen. Die rechts ohne Vertäubung gefundene Knochenleitungsschwelle von 10 dB HL kann nach links (0 dB HL) übergehört worden sein, muss also durch Vertäubung des Gegenohres überprüft werden.

Bei einer Vertäubung von 20 dB ändert sich die Schwelle rechts auf 25 dB HL, bei der Vertäubung von 30 dB steigt sie auf 35 dB HL. Dieses Abwandern der Schwelle in Abhängigkeit von der Vertäubung zeigt, dass bisher alle Töne nach links übergehört wurden. Erst ab 40 dB Vertäubung bleibt die Knochenleitungsschwelle rechts stabil bei 40 dB HL. Dies ist also die richtige Knochenleitungsschwelle.

Eine Übervertäubung würde erst beim (nicht einsetzbaren) Vertäubungspegel von 95 dB eintreten.

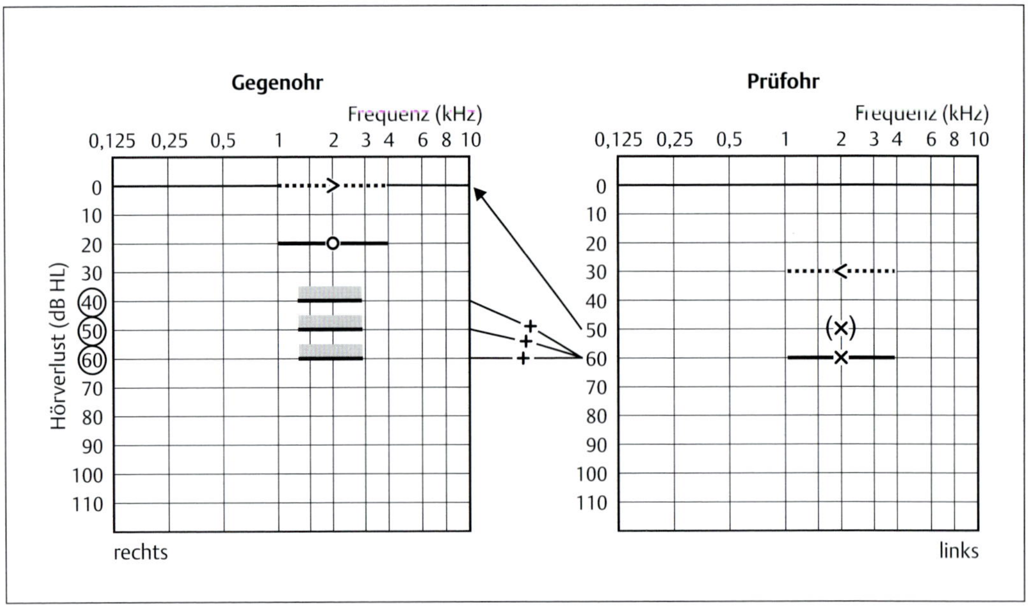

Abb. 6.**6** Gleitende Vertäubung beim Ermitteln der Luftleitungsschwelle links. Das zu vertäubende rechte Ohr hat einen Schallleitungshörverlust von 20 dB.

Luftleitungsschwelle

Im Beispiel der Abb. 6.**6** soll die Luftleitungsschwelle des linken Ohres bei 2 kHz ermittelt werden. Die Knochenleitungsschwellen von links 30 und rechts 0 dB HL wurden bereits korrekt gemessen. Im rechten Ohr wurde außerdem ein Schallleitungshörverlust von 20 dB festgestellt. Ohne Vertäubung wurde links eine Luftleitungsschwelle von 50 dB HL gefunden, die zur normalen Knochenleitungsschwelle nach rechts übergehört sein kann.

Mit der Vertäubung wird rechts bei 40 dB begonnen (20 dB über der Luftleitungsschwelle). Dabei ändert sich die Luftleitungsschwelle links auf 60 dB HL. Die unvertäubt gefundene Hörschwelle links war also falsch. Bei einer weiteren Erhöhung des Vertäubungspegels ändert sich die Luftleitungsschwelle links nicht mehr: Mit 60 dB HL ist also die richtige Schwelle bei 2 kHz gefunden worden.

Wegen der Schallleitungshörstörung rechts (Knochenleitungsschwelle 30 dB HL) tritt eine Übervertäubung schon bei einem Vertäubungspegel von 85 dB ein!

Untersuchung eines tauben Ohres

Im Beispiel der Abb. 6.**7** wurde links ein normales Gehör festgestellt. Die Knochenleitungsschwelle für 1 kHz liegt bei 5 dB HL. Am vermutlich tauben rechten Ohr wurden ohne Vertäubung Schwellen bei 15 dB HL für Knochenleitung und 55 dB HL für Luftleitung gemessen, was genau den Überhörwerten entspricht. Beim Erhöhen des Vertäubungspegels vom Ausgangswert 50 dB an bleibt die Luftleitungsschwelle rechts immer um 50 dB höher, bis rechts die Messgrenze des Audiometers erreicht ist. Ein Hörrest ist also bis 120 dB HL nicht zu finden.

Eine darin eventuell enthaltene Schallleitungskomponente lässt sich nicht bestimmen, denn die Knochenschwelle müsste mindestens 70 dB HL betragen (ca. 50 dB unter Luftleitung), was an der Leistungsgrenze des Knochenhörers liegt. Hinweise kann hier das Tympanogramm geben.

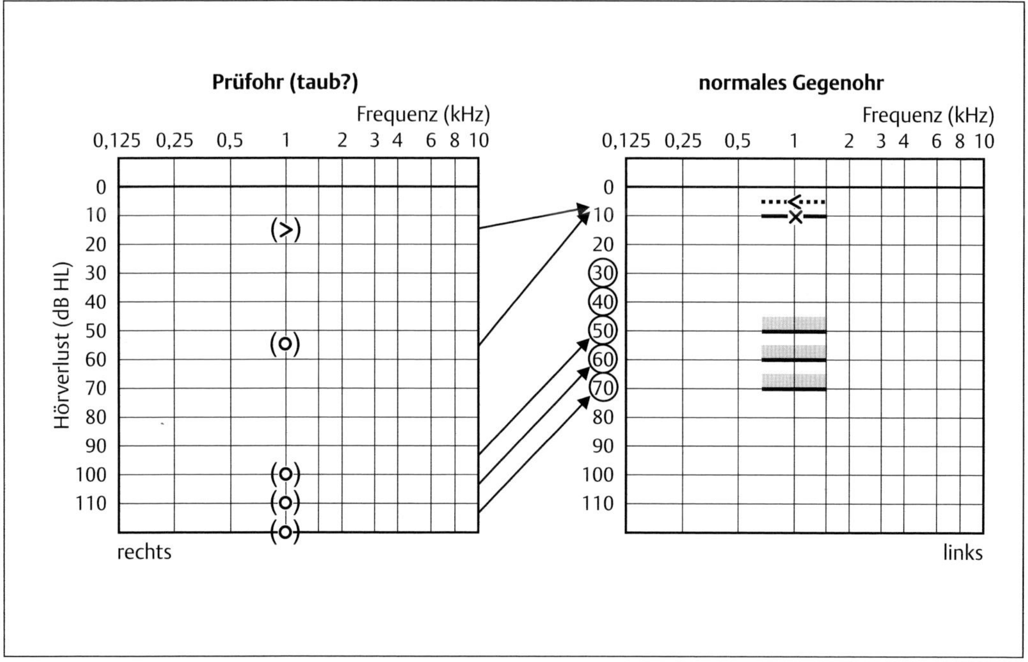

Abb. 6.**7** Gleitende Vertäubung bei der Suche nach einem Hörrest des vermutlich ertaubten rechten Ohres bei normalem Gehör der Gegenseite.

Vertäubung bei hohem Schallleitungshörverlust im Vertäubungsohr

Das Beispiel der Abb. 6.**8** zeigt links eine normale Knochenleitungsschwelle (0 dB HL) bei einer Schallleitungsschwerhörigkeit von 60 dB, was in der Praxis (z. B. bei der Unterbrechung der Gehörknöchelchenkette) gelegentlich vorkommt. Die für das rechte Prüfohr ohne Vertäubung gefundene Knochenleitungsschwelle ist 10 dB höher als links, kann also übergehört worden sein. Als erster Vertäubungspegel wird links 70 dB eingestellt. Da durch den Schallleitungsanteil von 60 dB links 10 dB Vertäubungsrauschen im Innenohr wirksam werden, wird dessen Schwelle auf 10 dB HL verschlechtert. Die Knochenschwelle rechts von bisher 10 dB HL könnte also durch eine neue Schwellenmessung überprüft werden.

Nun wird aber der Vertäubungspegel von 70 dB (um 50 dB vermindert) im Prüfohr mit 20 dB gehört. Daher kann die Knochenleitungsschwelle rechts nicht zuverlässig gemessen werden. Es besteht kein Spielraum zwischen der gerade wirksamen und der Übervertäubung.

Dieses Beispiel zeigt, dass es bei hohem Schallleitungshörverlust im Vertäubungsohr schwierig sein kann, eine geeignete Vertäubung anzuwenden. In diesen Fällen führen die Ergebnisse der Stimmgabeltests (Weber und Rinne, s. Kapitel 3) sowie Tympanogramm und Stapediusreflexschwelle (s. Kapitel 11) weiter.

Gleitende Vertäubung mit verdecktem Überhören

Die oben beschriebene Methode der Gleitvertäubung (nach Lehnhardt) führt zwar zu korrekt gemessenen Hörschwellen, ist aber relativ zeitaufwändig, da die Untersuchung nicht nur vom Geschick des Untersuchers, sondern auch in hohem Maße von der Kooperation und Ermüdung des

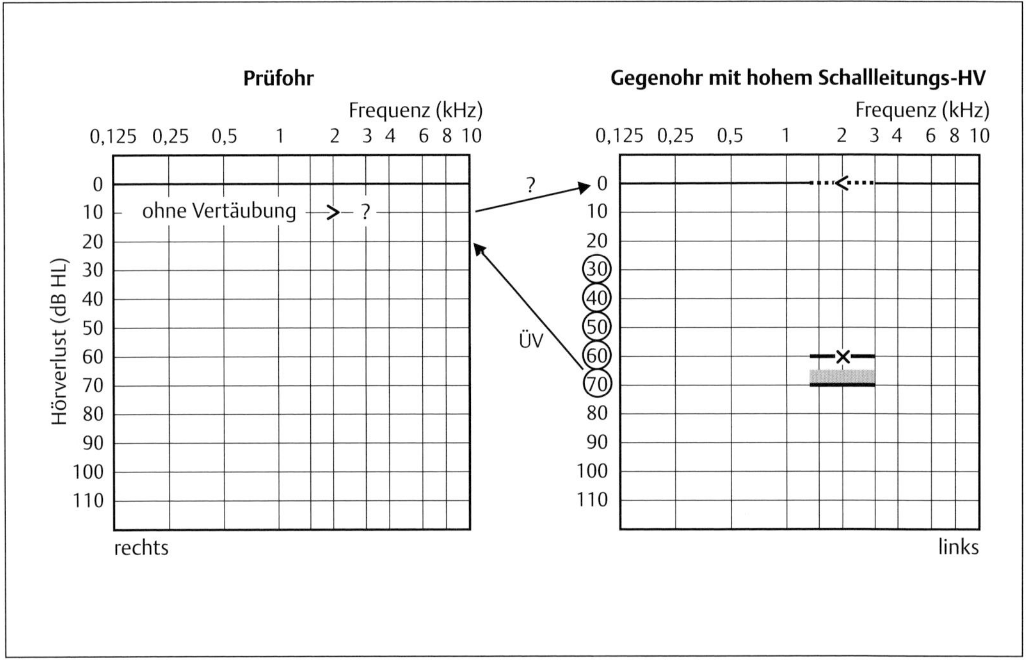

Abb. 6.**8** Schallleitungshörverlust im Vertäubungsohr. Versuch der Vertäubung beim Ermitteln der Knochenleitungsschwelle mit hoher Schallleitungskomponente im Vertäubungsohr. ÜV: Übervertäubung, HV: Hörverlust.

Probanden abhängt, der immer wieder seine übergehörte Hörschwelle finden muss. In unserer Klinik hat sich ein Vorgehen bewährt, bei dem der Prüfton für einen gleitend ansteigenden Vertäubungspegel solange unhörbar bleibt, bis sein hörbares Auftauchen den richtigen Schwellenwert anzeigt.

Die Abb. 6.**9** soll die Methode verdeutlichen. Es soll die Knochenleitungsschwelle bei 4 kHz auf dem rechten Ohr gemessen werden. Im linken Ohr findet sich eine Schallleitungsschwerhörigkeit von 30 dB bei normaler Knochenleitungsschwelle (0 dB HL).

Ohne Vertäubung liegt die Knochenleitungsschwelle rechts bei 10 dB HL, was offenbar übergehört wurde. Wir stellen ein Vertäubungsgeräusch ein, das den übergehörten Ton sicher verschwinden lässt (nächster gerader Wert: 40 dB). Jetzt beginnt der Gleitvorgang, aber in umgekehrter Folge: Erst wird der Rauschpegel in 10-dB-Schritten erhöht, dann der Prüftonpegel. Auf diese Weise bleibt der übergehörte Ton immer knapp verdeckt. Dies gilt für die Pegelkombinationen Rauschen/Prüfton (dB) von 50/20, 60/30, 70/40 und 80/50. Wenn aber beim Prüftonpegel von 55 dB HL rechts die richtige Schwelle erreicht ist, haben die Vertäubungspegel von 90 dB und 100 dB keinen Einfluss mehr, und der Ton bleibt rechts hörbar.

Die in diesem Beispiel relativ hohen Vertäubungspegel sind unbedenklich, da sie vom Vertäubungsohr wegen der Schallleitungsschwerhörigkeit um 30 dB leiser gehört werden. Der Messvorgang ist sehr schnell und einfach, da der Proband sich während des Gleitvorgangs nur abwartend verhalten muss. Bitte mit AUDIOSIM und in der Praxis ausprobieren!

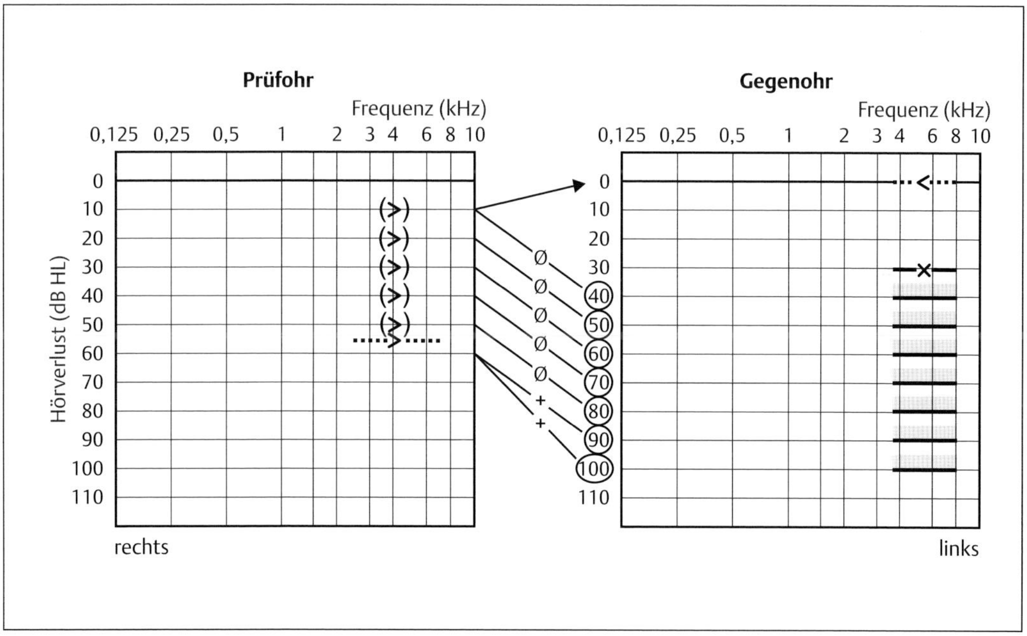

Abb. 6.**9** Gleitende Vertäubung mit verdecktem Überhören. +: Hören, Ø: kein Hören des Prüftons.

40/60/80-dB-Regel (nach Kießling)

Wenn der Patient in Schwellennähe sicher angeben kann, auf welcher Seite er den Ton hört, kann eine vereinfachte Vertäubungsregel angewendet werden, die in den meisten Fällen eine sichere Vertäubung bietet:

- Man verwende grundsätzlich ein Vertäubungsgeräusch von 40 dB (in LL und KL). Dabei kann keine Übervertäubung eintreten.
- Falls der Patient angibt, den Ton auf dem Gegenohr zu hören, erhöht man die Vertäubung auf 60 dB. Dieser Vertäubungspegel reicht in etwa 95 % der Fälle aus.
- Falls dann immer noch auf dem nicht geprüften Ohr gehört wird, erhöht man die Vertäubung auf 80 dB.
- Ein Vertäubungsgeräusch von 80 dB sollte mit Vorsicht und nur kurzzeitig eingesetzt werden.

Anmerkungen

Da das Überhören in Knochenleitung größeren Schwankungen unterliegt und die Knochenleitungsschwelle oft nur relativ ungenau gemessen werden kann, sind auf dem schlechteren Ohr schon kleine Schallleitungskomponenten (ab 15 dB) durch Vertäubung abzusichern.

Im Sinne einer Arbeitserleichterung bieten einige Audiometer die Möglichkeit einer „*mitlaufenden*" Vertäubung an. Der Vertäubungspegel folgt dabei dem Messpegel automatisch in einem festen, wählbaren Abstand, der z. B. in Luftleitung 40 dB, in Knochenleitung 0 dB betragen kann. Damit ist in den meisten Fällen das Überhören mit 50 bzw. 10 dB unterbunden. Dieses Verfahren ist nicht zu empfehlen. Für den Patienten ist die Schwellenangabe schwieriger, wenn mit jeder Veränderung des Tonpegels auch am Gegenohr eine Lautstärkeänderung des Rauschens bemerkt wird.

Messfehler treten ein, wenn das Vertäubungsgeräusch nicht entsprechend seiner Einstellung bewertet wird, was bei einem Mittelohrhörverlust oder im Bereich des Lautheitsausgleichs (Kapitel 7) bei Innenohrerkrankung des Vertäubungsohres der Fall ist.

7 Lautheitsausgleichs-Tests

Ein Hörverlust in Knochenleitung kann durch eine Schädigung des Hörorgans (Innenohrschaden) oder des Nervensystems der Hörbahn (neuraler Schaden) verursacht werden. Die Unterscheidung beider Erkrankungen ist für die Wahl der Behandlung der betroffenen Patienten von großer Bedeutung. Typische Schwellenverläufe geben zwar manchmal Hinweise auf die Ursache und den Ort einer Hörstörung (wie z. B. die Lärmsenke), doch muss in jedem Fall eine sorgfältige weitergehende Diagnostik im überschwelligen Hörbereich durchgeführt werden, um den genauen Ort der Schädigung bzw. deren Ursache aufzuspüren.

Im ersten Kapitel sind die äußeren und inneren Haarzellen auf der Basilarmembran beschrieben worden (vgl. Abb. 1.**3**, S. 4). Die *äußeren Haarzellen* haben die Aufgabe, schwellennahe und geringe Schallschwingungen zu verstärken. Sie sind aber gegenüber schädigenden Einflüssen (z. B. Lärm oder ototoxische Medikamente) empfindlicher als die *inneren Haarzellen*, welche erst ab etwa 50–60 dB HL eine Lautheitsempfindung vermitteln können.

Das bedeutet, dass der Innenohrschwerhörige geringere Lautstärken zwar nicht wahrnimmt, aber über 60 dB HL einen sehr raschen Lautheitszuwachs verspürt, bis schließlich bei lautem Pegel die Empfindung des schwerhörigen Ohres der eines gesunden Ohres gleicht. Dieser Empfindungsverlauf wird als *Lautheitsausgleich* oder *Rekruitment* bezeichnet.

Die Lautheit ist als Empfindungsgröße nicht physikalisch messbar, kann aber vom Hörenden in relativen Einheiten einer *Kategorialskala* angegeben werden (vgl. kategoriale Lautheitsskalierung Abb. 7.**3**). In der Abb. 7.**1** ist dargestellt, wie die beim normalen Gehör empfundene Lautheit (Kurve a) bei der Erhöhung des Reizpegels von der leisen bis zu lauten Empfindung ansteigt. Bei einem Fall von Innenohrschwerhörigkeit (Kurve b) beginnt die Hörempfindung an der Schwelle von 60 dB HL, steigt dann aber steiler an und erreicht beim Reizpegel von 85 dB HL die gleiche Lautheit wie beim Normalhörenden.

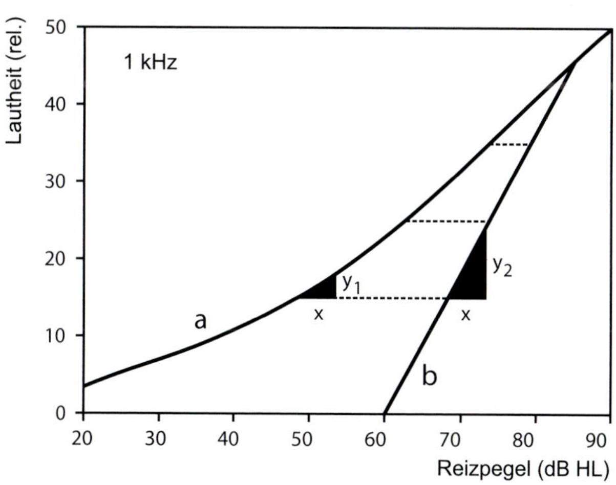

Abb. 7.**1** Empfundene Lautheit (relative Skala) in Abhängigkeit vom angebotenen Reizpegel (Schmalbandrauschen bei 1 kHz) a für normales Gehör, b in einem Fall von Innenohrschwerhörigkeit. Vollständiger Lautheitsausgleich beim Reizpegel von 85 dB HL.
----- : Gleiche Lautheit für unterschiedliche Reizpegel in den Fällen a und b. Bei gleicher Änderung des Reizpegels x tritt in der Kurve b eine größere Schwankung der Lautheit (y_2) ein als in der Kurve a (y_1).

Auf diesem Ausgleichsverhalten beruhen die im Folgenden beschriebenen *Lautheitsausgleichstests.*

- Bei der *kategorialen Lautheitsskalierung* wird entsprechend den Kurven der Abb. 7.1 der subjektive Lautheitseindruck in Abhängigkeit vom angebotenen Reizpegel registriert.
- Im *Fowler-Test* wird bestimmt, für welche Reizpegel das erkrankte Ohr die gleiche Lautheit vermittelt wie das bessere Vergleichsohr (gestrichelte Linien in Abb. 7.**1**).
- Der *SISI-Test* beruht darauf, dass bei einer kleinen Schwankung x des Reizpegels wegen der steileren Kennlinie bei der Innenohrhörstörung ein größerer Lautheitsunterschied y hörbar wird als im Normalfall (Vergleich der Dreiecke in Abb. 7.**1**).

Lautheitsskalierung

Bei der kategorialen Lautheitsskalierung werden dem Patienten Rauschimpulse unterschiedlichen Pegels angeboten. Er soll die subjektiv empfundene Lautheit einer Skala zuordnen, deren *Kategorien* in Begriffen (nicht gehört – sehr leise – leise – mittel – laut – sehr laut – zu laut) oder Zahlen (z. B. von 0–50 wie im *Würzburger Hörfeld*) bestehen können. Dabei ergeben sich Kurven, die in einem Normalfeld liegen oder wegen einer Schädigung des Innenohres steiler verlaufen. Die größere Steilheit ist ein Hinweis auf einen vorliegenden Lautheitsausgleich (Rekruitment). Der für mehrere Rausch-Mittenfrequenzen durchgeführte Test erlaubt als *Hörflächenskalierung* eine genaue Anpassung und Kontrolle von Hörgeräten bzw. von Sprachprozessoren des Kochleaimplantats.

Durchführung

Als Testmaterial, das als CD erhältlich ist, werden Impulse von terzbreitem Schmalbandrauschen der Mittenfrequenzen von 0,5, 1,2 und 4 kHz eingesetzt. Das im Audiometer verfügbare Vertäubungsrauschen hat für diesen Zweck keine ausreichende Frequenzselektivität. Mit der Unterbrechertaste des Audiometers werden Impulse von ca. 2 Sekunden Länge ausgegeben. Die Rauschimpulse werden über Kopfhörer seitengetrennt oder (bei Hörgeräteträgern) im freien Schallfeld dargeboten.

Für jede Frequenz erfolgt eine separate Messung. Pro Frequenz sollten mindestens 5 Pegel in zufälliger Reihenfolge angeboten werden, die möglichst gleichmäßig über den Dynamikbereich des Patienten verteilt werden. Auch beim höchsten verwendeten Pegel darf die Unbehaglichkeitsschwelle nicht überschritten werden. Die untere Pegelgrenze kann aus der jeweiligen Tonschwelle abgeschätzt werden. Bei unsymmetrischem Gehör sind die Vertäubungsregeln zu beachten. Die Dauer der Messung beträgt für 4 Frequenzen einschließlich der Patientenanweisung etwa15 min.

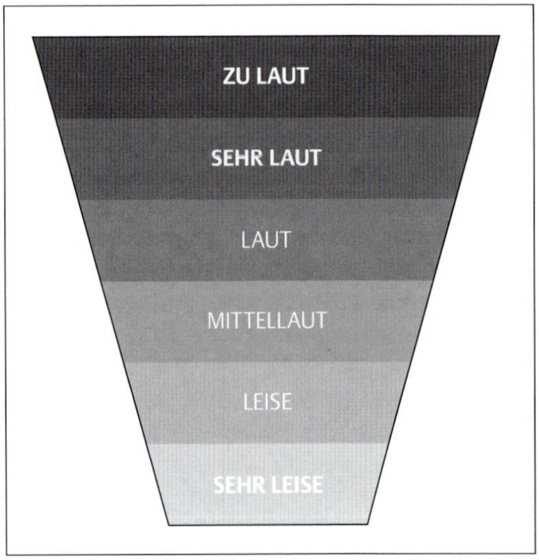

Abb. 7.**2** Patientenvorlage für die Lautheitsskalierung.

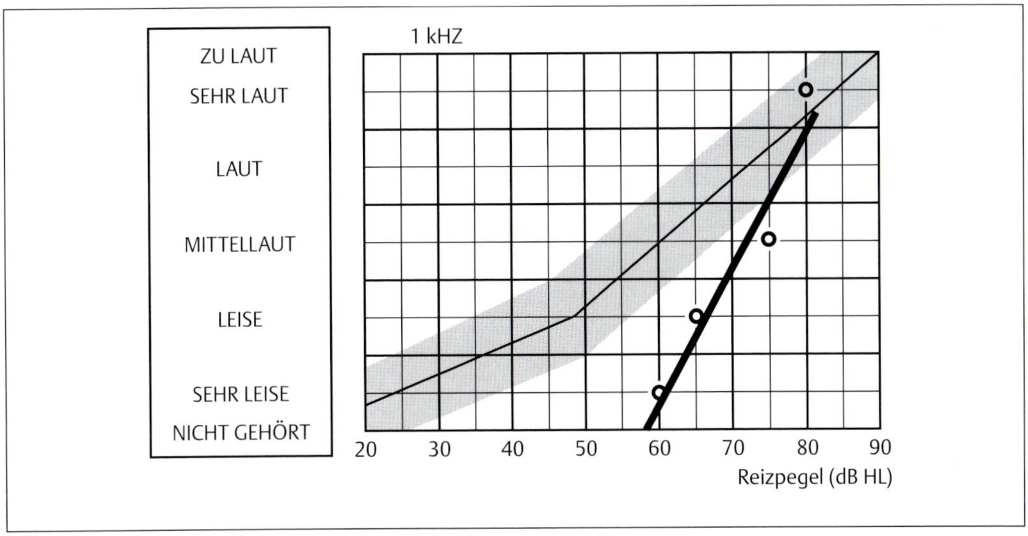

Abb. 7.**3** Antwortformular für die Lautheitsskalierung mit Messwerten bei Innenohrhörverlust.

Patientenanweisung: „Sie werden nacheinander kurze Rauschimpulse hören, deren Lautstärke jedes Mal unterschiedlich ist. Nach jedem Rauschen zeigen Sie bitte auf der Vorlage (Abb. 7.**2**) an, wie laut Sie es empfunden haben. Dabei können Sie auch Zwischenwerte angeben."

Auswertung

Der Untersucher trägt die Antworten des Probanden in das entsprechende Formular (Abb. 7.**3**) ein. Mit einem Lineal wird eine verbindende Gerade gezogen, welche die Lage aller Punkte berücksichtigt. Bei Innenohrschwerhörigen ergibt sich eine nach rechts aus dem Normalfeld verschobene Gerade *größerer Steigung*. Hörschäden ohne Rekruitment (Schallleitungsstörung, retrokochleäre Schädigung) führen zu einer verschobenen Linie, die aber nicht steiler ansteigt als die Mittellinie des Normalfeldes.

Für die einfachere Anwendung sind spezielle Geräte bzw. PC-Programme erhältlich, bei denen die Pegeleinstellung und Ausgabe der Rauschimpulse sowie die Auswertung der Lautheitsfunktion automatisch erfolgen.

Fowler-Test

Im Fowler-Test wird die Lautheitsempfindung eines Ohres mit der des besseren Gegenohres verglichen. Der Hörverlust (für Knochenleitung) im besseren Ohr sollte nicht höher als 30 dB sein. Der Unterschied beider Hörschwellen bei der gewählten Untersuchungsfrequenz muss mindestens 30 dB betragen. Im Audiogramm der Abb. 7.**5** (S. 41) sind also die Frequenzen 3 und 4 kHz für den Test geeignet. Die Untersuchung bei 8 kHz wird nicht empfohlen, weil der Vergleich zu unsicher wird.

Durchführung

Die Untersuchung wird im *Wechseltakt* durchgeführt: Der Ton wird jeweils eine halbe Sekunde lang abwechselnd rechts und links dargeboten. Dies dient der besseren Erkennbarkeit und verhindert die Abschwächung der Wahrnehmung durch eine Adaptation oder Hörermüdung (vgl. Kapitel 8). Am schlechteren Ohr werden der Schwellenpegel sowie 20, 40 und evtl. auch 60 dB über der Schwelle vorgegeben. Bei jedem dieser Pegel wird am besseren Ohr nachgeregelt, bis der Patient für beide Seiten eine gleichlaute Empfindung angibt. Eine Vertäubung ist bei diesem Test nicht erforderlich.

Patientenanweisung: „Sie werden jetzt einen kurzen Ton abwechselnd auf dem rechten und dem linken Ohr hören. Bitte geben Sie an, wann er auf beiden Ohren gleich laut zu hören ist."

Auswertung

Die für jeden Abgleich gefundenen Pegel für das rechte und linke Ohr werden in ein spezielles Diagramm (Abb. 7.**4**) oder entsprechend der Abb. 7.**5** und Abb. 7.**6** (S. 41) auf der Seite des schlechteren Ohres in das Tonschwellen-Audiogramm eingetragen. Ein Lautheitsausgleich ist erreicht, wenn beim höchsten Testpegel die Verbindungslinie zwischen dem rechten und linken Wert waagerecht verläuft, also bei lauten Tönen für beide Ohren eine gleich laute Empfindung besteht. Beim sogenannten Überrekruitment kann bei noch höherem Pegel das schlechtere Ohr sogar empfindlicher sein als das bessere, weil im geschädigten Ohr bei hohen Pegeln unangenehme Verzerrungen auftreten können.

Bleiben die Verbindungslinien parallel (Abb. 7.**6**), sind also die Pegelstufen für das schlechtere Ohr nicht kleiner als für das bessere, ist kein Rekruitment zu verzeichnen. Der Hörverlust ist pegelunabhängig, was dann eher für eine neurale Schwerhörigkeit spricht. Sind die Pegelsprünge rechts und links zwar ungleich, ist aber die Abschlusslinie nicht waagerecht, spricht man von einem unvollständigen Lautheitsausgleich. Die Diagnose eines Haarzellenschadens muss dann mit anderen Methoden abgesichert werden.

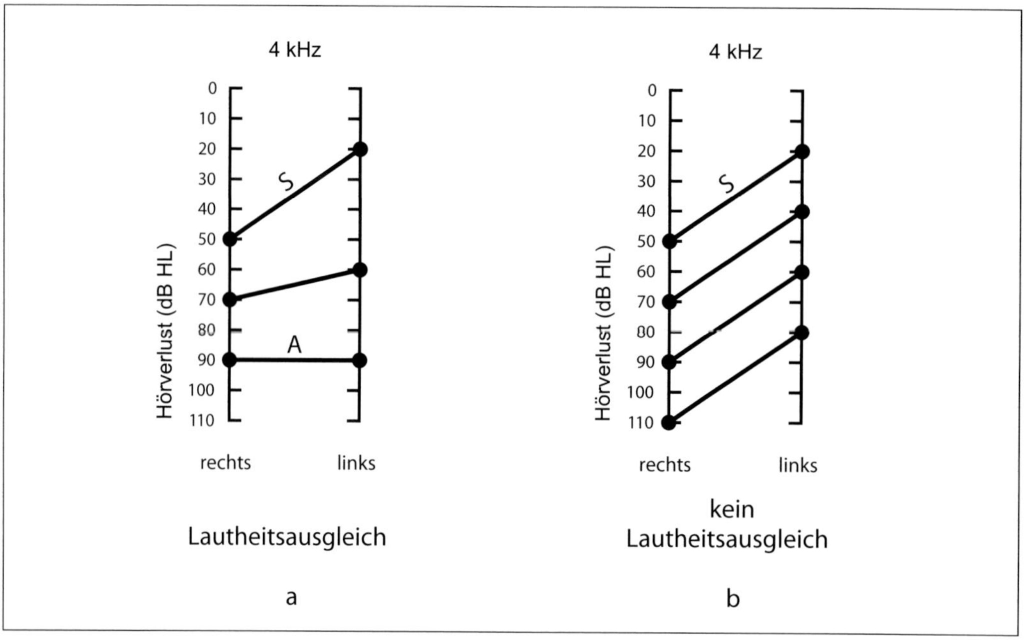

Abb. 7.**4** **a,b** Verbindungslinien für gleich lautes Empfinden von rechts und links angebotenen Tönen. Die Schwellenempfindung (S) wird wegen des größeren Hörverlustes im rechten Ohr bei höherem Pegel (50 dB) als links (20 dB) angegeben.

a Innenohrschwerhörigkeit: Lautheitsausgleich (A) wird bei 90 dB erreicht.

b Mittelohr- oder Hörnervenschwerhörigkeit: Unterschiedlicher Hörverlust beider Ohren bleibt bei Pegelerhöhung erhalten.

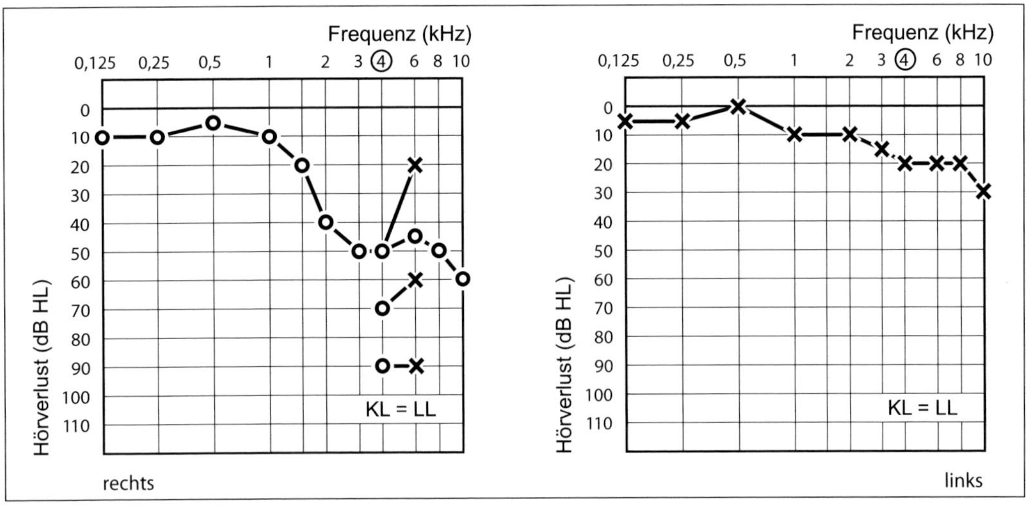

Abb. 7.**5** Fowler-Test bei Hochtonhörverlust rechts. Lautheitsvergleich bei 4 kHz. Hörverlust rechts 50 dB, links 20 dB. Die Werte der linken Seite sind rechts auf der benachbarten Linie (eigentlich 6 kHz) eingetragen, aber durch das x für den Pegel links (4 kHz) gekennzeichnet. Bei 90 dB ist die Differenz von 30 dB ausgeglichen. Lautheitsausgleich rechts: Innenohrschädigung.

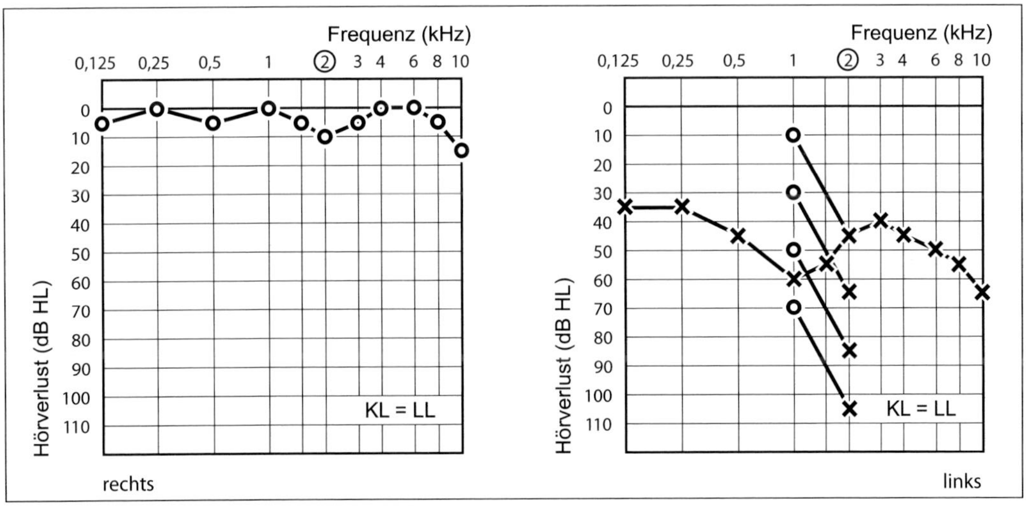

Abb. 7.**6** Fowler-Test bei Schallempfindungsschwerhörigkeit links, flacher Verlauf. Lautheitsvergleich bei 2 kHz. Die Hörschwellen beider Ohren unterscheiden sich um 35 dB. Diese Differenz ist auch noch bei 105 dB (links) vorhanden: kein Lautheitsausgleich. Es besteht der Verdacht auf eine retrokochleäre Schädigung.

Anmerkungen

Schwierigkeiten können bei diesem Test durch Ohrgeräusche entstehen, die man meist durch eine geeignete Wahl der Testfrequenz umgehen kann. Der Lautheitsvergleich kann für den Patienten bei einseitig verzerrter oder frequenzverschobener Wahrnehmung (Diplakusis) erschwert sein.

SISI-Test

Die Innenohrstörung tritt meist beidseitig auf, so dass der Lautheitsvergleich mit einem normalen oder wesentlich besseren Gegenohr oft nicht durchgeführt werden kann. In diesen Fällen ist ein Test erforderlich, mit dem die Hördynamik unabhängig vom Gegenohr geprüft werden kann.

Die Abb. 7.**1** zeigt, dass geringe Intensitätsschwankungen umso besser erkannt werden, je lauter der Ton angeboten wird (S. 37). Ein Normalhörender kann Pegeländerungen von 1 dB bei Prüfpegeln von über 60 dB HL erkennen. Auch beim Vorliegen einer Innenohrschädigung von mehr als 40 dB kann man wegen des Lautheitsausgleichs davon ausgehen, dass bei einem Prüfton von 20 dB über der Schwelle eine laute Empfindung besteht und damit die 1 dB-Schwankung erkannt wird. Da die überschwellige Empfindung mit der Erhöhung des Tonpegels im Fall eines Innenohrschadens steiler ansteigt als bei normalem Gehör, kann der Patient geringe Pegelschwankungen sogar empfindlicher wahrnehmen als der Normalhörende (vgl. Abb. 7.**1**).

Durchführung

Der SISI-Test (**S**hort **I**ncrement **S**ensitivity **I**ndex = Empfindlichkeit für kurze Lautstärkeerhöhungen) ist bei Frequenzen durchführbar, für die der Hörverlust in Knochenleitung größer als 40 dB ist. Bei der gewählten Frequenz wird in Luftleitung ein Prüfton von 20 dB über der Luft-Hörschwelle eingestellt.

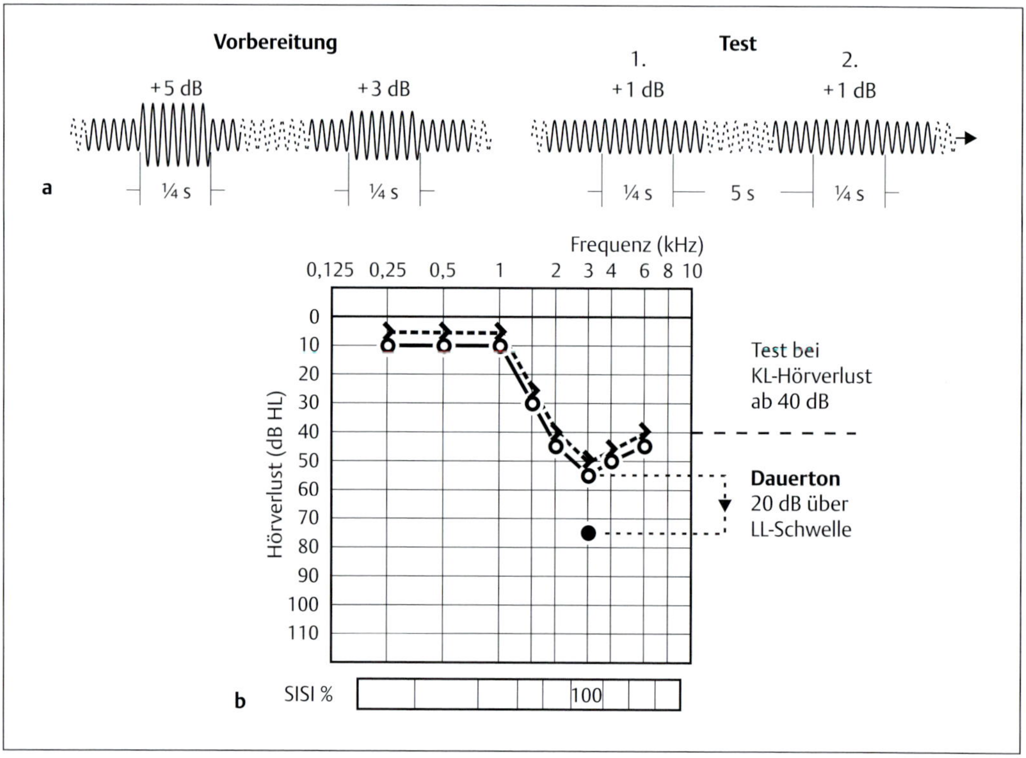

Abb. 7.**7** SISI-Test.

a Der SISI-Test bei 3 kHz wird durch die Darbietung einiger Pegelsprünge von 5 dB und 3 dB vorbereitet. Im Test wird ermittelt, wie viele der 20 angebotenen 1 dB-Sprünge wahrgenommen werden.

b Eintragung in das Tonschwellenaudiogramm.

Um dem Patienten den Testablauf zu verdeutlichen, werden in einer vorbereitenden Phase Pegelsprünge von 5 dB und 3 dB angeboten, die leicht erkennbar sind (vgl. Abb. 7.**7 a**). Im eigentlichen SISI-Test soll der Patient für 20 Pegelsprünge von 1 dB, die vom Audiometer in einer festen Folge ausgegeben werden, die jeweilige Wahrnehmung durch Tastendruck bestätigen. Werden die ersten 10 Pegelsprünge erkannt, kann der Test beendet werden (Ergebnis 100%).

Bei modernen Audiometern registriert ein Zählwerk die gehörten Pegelsprünge. Meist wird der Prozentsatz der erkannten Pegelsprünge vom Audiometer berechnet und ausgegeben.

Patientenanweisung: „Sie hören jetzt einen Ton, der ab und zu für kurze Zeit etwas lauter wird. Drücken Sie bitte die Taste, wenn Sie einen solchen Sprung hören. Zunächst sind die Sprünge deutlich zu hören, später sind sie schwerer zu erkennen."

Auswertung

Der Messpunkt (20 dB über der Schwelle) wird in das Tonschwellenaudiogramm eingetragen (Abb. 7.**7 b**). Ein Ergebnis von 100% spricht für einen Innenohrschaden, bei 0% ist ein neuraler Schaden zu vermuten. Die Eintragung des Prozentwertes erfolgt bei der Prüffrequenz in einer besonderen Spalte meist unter dem Tonschwellenaudiogramm. Bei Ergebnissen über 60% werden 100%, bei weniger als 15% der Wert 0% eingetragen, da diese Abweichungen wahrscheinlich durch mangelnde Aufmerksamkeit bedingt sind. Im Bereich von 15–60% liegt kein gültiges Ergebnis vor, und der Test sollte noch einmal wiederholt werden.

Anmerkungen

Da der geringe Intensitätsunterschied nur bei großer Aufmerksamkeit zu hören ist, muss mit viel Geduld vorgegangen werden. Der Patient wird besonders belastet, wenn der angebotene Dauerton den Unbehaglichkeitsbereich erreicht. Sichere Angaben sind nicht möglich, wenn infolge einer Adaptation oder Hörermüdung zunächst die Pegelsprünge unhörbar werden, dann auch der Dauerton in Rauschen übergeht oder verschwindet. Bei vorliegendem Ohrgeräusch muss die günstigste ungestörte Testfrequenz gewählt werden. Damit der Patient sich nicht an die Regelmäßigkeit der Pegelsprünge gewöhnt, sollte der Testablauf einige Male mit der Stilltaste (Kapitel 5) unterbrochen werden.

Lüscher-Test

Der Lüscher-Test ist dem SISI-Test sehr ähnlich. Hier wird jedoch nicht die Erkennung fester Pegelsprünge von 1 dB geprüft, sondern die Erkennungsschwelle für unterschiedlich große Pegelsprünge ermittelt. Das Ergebnis ist also nicht die Angabe einer prozentualen Sicherheit der Wahrnehmung, sondern die eines Grenzwertes für die erkennbare Pegeländerung.

Durchführung

Der Test wird wie der SISI-Test bei einem Hörverlust von mehr als 40 dB (KL) bei 20 dB über der Luftleitungsschwelle durchgeführt. Am Audiometer sind Pegelschwankungen von 5 – 4 – 3 – 2 – 1 – 0,8 – 0,6 – 0,4 – 0,2 dB einstellbar. Beim Erkennen der Intensitätsschwankung soll der Patient eine Taste betätigen. Das Ergebnis ist durch Herauf- und Herunterregeln sowie durch Wiederholungen abzusichern.

Patientenanweisung: „Bitte drücken Sie die Taste, wenn der dauernd gehörte Ton in seiner Intensität zu schwanken beginnt."

Auswertung

Der geringste noch bemerkte Pegelsprung wird als Ergebnis notiert. Er kann am eingestellten Audiogrammpunkt oder in das passende SISI-Feld als dB-Wert eingetragen werden. Bei einem Innenohrschaden liegt dieser Wert bei 1 dB oder noch darunter. Beim neuralen Hörschaden werden höhere Werte von 2–3 dB gefunden.

Anmerkungen

Der Lüscher-Test hat trotz einer genaueren Aussage gegenüber dem SISI-Test an Bedeutung verloren, da er nicht automatisch abläuft und einen höheren Zeitaufwand erfordert. Er kann eingesetzt werden, um ein unsicheres Ergebnis des SISI-Tests zu überprüfen.

Wertung der Lautheitsausgleichs-Tests

Da vom Patienten nicht nur wie bei der Tonschwellenaudiometrie das Auftauchen oder Verschwinden eines akustischen Reizes bestätigt werden muss, sondern Abschätzungen, Vergleiche oder das Erkennen feiner Änderungen notwendig sind, sind die Ergebnisse der Tests nicht immer sicher. Am zuverlässigsten ist, wenn anwendbar, der Fowler-Test, da die Übereinstimmung zweier Töne gut angegeben werden kann. Die Lautheitsskalierung ist mit vergleichbarer Sicherheit vorzunehmen; vorteilhaft ist die Anwendbarkeit auch bei beidseitiger Innenohrschwerhörigkeit. Während der Lüscher-Test als Rekruitmentnachweis bedingt aussagefähig ist, muss das Resultat des SISI-Tests als sehr gering erachtet werden.

Der objektive, also vom Patienten nicht zu beeinflussende Stapediusreflextest (Kapitel 11) kann hier weiteren Aufschluss geben. Weiterhin ist zu bedenken, dass beim positiven Befund eines Lautheitsausgleichs eine zusätzlich vorliegende neurale Schädigung nicht ausgeschlossen werden kann.

> Die Aussagekraft der subjektiven Lautheitsausgleichstests (vor allem des SISI-Tests) ist gering. Bei konkretem Verdacht auf eine retrokochleäre Hörschädigung sollte unbedingt eine BERA-Untersuchung (s. Kapitel 13) durchgeführt werden.

8 Verdeckbarkeit, Hörermüdung, Ohrgeräusche

Mit den Lautheitsausgleichs-Tests (Kapitel 7) wird die Funktion der Haarzellen der Kochlea geprüft. Der Nachweis einer Haarzellenschädigung schließt aber das zusätzliche Vorliegen eines Hörnervenschadens nicht aus. In diesem Abschnitt werden Untersuchungsverfahren zur Ermittlung des Hörnervenschadens beschrieben, welche die erhöhte Verdeckbarkeit (Geräuschaudiogramm nach *Langenbeck*) bzw. die Hörermüdung (Schwellenschwund-Test nach *Carhart* oder im *Békésy*-Audiogramm) auswerten. Durch die Verdeckung mit Tönen oder Rauschen kann eine Analyse von *Ohrgeräuschen* erfolgen.

Geräuschaudiogramm

Für die Geräuschaudiometrie muss im Audiometer die Möglichkeit vorgesehen sein, das Rauschen nicht wie bei der Vertäubung auf das Gegenohr, sondern zusätzlich zum Prüfton auf das gleiche Ohr zu schalten. Das Geräusch ist im Audiometer gleich laut wie der entsprechende Ton abgeglichen. Bei gleicher Einstellung wird der Ton also neben dem Rauschen gerade hörbar.

Dies gilt aber nicht für die neurale Hörstörung. Sind z. B. durch den Druck eines Tumors viele Einzelfasern des Hörnervs ausgefallen, so ist die Fortleitung der Nervenimpulse gegen Störungen empfindlicher als bei gesunder Hörbahn. Hier bewirkt daher das Rauschen eine stärkere Verdeckung als im Normalfall, so dass die Tonschwelle im Geräusch (Mithörschwelle) deutlich über dem Rauschpegel liegt.

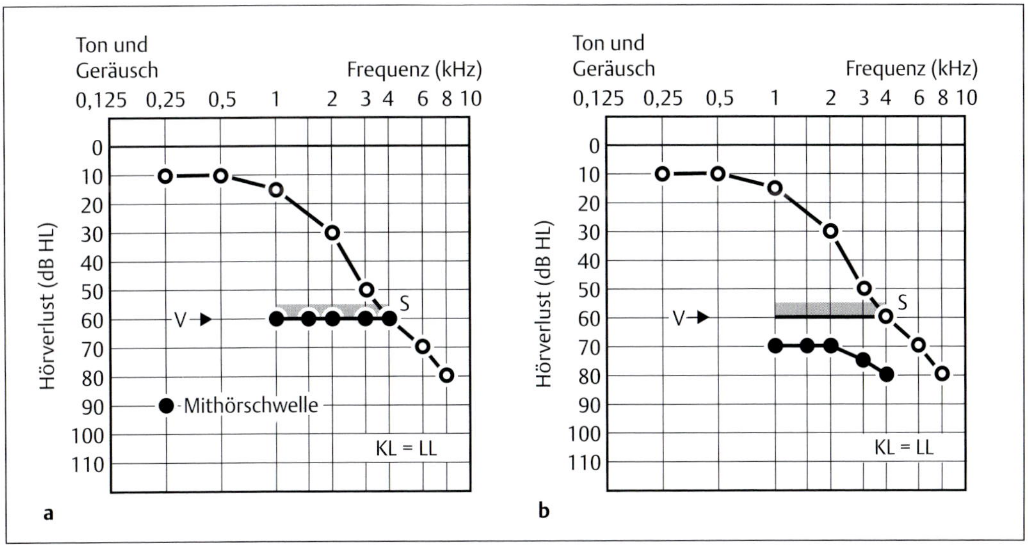

Abb. 8.**1** Geräuschaudiogramm bei Innenohr- und neuraler Schwerhörigkeit. V: eingestellter Pegel des Vertäubungsgeräusches, S: Schnittpunkt von Rauschpegel und Hörschwelle.
a Innenohrschwerhörigkeit.
b Neurale Schwerhörigkeit.

Durchführung

Dieser Test wird üblicherweise bei Tonschwellenaudiogrammen mit Hochtonabfall bzw. -senke durchgeführt, also nicht bei flachen Verläufen oder Tieftonhörverlust. Die Linie des eingestellten Rauschpegels sollte mit der Tonschwelle einen Schnittpunkt S entsprechend der Abb. 8.**1** ergeben. Der Rauschpegel ist zwischen 45 und 75 dB passend zur Tonschwelle zu wählen.

Bei jeder Frequenz, meist beginnend mit 1 kHz bis zum Schnittpunkt, wird der gleiche Rauschpegel eingestellt und der Tonpegel markiert, bei dem der Ton neben dem Rauschen hörbar wird. Die Mithörschwelle wird in gleicher Weise gemessen wie die Tonschwelle (vgl. Kapitel 5). Um einen Schwellenschwund zu vermeiden, ist das Rauschen beim Umschalten von einer Frequenz zur nächsten kurz zu unterbrechen.

Patientenanweisung: „Sie hören ein andauerndes Rauschen. Drücken Sie bitte die Taste, wenn im Rauschen ein Ton hörbar wird."

Auswertung

Im Fall einer Innenohrhörstörung (Abb. 8.**1 a**) liegt die Mithörschwelle für jede Frequenz im Rauschpegel oder um höchstens 5 dB erhöht und mündet am Hochtonabfall in die Tonschwelle ein. Eine neurale Schwerhörigkeit kann vorliegen, wenn die Mithörschwelle um 10 dB oder mehr über dem Rauschpegel liegt und vor dem Abfall der Tonschwelle ausweicht (Abb. 8.**1 b**).

Anmerkungen

Die Mithörschwelle ist sicherer zu messen als die Hörschwelle, da der Ton aus dem Geräusch sehr schnell und deutlich auftaucht. Für den Test kann das übliche Schmalbandrauschen verwendet werden (vgl. Abb. 6.**3**, S. 29). Verfügt das Audiometer nur über *weißes* Rauschen, ist die Geräuschaudiometrie zweckmäßig auf den Frequenzbereich von 1–4 kHz zu beschränken, in dem die Verdeckung weitgehend frequenzunabhängig ist.

Schwellenschwundtest nach Carhart

Der geschädigte Hörnerv ist nicht in der Lage, seine Erregung für langdauernde Tonreize aufrecht zu erhalten. Es kommt daher bei anhaltender Belastung zu einer Verschlechterung der Hörschwelle. Diese *Hörermüdung* ist zu unterscheiden von der *Adaptation*, also der Anpassung der Sinneszellen an eine Dauerbelastung, die beim gesunden Gehör zu einer Schwellenerhöhung um bis zu 10 dB führt. Beim geschädigten Innenohr ist eine pathologische Adaptation festzustellen, die eine Schwellenabwanderung von bis zu 25 dB bewirken kann. Die Adaptation strebt einem Endwert zu, während bei neuronaler Schwerhörigkeit die Hörermüdung laufend zunimmt und zur Erschöpfung der Nerven, also zum unbegrenzten Schwellenschwund führen kann.

Durchführung

Der Schwellenschwundtest kann mit jedem einfachen Audiometer ohne weitere Einrichtungen durchgeführt werden. Bei einer geeigneten Frequenz (vorzugsweise 1–4 kHz) bzw. in einer Hörsenke wird ein Pegel von 5 dB über der vorher gemessenen LL-Hörschwelle eingestellt. Hört der Patient den leisen Ton nach einiger Zeit nicht mehr, wird der Pegel um 5 dB erhöht und der Ton damit wieder hörbar. Verschwindet der Ton wieder, wird das Ansteigen der Schwelle durch weitere Pegelerhöhungen in 5 dB-Stufen verfolgt. Der zeitliche Verlauf des Schwellenschwundes ist in der Abb. 8.**2** und Abb. 8.**3** links dargestellt. Der Test ist beendet, wenn der Ton für mindestens eine Minute hörbar bleibt (Abb. 8.**2**), wenn ein Schwellenschwund um 30 dB erreicht ist oder wenn bei laufender Pegelerhöhung die Leistungsgrenze des Audiometers erreicht wird (Abb. 8.**3**).

Die Anfertigung des Zeitdiagramms ist nur bei wenigen Audiometern möglich. Es genügt aber auch, die Höhe des Schwellenschwundes im Audiogramm durch eine senkrechte Linie bei der eingestellten Frequenz zu markieren (Abb. 8.**2**). Dabei kann die langsame oder schnelle Schwellenabwanderung mit unterschiedlichen Linienstärken eingetragen werden.

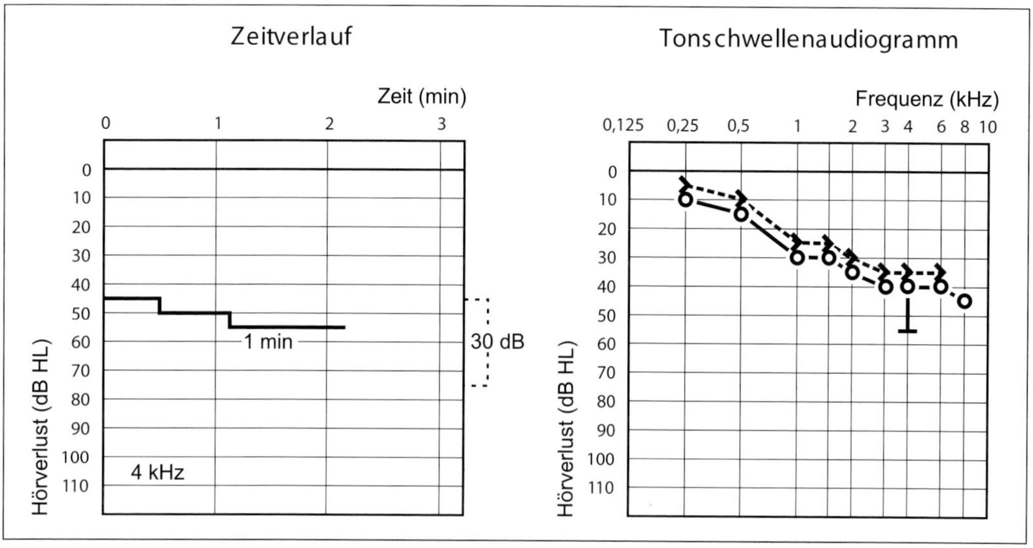

Abb. 8.**2** Schwellenschwund bei Innenohrschaden im Zeitverlauf und im Tonschwellenaudiogramm. Im Tonschwellenaudiogramm wird ein begrenzter Schwellenschwund mit einem Querstrich beendet.

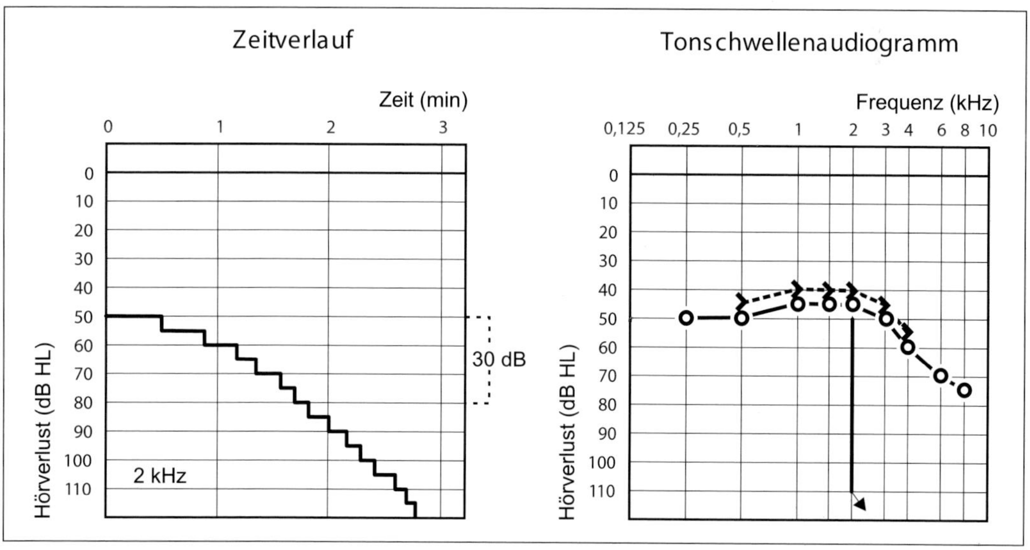

Abb. 8.**3** Schwellenschwund bei Hörnervenschaden im Zeitverlauf und im Tonschwellenaudiogramm. Ein unbegrenzter Schwellenschwund wird durch einen Pfeil gekennzeichnet.

Patientenanweisung: „Sie hören einen sehr leisen Ton. Drücken Sie die Taste jedes Mal, wenn der Ton nicht mehr zu hören ist."

Auswertung

Ein Schwellenschwund um bis zu 25 dB ist bei positivem Ergebnis der Lautheitsausgleichstests als pathologische Adaptation beim Innenohrschaden zu werten (Abb. 8.**2**). Eine neurale Schädigung kann vorliegen, wenn die Schwelle um 30 dB (6 Stufen) oder mehr abwandert, vor allem aber bei unbegrenztem Schwellenschwund (Abb. 8.**3**).

Anmerkungen

Während des Schwellenschwundes kann die Tonempfindung in ein Rauschen übergehen. Dies kann ein weiterer Hinweis auf eine neurale Ursache der Hörschädigung sein.

Rechnergesteuerte Audiometer erhöhen den Tonpegel beim Tastendruck des Patienten automatisch und schreiben auch ein Zeitdiagramm. Mit diesen Geräten ist auch die *Békésy*-Audiometrie wieder verfügbar geworden. Bei dieser automatischen Tonschwellenmessung steuert der Patient über einen Schalter die Auf- und Abwärtsregelung des Tonpegels. Bei aufwärts gleitender Tonfrequenz wird die Tonschwelle automatisch registriert; bei fester Frequenz ist wie im Carhart-Test die Bestimmung des zeitabhängigen Schwellenschwundes möglich. Dabei wird meist der Unterschied (die *Separation*) von Impuls- und Dauertonschwelle ausgewertet

Ohrgeräusche (Tinnitus)

Viele Patienten leiden unter gelegentlich oder dauernd auftretenden Ohrgeräuschen, die als Pfeifen, Klingeln, Brummen oder Rauschen unterschiedlicher Klangfarbe beschrieben werden. Ein Ohrgeräusch kann als Begleitsymptom einer bestehenden Gehörerkrankung auftreten (z. B. beim Hörsturz oder Morbus Menière) oder auch durch Stress entstehen. Auch Kreislauferkrankungen können Durchblutungsstörungen der Haarzellen verursachen, die zu Ohrgeräuschen führen. Der Ursprung ist aber auch häufig in höheren Bereichen der Hörbahn als fehlerhafte Nervenerregung zu finden. Dabei muss nicht immer eine organische Erkrankung vorliegen. Ursachen können aber ein Akustikusneurinom oder Hirntumore, Nervenentzündungen (Multiple Sklerose, Polyneuropathie) oder auch Funktionsstörungen der Halswirbelsäule sein.

Für den Patienten ist es von großer Bedeutung, dass sein subjektiv wahrgenommenes Ohrgeräusch ernst genommen und möglichst durch eine Messung bestätigt wird. Vor dem Beginn einer Therapie muss die Stärke und Frequenzlage des Ohrgeräuschs bekannt sein.

Der Grad der Belästigung wird durch eine subjektive Skalierung auf einer Kategorial-Skala erfasst.

Zur Analyse des Ohrgeräusches wird der Patient zunächst über den Klang des Geräusches befragt. Dann werden ihm entsprechende Töne, Schmalband- und Breitbandrauschen mit geeigneter Pegeleinstellung zum *Vergleich* (Tinnitus-Matching) angeboten, bis er eine weitgehende Übereinstimmung angibt. Dieser Vergleich kann auch über das Gegenohr erfolgen. Im Tonschwellenaudiogramm wird bei der entsprechenden Frequenz ein Vermerk eingetragen.

Genauere Ergebnisse liefert die Messung der Verdeckbarkeit (bzw. Maskierbarkeit). Für alle Frequenzeinstellungen des Schmalbandrauschens wird der Rauschpegel bestimmt, der zur Verdeckung des Ohrgeräusches gerade ausreicht. Die Genauigkeit sollte dabei 2 dB betragen. Dabei ergibt sich die *Tinnitusverdeckungskurve*. Mit einem praktisch gleichen Ergebnis kann die Verdeckung auch mit Tönen durchgeführt werden. Die Verdeckung findet offenbar meist nicht in der Kochlea, sondern auf neuraler Ebene statt. Daher verlaufen die Verdeckungskurven in den meisten Fällen völlig anders als bei der Verdeckung eines entsprechenden gehörten Tons. Die am häufigsten gefundenen Tinnitusverdeckungskurven werden in der Abb. 8.**4** dargestellt.

In vielen Fällen zeigt sich, dass schon ein schwellennahes Rauschen weit entfernter Frequenz das Ohrgeräusch verdecken kann. Die gesamte Verdeckungskurve liegt knapp über der Hörschwelle (Abb. 8.**4 a**). Bei einem Hochtonhörverlust liegt die Verdeckungskurve im unteren Frequenzbereich oft bei höheren Pegeln, passt sich aber in der Nähe der Tinnitusfrequenz wieder an die Hörschwelle an (Abb. 8.**4 b**). In manchen Fällen sind im gesamten Frequenzbereich hohe Verdeckungspegel erforderlich (Abb. 8.**4 c**). Ein nicht verdeckbares Ohrgeräusch kann seinen Ursprung im zentralen Nervensystem haben. Zu empfehlen ist die zusätzliche Registrierung der frequenzabhängigen Unbehaglichkeitsschwelle, da bei Tinnitus häufig eine Geräuschüberempfindlichkeit (Hyperakusis) auftritt.

Diese Messergebnisse erlauben bisher leider keinen Rückschluss auf die Ursache der Erkrankung. Auch das Ausmaß des persönlichen Leidensdruckes durch das Ohrgeräusch ist audiometrisch nicht zu ermitteln.

Die Messungen ermöglichen aber eine Verlaufskontrolle, eine Beurteilung der Auswirkung von Umweltgeräuschen auf den Tinnitus und sind wichtige Voraussetzungen für das therapeutische Vorgehen.

Weitere audiologische Untersuchungen sind erforderlich, um, so weit wie möglich, eine Auskunft über den Entstehungsort des Ohrgeräusches zu finden. Im äußeren Gehörgang akustisch messbare Ohrgeräusche bezeichnet man als *objektiven Tinnitus*. Er entsteht durch hörbare Strömungsgeräusche des Blutes, durch Tubenfehlfunktionen oder periodische Kontraktionen der Mittelohrmuskeln. Anatomische Veränderungen

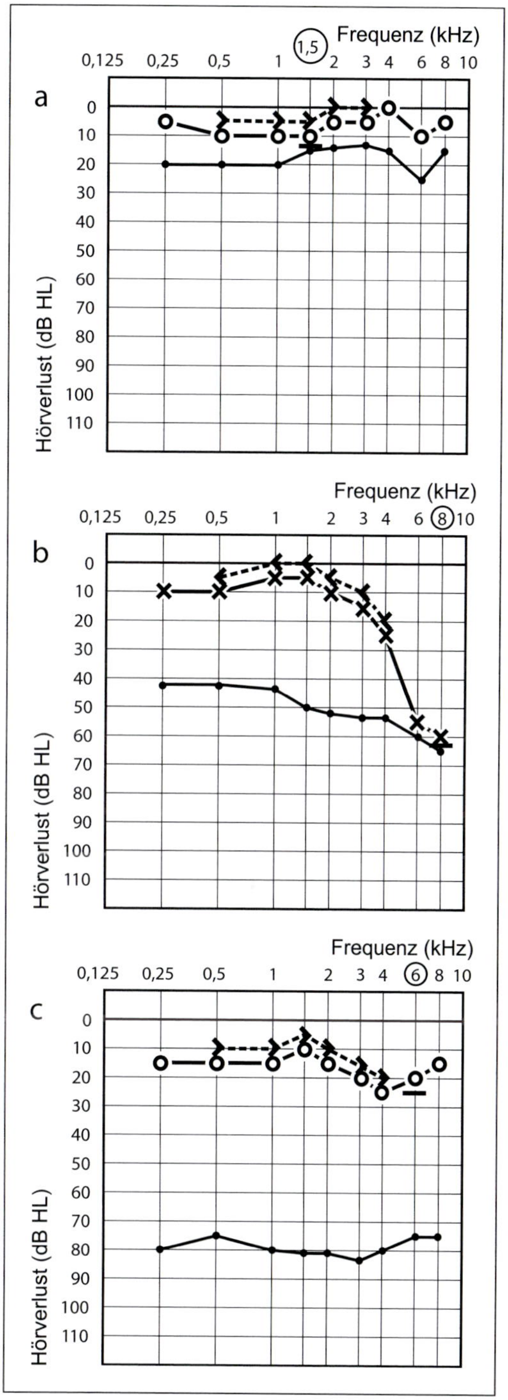

Abb. 8.**4 a, b, c** Tinnitusverdeckungskurven (•–•) für 3 Fälle mit tonalem Ohrgeräusch, gemessen mit Schmalbandrauschen. (—) Markierung für den Tinnitus-Vergleich.

des Mittelohres sind in vielen Fällen im Tympanogramm (s. Kapitel 11) zu erkennen. Eine begleitende Erkrankung des Innenohres kann mit den Verfahren der Lautheitsausgleichstests (Kapitel 7) bestätigt werden.

> Zum Ausschluss einer retrokochleären Ursache ist bei Ohrgeräuschen immer eine Hirnstammaudiometrie (BERA, Kapitel 13) durchzuführen.

Neue Verfahren der Analyse von Distorsionsprodukt-Otoemissionen (Kapitel 12) bei Tinnitus werden zurzeit erprobt, um Veränderungen der Beweglichkeit der Haarzellen des Innenohres zu erfassen.

Obwohl Ohrgeräusche meist nur 5–10 dB über der Hörschwelle liegen, werden sie vom Betroffenen oft als unerträglich laut empfunden. Der Tinnitus stellt dann eine schwerwiegende Belastung und eine erhebliche Beeinträchtigung der Lebensqualität dar. Eine Therapie wird auf verschiedenen Wegen versucht:

Bei akut auftretendem Tinnitus wird eine *Infusionstherapie* durchgeführt, um die Durchblutung bzw. die Energieversorgung des Innenohres zu verbessern.

Das Übertönen des Tinnitus durch Rauschen (*Tinnitusmaskierung*) hat sich therapeutisch nicht bewährt. Als angenehm wird dagegen ein leises Geräusch empfunden, das vom Tinnitus ablenken soll. Dazu dient ein *Tinnitusnoiser*, äußerlich mit einem Hörgerät vergleichbar. Ein *Tinnitushörgerät* mit zusätzlicher Rauschquelle verbessert die Sprachverständlichkeit.

Längerfristig ist eine *Tinnitus-Retraining-Therapie* erfolgreich, deren Ziel es ist, das meist als sehr laut und lästig empfundene Ohrgeräusch als unwichtig einzustufen und es durch Gewöhnung geringer oder gar nicht mehr wahr zu nehmen.

9 Sprachaudiometrie

Abgesehen von der Hörweitenprüfung (Kapitel 4) beschränkten sich alle bisher beschriebenen audiometrischen Untersuchungen auf die Prüfung des Tongehörs. In unserer alltäglichen Kommunikation geht es jedoch vor allem um das Verstehen von Sprache. Die Sprache ändert sehr rasch ihren Informationsgehalt und wird im überschwelligen Bereich wahrgenommen. Bei der Sprachaudiometrie wird daher nicht die Schwelle des Hörens sondern der Grad des Verstehens beurteilt.

Obgleich diese audiometrische Untersuchung in der Praxis seltener erfolgt als die Tonschwellenaudiometrie, muss ein Sprachaudiogramm bei der Verordnung und Anpassung von Hörhilfen erstellt werden, ebenso bei Gutachten und in der Arbeitsmedizin. Die Sprachaudiometrie erweist sich auch als sinnvolle Ergänzung vor Ohroperationen und im Therapieverlauf sowie zur Kontrolle bei unklaren Tonschwellenaudiogrammen, z. B. bei Aggravation oder Simulation. Neben der Funktion des Hörorgans sind bei der Sprachaudiometrie auch vorhandene Sprachkenntnisse und gewisse intellektuelle Fähigkeiten von Bedeutung. Daher muss man berücksichtigen, dass die Durchführung eines Sprachaudiogramms bei Kindern, bei behinderten Patienten oder bei Ausländern oft nicht möglich ist.

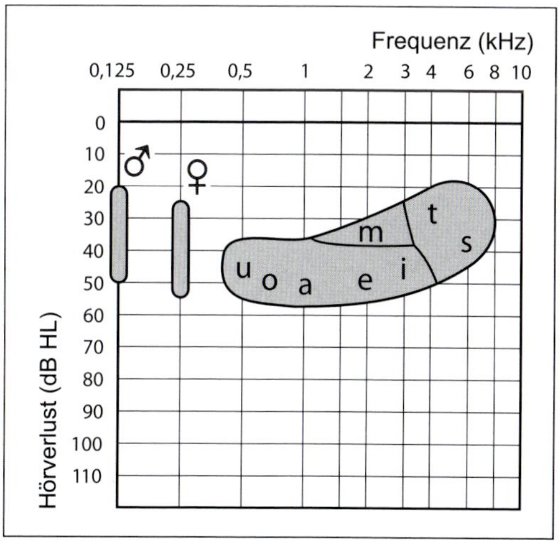

Abb. 9.**1** Sprachfeld.

Um die Ergebnisse der Sprachaudiometrie beurteilen zu können, muss man wissen, welche Frequenzanteile in der Sprache enthalten sind, und was sie zum Verstehen von Wörtern oder Sätzen beitragen. In der Abb. 9.**1** ist bei etwa 125 Hz der Bereich der Stimmgrundfrequenz von Männern und bei 250 Hz der von Frauen in ein Tonschwellenaudiogramm eingetragen. Die Oberschwingungen dieser Stimmgrundfrequenzen regen im Kehlkopf, Mund- und Rachenraum Resonanzen (*Formanten*) an, die entsprechend der Mund- und Lippenstellung unabhängig von der Stimmtonhöhe den Vokalklang (u, o, a, e, i) bestimmen. Mit dem zusätzlichen Einsatz der Zunge lassen sich die Konsonanten bilden. Wie man am Sprachfeld erkennt, werden bei normaler Umgangssprache die Vokale etwa 10 bis 20 dB lauter erzeugt als die Konsonanten; Zischlaute [s] oder [t] liegen im hohen Frequenzbereich bis zu 8 kHz und können daher von Patienten mit einem Hochtonhörverlust oft nicht wahrgenommen oder unterschieden werden.

Die Sprachaudiometrie sollte im Anschluss an ein Tonschwellenaudiogramm durchgeführt werden, wenn eine Schwerhörigkeit vorliegt. Beginnend mit dem besser hörenden Ohr vernimmt der Patient in der Regel über Kopfhörer Wörter oder kurze Sätze, die er laut und deutlich wiederholen soll. Der Test kann auch im freien Schallfeld mit oder ohne Hörhilfen sowie mit Störschall ausgeführt werden. Im Gegensatz zur Hörweitenprüfung kommt es bei der Sprachaudiometrie auf exakt einstellbare Sprachschallpegel an bei gleicher Aussprache und Betonung des Prüftextes. Die Testwörter oder Sätze werden daher von einer CD abgespielt, wobei der Sprachschallpegel in 5 dB-Stufen am Audiometer eingestellt wird, ohne dass die Sprache ihre Klangfarbe verändert.

Im Folgenden beschränken wir uns auf die Untersuchung des Sprachverstehens im deutschsprachigen Raum. Bei Erwachsenen und Jugendlichen wird für die Sprachaudiometrie als Standard immer noch der *Freiburger Sprachverständlichkeitstest* verwendet. Sprachaudiometrisch relevante Untersuchungen bei Kindern werden in Kapitel 14 beschrieben. Zunehmende Bedeutung erlangen die *Satztests* in Ruhe und im Störlärm im freien Schallfeld. Wir gehen am Ende des Abschnitts darauf ein, wollen jedoch die klinischen Ergebnisse der Satztests nicht so differenziert darstellen, wie wir dies für den Freiburger Sprachtest beschreiben, da dieser die Sprachaudiometrie noch dominiert.

Freiburger Sprachverständlichkeits-Test

Das Testmaterial enthält 10 Gruppen mit je 10 mehrsilbigen Zahlen sowie 20 Gruppen mit je 20 einsilbigen Wörtern ohne sinnvollen Zusammenhang. Diese Wörter sind so zusammengestellt, dass sie jeweils innerhalb einer Gruppe den mittleren Frequenzinhalt der deutschen Sprache ergibt. Zahlen und Einsilber sollen die Umgangssprache nachbilden, wobei die zweistelligen Zahlen wegen der jeweils gleichen Wortstruktur, größerer Redundanz und der begrenzten Auswahl leichter verstanden werden als die kurzen Einsilber. Zum Verstehen der Zahlen ist der Frequenzbereich des Gehörs unter 2 kHz ausreichend.

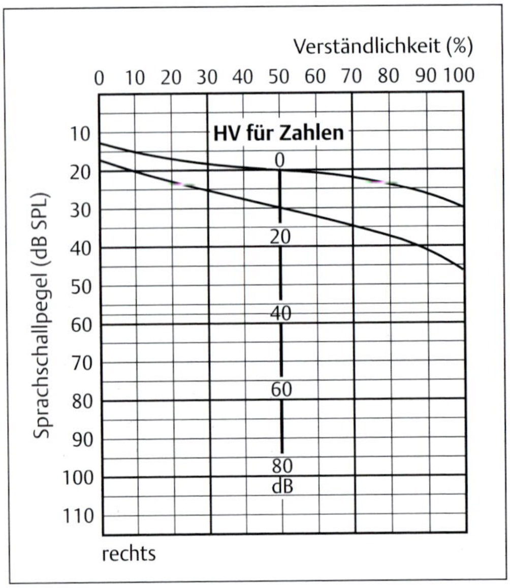

Abb. 9.**2** Formular für die Sprachaudiometrie des Freiburger Sprachverständlichkeitstest.

Für die Einsilberverständlichkeit ist das Hörvermögen für höhere Frequenzen maßgebend.

Die Abb. 9.**2** zeigt ein Formular, in das die Ergebnisse der Sprachaudiometrie eingetragen werden. Man kann auch ältere Formulare finden, die um 90° gedreht dargestellt sind. Entsprechend dem Tonschwellenaudiogramm wird der Sprachschallpegel an der linken senkrechten Achse in dB SPL aufgetragen. Im Folgenden werden die Sprachschallpegel zur Vereinfachung nur noch in dB angegeben.

Beim Wert 0 dB, dem gleichen Hörschwellenwert wie in der Tonaudiometrie, werden die Testwörter zwar gerade gehört aber noch nicht verstanden. Normalhörende verstehen die Hälfte aller Zahlen erst bei einem Sprachschallpegel von 18,5 dB und alle dargebotenen Zahlen bei 30 dB. Alle Einsilber sind bei gesundem Gehör erst bei einem Sprachschallpegel von 50 dB zu verstehen. Daher sind in jedem Formular oben zwei Bezugslinien enthalten, die die Mittelwerte für die Verständlichkeit von Zahlen und Einsilbern von Normalhörenden darstellen. Der Prozentwert der Verständlichkeit wird im Formular waagrecht von 0–100 % vermerkt. Für die Auswertung des Zahlentests enthält das Formular eine zusätzliche Hörverlustskala (HVZ = *Hörverlust für Zahlen*) bei der Verständlichkeit von 50 %, da die Sprachverständlichkeitsschwelle für Zahlen bei dem Wert von 50 % definiert ist. Diese Skala beginnt mit 0 dB beim Zahlenverstehen von Normalhörenden, also bei 18,5 dB Sprachschallpegel.

Tab. 9.**1** Freiburger Sprachverständlichkeits-Test. Die vom Patienten richtig wiedergegebenen Zahlen bzw. Wörter sind unterstrichen.

Sprachschallpegel (dB)											verstandene Wörter (%)
					Zahlen						
45	98	22	54	19	86	71	35	47	80	63	**30**
50	53	14	39	68	57	90	85	33	72	46	**80**
					Einsilber						
65	Ring	Spott	Farm	Hang	Geist	Zahl	Hund	Bach	Floh	Lärm	**20**
	Durst	Teig	Prinz	Aas	Schreck	Nuss	Wolf	Braut	Kern	Stich	
80	Holz	Ruß	Mark	Stein	Glied	Fleck	Busch	Schloss	Bart	Ei	**60**
	Werk	Dach	Knie	Traum	Pass	Kunst	Mönch	Los	Schrift	Fall	
95	Blatt	Stift	Hohn	Zweck	Aal	Furcht	Leim	Dorf	Tat	Kerl	**100**
	Schutz	Wind	Maus	Reif	Bank	Klee	Stock	Wuchs	Mist	Gras	

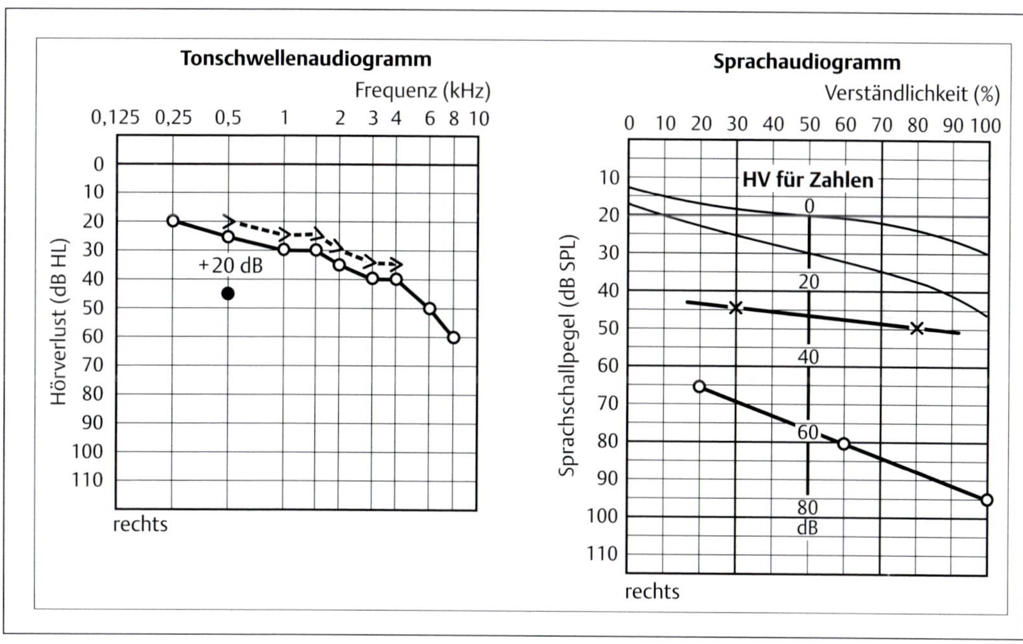

Abb. 9.**3** Vorgehen bei der Sprachaudiometrie. Ergebnis: Hörverlust für Zahlen: 25 dB, maximale Einsilberverständlichkeit: 100 %.

Durchführung

Die Abb. 9.**3** soll die Aufnahme eines Sprachaudiogramms veranschaulichen. Wir beginnen die Untersuchung mit dem *Zahlentest* für das rechte Ohr, wobei dem Patienten einige Zahlen über Kopfhörer ausreichend laut angeboten werden, um ihn mit der Aufgabe vertraut zu machen. Damit möglichst schnell eine mittlere Verständlichkeit erreicht wird, beginnt man mit einem Sprachschallpegel von 20 dB über dem im Tonschwellenaudiogramm bei 500 Hz gefundenen Schwellenwert (hier: 25 dB). Im dargestellten Beispiel wird also bei einem Sprachschallpegel von 45 dB mit dem Zahlentest begonnen, wobei die Audiometristin über den Mithörer kontrolliert, welche Zahlen vom Patienten richtig wiedergegeben werden (Tab. 9.**1**).

Dabei kann der Patient hier nur 3 von den 10 angebotenen Zahlen richtig wiederholen, was einer Verständlichkeit von 30 % entspricht. Nach einer Pegelerhöhung von 5 dB für die nächsten 10 Zahlen, dem üblichen Pegelsprung für den Zahlentest, nimmt der Patient nun 8 der 10 Zahlen richtig wahr (80 % Verständlichkeit). Zwischen beiden Messpunkten lässt sich eine Verbindungslinie ziehen, welche die HVZ-Skala bei einem Wert von etwa 25 dB schneidet. Wird schon bei der ersten Pegeleinstellung eine Zahlenverständlichkeit zwischen 30 und 70 % erreicht, darf man die Parallele zur Normalkurve einzeichnen und dann den HVZ auf der Skala bei 50 % Verständlichkeit ablesen. Möchte man zur Sicherheit einen weiteren Messwert aufnehmen, sollte dieser am besten nochmals bei demselben Pegel gemessen werden, da ein um 5 dB erhöhter oder verringerter Test meist eine Verständlichkeit von 100 % oder von 0 % ergibt, für die eine Verbindungslinie nicht zu zeichnen ist.

Der nun folgende *Einsilbertest* beginnt mit der ersten Wortgruppe bei einem Sprachschallpegel von 65 dB, was der Lautstärke normaler Umgangssprache entspricht und bei Normalhörenden sofort zu einer Einsilberverständlichkeit von 100 % führt, so dass weitere Untersuchungen mit Einsilbern entfallen können. Falls im Tonschwellenaudiogramm ein Hörverlust bei 4 kHz von mehr als 40 dB vorliegt, kann man auch mit einem Sprachschallpegel von 80 dB beginnen, um den Patienten nicht gleich zu frustrieren. In unserem Beispiel der Abb. 9.**3** versteht der Patient bei 65 dB Sprachschallpegel nur 4 der 20 angebotenen Einsilber, was einer Verständlichkeit von 20 % entspricht und als erster Messwert in das Formular eingetragen wird.

Die Einsilber werden wegen der nicht so schnell zunehmenden Verständlichkeit in Pegelsprüngen von 15 dB dargeboten. Bei 80 dB Sprachschallpegel gibt unser Beispielspatient nun 12 der 20 Wörter der zweiten Testgruppe richtig wieder (Verständlichkeit 60 %). Bei einer weiteren Anhebung des Pegels auf 95 dB kann der Patient alle, d. h. 100 % der Einsilber, verstehen. Da beim Einsilbertest die *maximale Verständlichkeit* geprüft werden soll, sollte er erst beendet werden, wenn 100 % Sprachverständlichkeit erreicht sind. Erreicht man jedoch während der Untersuchung die individuelle Unbehaglichkeitsschwelle des Patienten, unterbleiben alle weiteren Messungen. Der an manchen Audiometern verfügbare Pegel von 115 dB sollte nur in Ausnahmen verwendet werden, z. B. bei einem erheblichen Schallleitungshörverlust.

Vertäubung

Auch bei der Sprachaudiometrie muss bei hohem Schallpegel das Gegenohr vertäubt werden. Maßgebend ist die aus dem Tonschwellenaudiogramm bekannte Knochenleitungsschwelle des Gegenohres bei 500–1000 Hz. Da bei dieser Untersuchung nicht die Wahrnehmungsschwelle, sondern das Verstehen von Wörtern ermittelt wird, kann die Vertäubungslautstärke um den für die 50-%ige Verständlichkeit erforderlichen Sprachschallpegel geringer eingestellt werden als bei der Tonaudiometrie. Dies gilt bei normalem Gehör für Zahlen um 20 dB und bei den Einsilbern um 30 dB. Es muss also beim Zahlentest erst ab 70 dB, beim Einsilbertest ab 80 dB mit Breitbandrauschen vertäubt werden. Bis zu einem Sprachschallpegel von 110 dB kann man bei normalem Gegenohr mit Vertäubungspegeln von 60 dB für Zahlen und 70 dB für Einsilber auskommen.

Patientenanweisung:
Zahlentest: „Sie hören zunächst sehr leise Zahlen, wie z. B. achtundzwanzig; wiederholen Sie bitte, was Sie verstanden haben. Sie dürfen dabei auch raten."

Einsilbertest: „Sie hören jetzt kurze Wörter, wie Ring, Spott, Farm; wiederholen Sie bitte, was Sie verstanden haben, wobei Sie auch hier raten dürfen. Sagen Sie mir bitte, wenn es Ihnen zu laut wird."

Auswertung

Die beiden wesentlichen Ergebnisse des Freiburger Sprachverständlichkeits-Tests sind der *Hörverlust für Zahlen (HVZ)* und die *maximale Verständlichkeit* (V_{max}) *für Einsilber.* Der HVZ wird an der Hörverlustskala bei 50 % Verständlichkeit im Schnittpunkt mit der im Zahlentest ermittelten Linie abgelesen, wobei eine Genauigkeit von 5 dB genügt. Die maximale Einsilberverständlichkeit ist der höchste erreichte Wert im Kurvenverlauf des Einsilbertests.

In unserem Beispiel der Abb. 9.**3** lautet das Ergebnis: Hörverlust für Zahlen = 25 dB, maximale Einsilberverständlichkeit = 100 % (bei 95 dB Sprachschallpegel).

Diagnostisch interessant sind aber auch der Verlauf der beiden Messkurven, deren Abstand zueinander sowie der Vergleich des Sprachaudiogramms mit dem Tonschwellenaudiogramm. Der Hörverlust für Zahlen entspricht dem Luftleitungshörverlust im Tonaudiogramm für 500–1000 Hz. Es folgen einige typische Befunde.

Normales Gehör

Bei normaler Tonschwelle (Abb. 9.**4**) wird ein Hörverlust für Zahlen von 5 dB sowie ein maximales Einsilberverständnis von 100 % beim ersten eingestellten Sprachschallpegel von 65 dB gemessen.

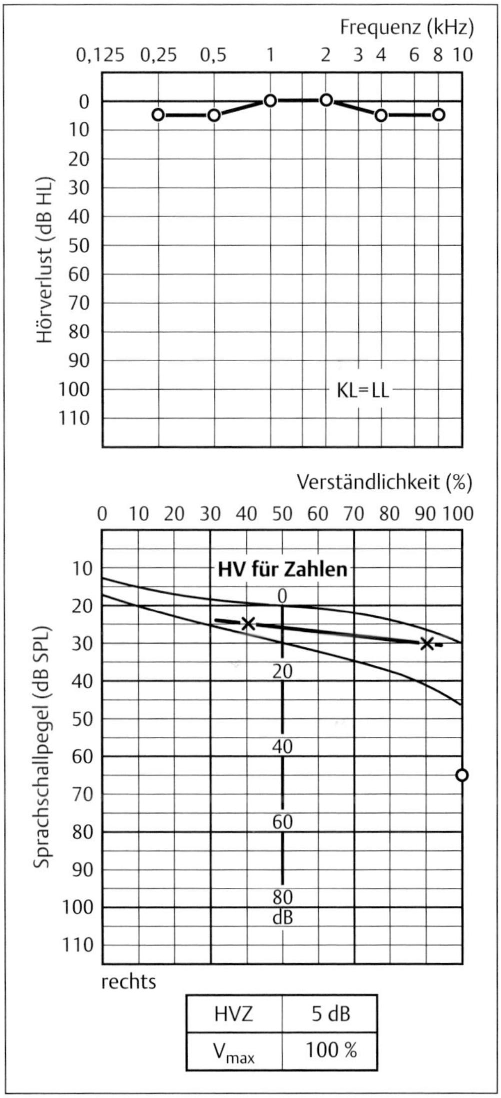

Abb. 9.**4** Normales Gehör.

Mittelohrhörverlust

Die Zahlen- und Einsilberkurve sind um den Betrag des Mittelohrhörverlustes zu höheren Pegeln verschoben, behalten aber ihre Steilheit und ihren Abstand (Abb. 9.**5**); um die Ähnlichkeit mit den Normalkurven zu zeigen, ist hier im Einsilbertest auch bei einem Pegel von 50 dB gemessen worden. Ein komplettes Einsilberverstehen ist bei 80 dB erreicht. Der Hörverlust für Zahlen von 30 dB bestätigt das Tonschwellenaudiogramm.

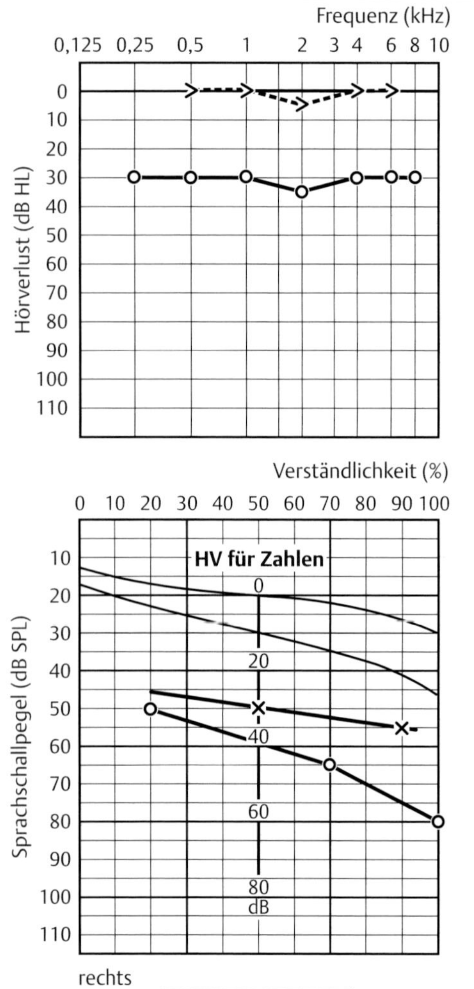

HVZ	30 dB
V_{max}	100 %

Abb. 9.**5** Mittelohrhörverlust.

Innenohr-Hochtonhörverlust

Beim innenohrbedingten Hochtonhörverlust (Abb. 9.**6**) ist der Hörverlust für Zahlen kaum erhöht; für Einsilber wird die volle Verständlichkeit dagegen erst bei einem Sprachschallpegel von 95 dB erreicht. Der Abstand zwischen Zahlen- und Einsilberkurve ist mit 30 dB relativ groß (vgl. Abb. 18.**10** im Fallbeispiel Hörsturz, S. 152).

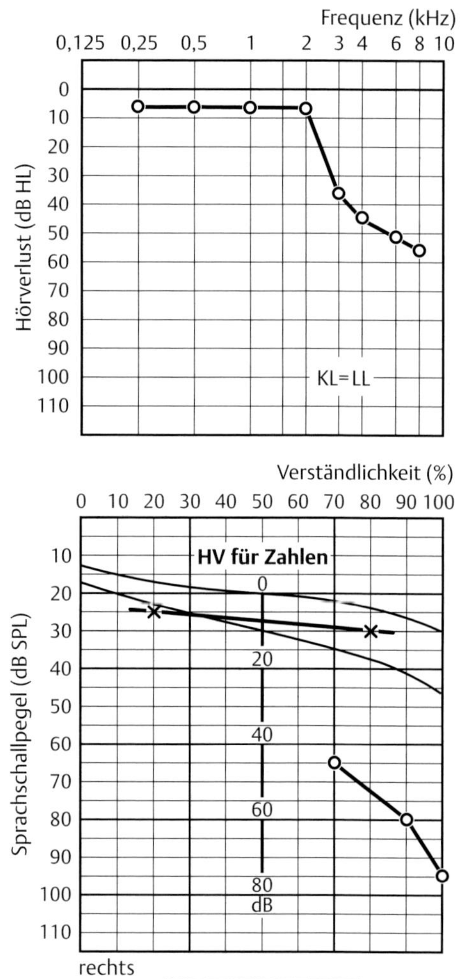

HVZ	10 dB
V_{max}	100 %

Abb. 9.**6** Innenohrhörverlust mit Hochtonabfall.

Pankochleärer Hörverlust

Da gegenüber dem letzten Fall hier auch der Tieftonhörbereich betroffen ist, sind Zahlen- und Einsilberkurve erst bei höherem Pegel aufzunehmen (Abb. 9.**7**). Der Hörverlust für Zahlen entspricht der Tonschwelle von ca. 40 dB. Ein volles Einsilberverstehen wird auch bei hohem Sprachschallpegel nicht erreicht. Die bei 95 dB gefundene maximale Sprachverständlichkeit beträgt 80 %, da ein Pegel von 110 dB vom Patienten nicht mehr toleriert wurde. Der Abstand beider Kurven ist gegenüber dem normalen Gehör vergrößert, bleibt aber geringer als beim Hochtonhörverlust. Da in diesem Fall eine Hörgeräteanpassung in Frage kommt, wird auch der Sprachschallpegel bestimmt, für den der Patient eine unangenehme Empfindung angibt (Unbehaglichkeitsschwelle). Hier wird ein Wert von 105 dB gefunden und als Grenze schraffiert eingetragen.

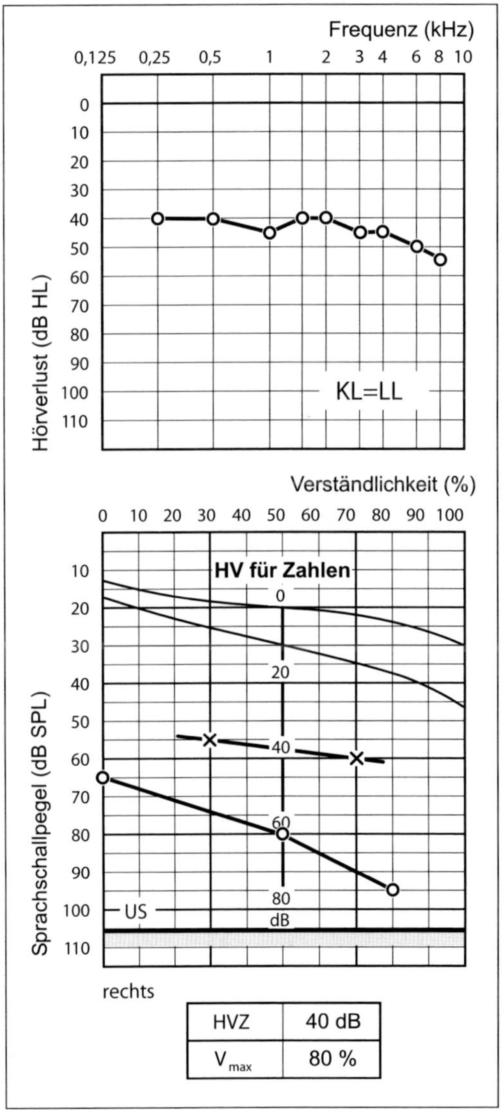

HVZ	40 dB
V_{max}	80 %

Abb. 9.**7** Pankochleärer Hörverlust. US: Unbehaglichkeitsschwelle.

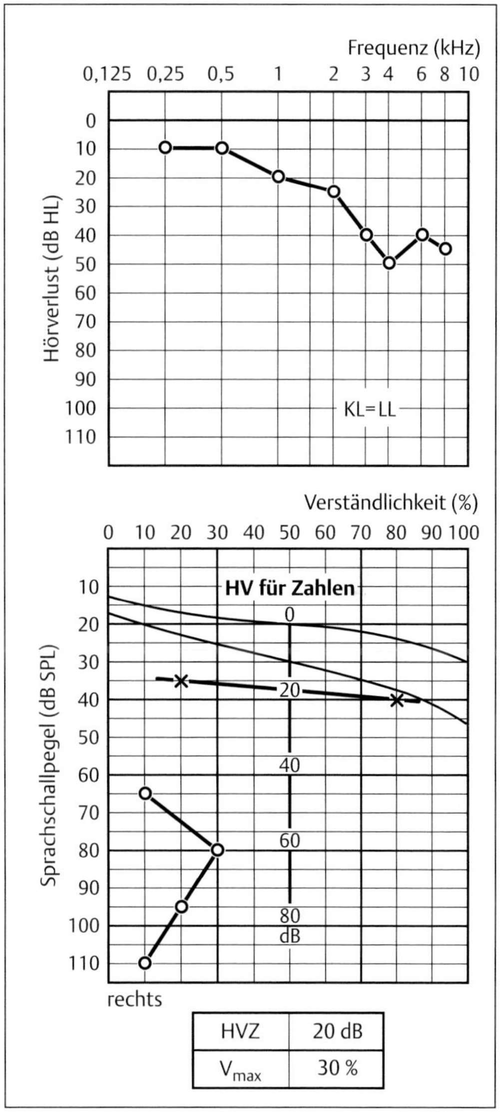

HVZ	20 dB
V_{max}	30 %

Abb. 9.**8** Neuraler Hörschaden.

Neuraler Hörschaden

Auch beim neuralen Hörschaden entspricht die Verständlichkeit für Zahlen der Tonschwelle im Tieftonbereich. Das Einsilberverstehen dagegen fällt sehr unterschiedlich aus. Es kann ein sehr allmählicher Anstieg des Verstehens mit dem Sprachschallpegel vorliegen, es kann aber auch fast ausgefallen sein oder bei weiterer Pegelerhöhung sogar abnehmen (Regression, vgl. Abb. 9.**8**). Bei 80 dB versteht der Patient 30 % der Einsilber und mit zunehmendem Pegel verschlechtert sich die Verständlichkeit, was mit einer Desynchronisation der Nervenfasern erklärt werden kann. Beim Innenohrschaden wird eine Regression nur noch sehr selten gefunden, seit die modernen Audiometer auch hohe Sprachschallpegel verzerrungsfrei wiedergeben.

Anmerkungen

In älteren Sprachaudiogrammen wird das Ergebnis der Einsilberverständlichkeit auch als *Diskriminationsverlust* (in %) angegeben; umgekehrt zur Verständlichkeit bedeutet dies der prozentuale Anteil *nicht* verstandener Wörter. Bei der Erstellung von Gutachten, beispielsweise bei berufsbedingter Lärmschwerhörigkeit, wird neben dem Tonschwellenaudiogramm immer ein Sprachaudiogramm aufgenommen. In diesem Fall wird als Maß für das Sprachgehör neben dem Hörverlust für Zahlen das *Gesamtwortverstehen* bestimmt. Es errechnet sich aus der Summe der bei den Sprachschallpegeln 60, 80 und 100 dB gemessenen prozentualen Werten des Einsilberverständnisses (vgl. Falldarstellung Lärmschwerhörigkeit). Für das *gewichtete Gesamtwortverstehen* werden die Werte des Einsilberverständnisses bei 60 dB dreifach, bei 80 dB doppelt und bei 100 dB einfach bewertet, summiert und durch 2 dividiert. Durch die Gewichtung werden die für das Verstehen wichtigen Schallpegel von 60 und 80 dB stärker berücksichtigt, so dass eine geringgradige Schwerhörigkeit besser erfasst wird.

Speziell für die Optimierung der Hörgeräteanpassung sowie zur Therapiekontrolle bei Patienten mit einem Kochleaimplantat wird häufig der *Aachener Logatomtest* herangezogen, der auf einsilbigen Konsonant-Vokal-Konsonant-Verbindungen ohne Sinngehalt besteht.

Zur Diagnostik von zentralen Hörstörungen werden neben Tonschwellen- und Sprachaudiogramm auch sog. *Dichotische Tests* durchgeführt. Dabei hört der Patient über Kopfhörer gleichzeitig auf dem rechten Ohr ein anderes mehrsilbiges Wort als auf dem linken Ohr (z. B. „das Ofenrohr – der Lattenzaun“). Normalhörende verstehen bei einem Sprachschallpegel von 65 dB SPL alle Testwörter auf beiden Seiten. Diagnostisch verwertbar sind einseitige Störungen der Verständlichkeit bei seitengleichem Gehör.

Sprachverständlichkeitsmessung mit Satztests

Der oben beschriebene Freiburger Sprachtest ist vor allem zur Differenzialdiagnostik von Hörschäden im Mittel- und Innenohr sowie im retrokochleären Bereich geeignet. Zur Auswahl, Anpassung und Funktionskontrolle von Hörhilfen sind Sprachtestverfahren besser geeignet, die realistische Sätze ohne und mit einem überlagerten Störgeräusch verwenden, um eine natürlichere Hörsituation nachzubilden. Schwerhörige, die sich in Ruhe gut verständigen können, haben in Situationen mit Störlärm z. B. im Restaurant meist große Probleme, einer Unterhaltung zu folgen.

Die Testsätze können über Kopfhörer oder Lautsprecher (Freifeld) angeboten werden. Für die Position der Lautsprecher gibt es unterschiedliche Vorschriften

- Sprachsignal von vorn, Störschall beidseits unter 45 ° (ISO-Norm),
- Nutz- und Störschall über 2 Lautsprecher im Winkel von 90 ° (olsa).

Die entsprechenden Kalibriervorschriften und Abstände der Lautsprecher sind zu beachten. Die Größe und Reflexionseigenschaften des Messraums beeinflussen die Untersuchungsergebnisse.

Messungen mit Störschall werden in Abhängigkeit vom *Signal-Rauschabstand SNR* (Signal-noise-ratio) durchgeführt. Dies ist die Differenz von Signal- und Störpegel in dB S/N. In der Regel variiert man den Sprachschallpegel bei einem festen Geräuschpegel von 65 dB SPL. Das Ziel der Messungen ist die Ermittlung der *Sprachverständlichkeitsschwelle SVS* (engl. SRT, speech reception threshold). Dabei wird das SNR bestimmt, bei dem 50 % der dargebotenen Wörter richtig wiedergegeben werden. Die SVS liegt für Normalhörende (abhängig vom Sprachmaterial) etwa bei 0 dB. Bei Schwerhörigen haben schon relativ geringe Werte unter 5 dB für das Verstehen in unruhiger Umgebung eine große Bedeutung.

Beim Test im Störlärm benötigt man ein zweikanaliges Audiometer mit 1 dB Schrittweite der Pegelregulierung, wobei das Rauschen eine halbe Sekunde vor dem Testsatz beginnt und auch später endet. Dieser Störlärm wurde durch die akustische Überlagerung aller vorkommenden Wörter generiert. Vor jeder Untersuchung ist eine Trainingsphase für den Patienten notwendig.

Satztests wurden vor allem für die Optimierung der Anpassung von Hörgeräten und Einstellung der Sprachprozessoren bei Kochlea-Implantaten sowie für die Beurteilung des binauralen Hörvermögens bzw. des Richtungshörens benötigt. In den vergangenen Jahren wurde eine Vielzahl von unterschiedlichen Testverfahren je nach spezieller Fragestellung vorgeschlagen. Es hat sich aber leider bislang noch kein Standard in der Audiometrie durchsetzen können, so dass die Ergebnisse schlecht miteinander vergleichbar sind. Nach den Erfahrungen mit dem *Marburger, Innsbrucker- und Baseler Satztest*, sowie mit dem *Reimtests nach Sotscheck* und anderer haben sich der *Göttinger-*, der *HSM-* und der *Oldenburger Satztest* durchgesetzt.

Göttinger Satztest

Er enthält 20 Testlisten mit je 10 kurzen Sätzen gleicher Phonem- und Wortanzahl mit guter Übereinstimmung der Verständlichkeit bei unterschiedlichen Signal-Rausch-Abständen. Die einzelnen Sätze stehen in keinem inhaltlichen Zusammenhang spiegeln aber die Alltagssprache wider. Hier sollen nur die Sätze von Liste 1 aufgeführt werden:

Wir hören den plätschernden Bach.
Er gewinnt sechs Spiele hintereinander.
Ein kleiner Junge war der Sieger.
Die Belastung war zu hoch.
Jetzt wird das Fundament gelegt.
Das Haus hat keinen Garten.
Stehend klatschten sie Beifall.
Übermorgen fahren wir fort.
Ich freue mich schon auf das Essen.
Trotzdem wurde keiner satt.

Vor jeder Untersuchung muss der Patient mit der Durchführung vertraut gemacht werden, am besten mit etwa 10 vorangehenden, deutlich zu vernehmenden Beispielssätzen. Die richtig wiedergegebenen Wörter jedes Satzes werden vom Untersucher protokolliert und als Ergebnis dieser prozentuale Anteil bewertet. Bei der Untersuchung mit Störlärm ist das SNR zu ermitteln, bei dem 50 % der Testwörter einer Gruppe verstanden werden. Dabei muss der Sprachschallpegel der Sätze während der Messung von Hand adaptiv variiert werden. Je nach Anzahl der richtig wiedergegebenen Wörter eines Testsatzes wird der Folgesatz lauter oder leiser dargeboten.

HSM-Satztest

Der HSM-Satztest wird für die Untersuchung der Sprachverständlichkeit im Störschall vorwiegend bei Patienten mit Hörgeräten oder Kochleaimplantaten (CI) eingesetzt. Der Test besteht aus

30 Listen von je 20 kurzen Sätzen, die als einfache Aussage-, Frage- und Ausrufesätze gleich verteilt vorkommen und deutlich artikuliert sind. Die Untersuchung beginnt meist mit Übungs- und Testsätzen ohne Störschall im freien Schallfeld.

Der Pegel des Sprachsignals wird im Verlauf beibehalten; für ganze Testlisten wird jeweils der Pegel des Störschalls variiert. Nacheinander werden SNR-Werte von 15, 10 und 5 dB S/N eingestellt. Der HSM-Satztest wird im deutschsprachigen Raum häufig als Qualitätsmaß für den therapeutischen Erfolg einer CI-Versorgung verwendet.

Oldenburger Satztest (olsa)

Ein Nachteil des Göttinger- und des HSM-Satztests besteht darin, dass Patienten bei wiederholter Untersuchung einen unerwünschten Lerneffekt haben, da die Anzahl der Testsätze bei ausführlichen Messungen zu gering ist. Zudem ist der Test wegen der recht schnell gesprochenen Sätze für Schwerhörige und ausländische Patienten oft zu schwierig. Der Oldenburger Satztest enthält 40 Listen mit je 30 Sätzen, die von einer männlichen Stimme gesprochen werden. Die Sätze werden immer aus 5 Wörtern (Name – Verb – Zahlwort – Adjektiv – Objekt) mit zufälligen Kombinationen aus einem Wortschatz von 50 Wörtern gebildet. Dadurch entstehen nicht immer sehr sinn-

Tab. 9.2 Sätze der Basisliste des **olsa**.

Peter	bekommt	drei	große	Blumen.
Kerstin	sieht	neun	kleine	Tassen.
Tanja	kauft	sieben	alte	Autos.
Ulrich	gibt	acht	nasse	Bilder.
Britta	schenkt	vier	schwere	Dosen.
Wolfgang	verleiht	fünf	grüne	Sessel.
Stefan	hat	zwei	teure	Messer.
Thomas	gewann	achtzehn	schöne	Schuhe.
Doris	nahm	zwölf	rote	Steine.
Nina	malt	elf	weiße	Ringe.

Tab. 9.3 Adaptive, manuelle Änderung des Sprachschallpegels des **olsa**. Ein verkürzter Test ist bis Satz 21 möglich.

Satz 2 bis 5		**Satz 6 bis 31 (21)**	
Anzahl richtiger Wörter des vorangehenden Satzes	**Pegeländerung (dB)**	**Anzahl richtiger Wörter des vorangehenden Satzes**	**Pegeländerung (dB)**
5	-3	5	-3
4	-2	4	-2
3	-1	3	-1
2	+1	2	+1
1	+2	1	+2
0	+3	0	+3

Tab. 9.4 Beispiel für eine Messung mit dem olsa.

Satz:	12	13	14	15	16	17	18	19	20	21
Pegel (dB)	60	62	62	61	60	58	59	61	61	59
Satz:	22	23	24	25	26	27	28	29	30	31
Pegel (dB)	58	57	58	59	59	59	58	58	58	59

volle Sätze, aber die Patienten können sich die Sätze nicht einprägen, wenn sie öfter getestet werden. Nach jedem Satz folgt eine Pause von 4 Sekunden. Je nach Situation kann man diese Zwischenzeit mit der Pause-Taste auch verlängern.

Patientenanweisung: „Es folgt ein Test um festzustellen, wie gut Sie Sprache in geräuschvoller Umgebung verstehen. Neben einem Rauschen hören Sie Testsätze, die nicht immer einen Sinn ergeben.

Bitte wiederholen Sie den Satz nach der Darbietung oder jedes Wort, das Sie verstanden haben. Wenn Sie unsicher sind, dürfen Sie auch raten.

Während der Untersuchung wird die Lautstärke der Sprache verändert und kann dadurch sehr leise sein. Lassen Sie sich dadurch bitte nicht entmutigen. Es ist für uns sehr wichtig, die Messung auch unter schwierigen Bedingungen durchzuführen.“

Durchführung

Vor jeder Messung ist eine ausführliche Übungsphase mit den Patienten notwendig von mindestens 3 × 20 olsa-Sätzen. Zur Bestimmung der Sprachverständlichkeitsschwelle (SVS) wird der Sprachschallpegel während der Untersuchung nach jedem Satz vom Untersucher verändert, je nach Anzahl der richtig wiedergegebenen Wörter. Ist z. B. im ersten Satz nur ein Wort richtig wiederholt worden, so wird der zweite Satz 2 dB lauter dargeboten; waren dagegen drei Wörter verstanden worden, folgt der nächste Satz 1 dB leiser. Die vorgeschriebene, manuelle Variation der Sprachschallpegel in Abhängigkeit der Reihenfolge der Sätze zeigt Tab. 9.**3**. Bei der Durchführung muss der Untersucher die Anzahl der verstandenen Wörter sowie auch die jeweiligen Pegelwerte der dargebotenen Sätze protokollieren.

Auswertung

Ein Beispiel für eine Messung bei einem Störlärmpegel von 65 dB SPL wurde aus dem Handbuch des olsa übernommen (Tab. 9.**4**).

Die Addition der Pegel der Sätze 12 bis 31 ergibt den Wert 1187,

Mittelwert = 1187: 20 = 59,4.

Die SVS beträgt:

59,4 dB SPL–65 dB SPL = **-5,6 dBS/N**.

Wird mit einem anderen Störlärmpegel als 65 dB SPL gemessen, muss dieser abgezogen werden.

Anmerkungen

Der Oldenburger Satztest wird normalerweise mit 30 Testsätzen durchgeführt. Bei nur 20 Sätzen ist die Messgenauigkeit geringer. Nach 10 Sätzen ist der S/N-Wert des 11. Satzes ein grober Schätzwert für die SVS. Bei einer Wiederholung des Tests können Unterschiede von bis zu 2 dB vorkommen.

Bei längerer Durchführung des olsa ist zu beachten, dass es durch eine Hörermüdung zu einer Verschlechterung der Ergebnisse kommen kann.

Wird der olsa unter zwei verschiedenen Bedingungen durchgeführt, z. B. einmal ohne Hörhilfen und danach mit, wird die relative SVS aus der Differenz beider Einzelergebnisse gebildet. Es ist dabei zu betonen, dass eine angenommene Vergrößerung des S/N-Abstandes von z. B. nur 1 dB eine deutliche Verbesserung der Sprachverständlichkeit des Patienten bedeutet.

In der Praxis ist der Göttinger Satztest meist dem olsa überlegen, da die notwendige längere Übungsphase des olsa wegfällt. Allerdings werden in beiden Tests die Sätze relativ schnell gesprochen und dadurch kommen schlecht verstehende Patienten oft nicht mit. Abhilfe schafft dann der HSM oder der Innsbrucker Satztest.

10 Aggravation und Simulation

Beim Hörtest kann der Untersucher den Eindruck gewinnen, dass der Patient mit oder ohne Absicht unzutreffende Angaben macht. Bei der *psychogenen Hörstörung* ist der Untersuchte überzeugt, seine Abgaben seien zutreffend. Wissentlich falsche Auskünfte gibt der *Simulant*, der einen Hörschaden vortäuschen will, während bei der *Aggravation* ein Hörverlust vorliegt, der aber größer als vorhanden angegeben wird. Obwohl es die Registrierung akustisch evozierter Hirnpotenziale (ERA), der otoakustischen Emissionen (OAE) und in begrenztem Umfang auch die Trommelfell-Impedanzmessung ermöglichen, organische Hörschäden objektiv, also ohne die Befragung des Patienten genau zu bestimmen, sind die subjektiven Untersuchungsverfahren erforderlich, um den Verdacht auf eine Simulation oder Aggravation zu begründen.

Der erste Verdacht auf unrichtige Angaben kommt oft bei einer aufmerksamen Beobachtung des Verhaltens auf, wenn der „fast taube" Patient z. B. die Bitte sich hinzusetzen auch bei leiser Ansprache von hinten oder von der Seite versteht. Im Zweifel kann man diese *Überrumpelungsversuche* auch gezielt einsetzen. Ein Simulant fällt oft dadurch auf, dass er seine „Schwerhörigkeit" übertrieben darstellt.

Ton- und Sprachaudiometrie

Falsche Angaben kann der Patient oft nicht in gleicher Weise wiederholen, vor allem wenn die Überprüfung in größerem zeitlichem Abstand, mit anderer Vertäubung oder anderer Geschwindigkeit beim Ändern des Pegels vorgenommen wird. Bei einseitiger Aggravation kann auch das angeblich fehlende oder für falsche Pegel angegebene Überhören ohne Vertäubung (vgl. Kapitel 6) auf die „bessere" Seite (Abb. 10.**1**) einen entsprechenden Verdacht bestätigen.

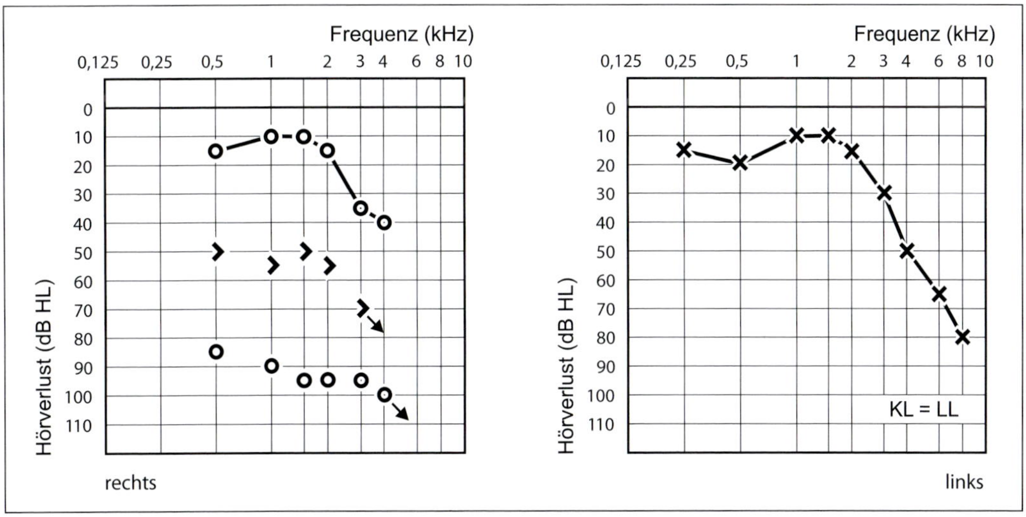

Abb. 10.**1** Aggravation rechts. Die für das rechte Ohr ohne Vertäubung des linken Ohres gemessenen Schwellenwerte in Luft- und Knochenleitung (nicht verbunden) sind offensichtlich falsch. Vor dem Erreichen dieser Schwellenpegel hätte der Patient die von links übergehörten Töne angeben müssen, die jeweils in Knochenleitung um etwa 10 dB, in Luftleitung um 50–60 dB über den linken Schwellenwerten liegen müssten. (**o-o**) im Stenger-Test gefundene Schwellen.

Auch unsichere oder nicht plausible Messwerte im Sprachaudiogramm (Einsilberkurve besser als Zahlen, zu steiler Anstieg des Sprachverständnisses oder ungewöhnlicher Verlauf der Einsilberkurve) können auf eine Aggravation hinweisen.

Von besonderer Wichtigkeit ist der Vergleich von Ton- und Sprachaudiogramm. Im Frequenzbereich von 500–1000 Hz sollte die Tonschwelle mit dem Hörverlust für Zahlen übereinstimmen. Da die Zahlen und Einsilber verstanden und wiederholt werden müssen, können die Ergebnisse der Sprachaudiometrie nie zu gut angegeben werden. Wenn die Angaben aus dem Sprachaudiogramm also im Vergleich mit dem Tonschwellenaudiogramm besser liegen, ist eher das Tonschwellenaudiogramm anzuzweifeln (Abb. 10.**2**).

Auch ein Vergleich der Hörweite oder der Ergebnisse der Stimmgabeltests mit dem Tonschwellenaudiogramm ist interessant, da der Patient diese Untersuchungen oft noch nicht als gültigen Hörtest empfindet.

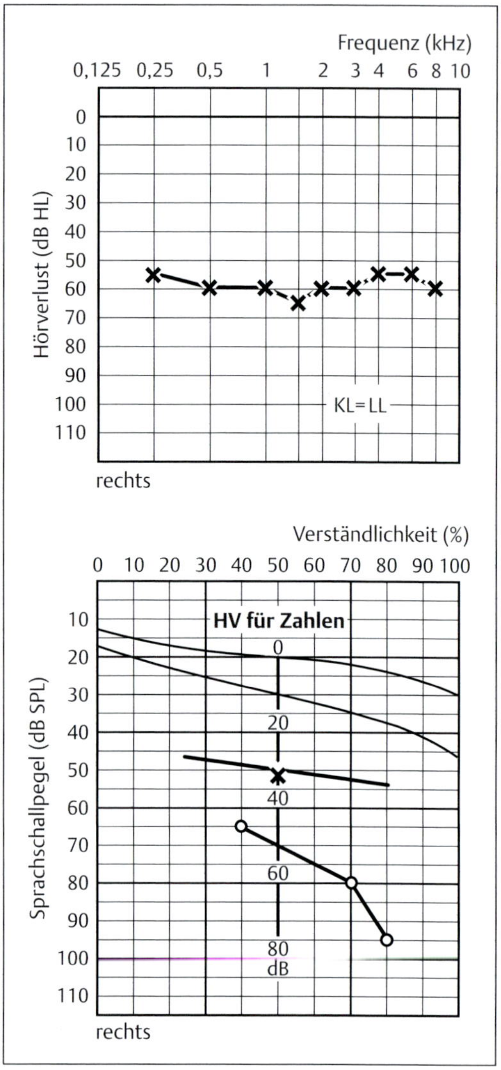

Abb. 10.**2** Aggravation im Tonschwellenaudiogramm. Im Frequenzbereich von 500–1000 Hz wird eine Schwelle von 60 dB gefunden, die im Vergleich mit dem Hörverlust für Zahlen (30 dB) zu hoch liegt. Im Zweifelsfall gilt hier der Wert aus dem Sprachaudiogramm.

Stenger-Test

Bei der angeblich einseitigen Schwerhörigkeit oder Taubheit kann der Stenger-Test bei Aggravation eine Auskunft über den wirklich vorliegenden Hörverlust erbringen. Für diese Untersuchung muss das Audiometer die Darbietung des gleichen Tones für beide Ohren mit unterschiedlicher Pegeleinstellung auf beiden Seiten erlauben.

Dem Test liegt die Beobachtung zugrunde, dass ein beiden Ohren zugeführter Ton nur auf der Seite beachtet wird, auf der er lauter eingestellt ist. Der leisere Ton auf der anderen Seite wird nicht bewusst wahrgenommen.

Der Stenger-Test kann auf unterschiedliche Weise durchgeführt werden (vgl. Literatur: Lehnhardt/Laszig). Hier wird ein Vorgehen beschrieben, bei dem der Patient nur eine Schwellenangabe machen muss, ohne die Seite seiner Hörempfindung anzugeben.

Durchführung

Zunächst werden die Luftleitungsschwellen beider Ohren nacheinander entsprechend den Angaben des Patienten ermittelt (Abb. 10.**3**). Am rechten, angeblich schlechteren Ohr wird zunächst ein Ton von 10 dB unter der angegebenen Schwelle eingestellt, der eigentlich unhörbar sein müsste. Er sollte aber nicht so laut sein, dass er übergehört werden könnte. Jetzt bestimmt man nochmals die Tonschwelle des besseren Ohres.

Hat sich diese nicht geändert, so hat der Patient den Ton auf dem schlechteren Ohr wirklich nicht gehört. Hat er aber die erhöhte Schwelle rechts falsch angegeben, wird ihn die Wahrnehmung des lauteren Tones daran hindern, auf dem besseren Ohr die gleiche, normale Schwelle anzugeben. Seine angegebene Schwelle wird sich vielmehr nach dem Pegel des rechts gehörten Tones richten.

Durch unterschiedliche Pegeleinstellungen am schlechteren Ohr ist es möglich, die wirkliche Hörschwelle einzugrenzen.

Patientenanweisung: „Hören Sie einen Ton? Wenn nicht, achten Sie bitte darauf, wann ein Ton erscheint und drücken dann kurz die Taste."

Anmerkungen

Beim Versuch der Aufdeckung einer Aggravation oder Simulation ist behutsam vorzugehen, um dem Patienten die Möglichkeit der Aufgabe seiner Täuschung offenzuhalten. Die Ursache für unsichere Angaben kann auch ein neuraler Hörverlust, ein Ohrgeräusch oder ein psychogener Hörschaden sein.

Zum Erkennen einer Aggravation oder Simulation können ferner der *Lombard-Leseversuch* und der Sprachverzögerungstest eingesetzt werden, die auch für die Aufdeckung der beidseitigen Aggra-

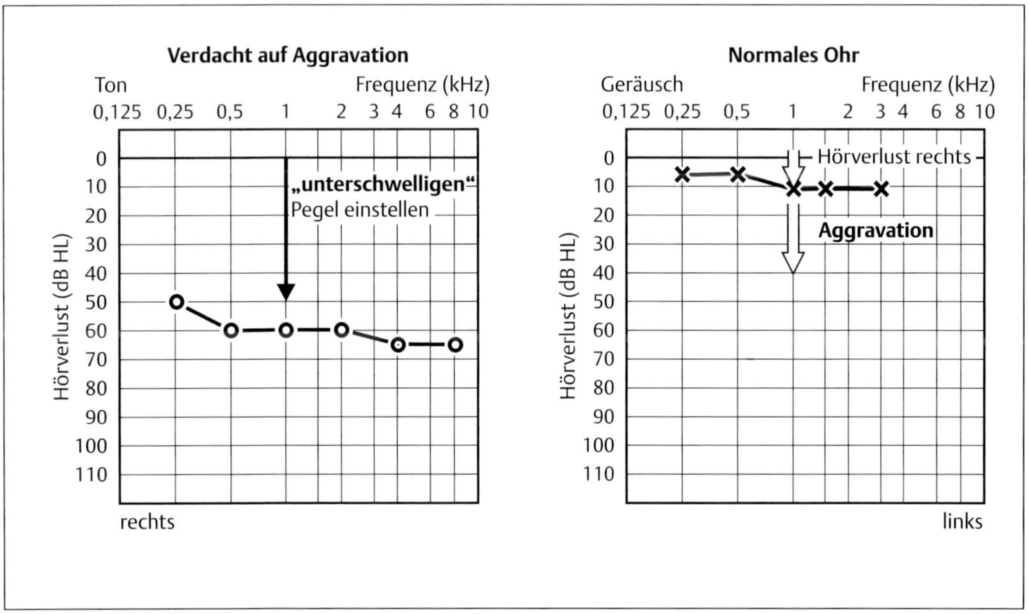

Abb. 10.**3** Stenger-Test.

vation oder Simulation geeignet sind. Beim Ersteren lässt man den Patienten einen Text vorlesen. Dabei wird plötzlich ein Geräusch eingeschaltet, das nach dem Audiogramm noch gerade unterschwellig ist. Wenn er das Geräusch trotzdem wahrnimmt, wird er die Lautstärke seiner Stimme unwillkürlich steigern.

Beim Sprachverzögerungstest (*Lee-Test*) liest der Patient einen Text vor, der aufgenommen wird und mit einer Verzögerung von 100–300 ms dem Untersuchten über Kopfhörer als Art Echo akustisch wiedergegeben wird. Er wird nur ungestört weiterlesen, wenn er die Aufnahme nicht hören kann. Ein Normalhörender wird allerdings dabei so irritiert, dass er nicht sicher weitersprechen kann.

Beim *Békésy*-Audiogramm kann im Fall der Simulation oder Aggravation die Impulstonkurve bei höheren Pegeln verlaufen als die Dauertonkurve, weil die Lautstärke der Impulstöne vom Patienten geringer eingeschätzt wird, obwohl sie tatsächlich etwas besser wahrnehmbar sind.

11 Trommelfell-Impedanzmessung

Üblicherweise wird eine Schallleitungsstörung im Tonschwellenaudiogramm als Differenz zwischen der Luft- und Knochenleitungsschwelle gefunden. Die Trommelfell-Impedanzmessung kann diesen Befund objektiv absichern und ermöglicht darüber hinaus die Unterscheidung von Schallleitungsstörungen verschiedener Ursachen. Die Messung umfasst die Aufnahme der druckabhängigen akustischen Trommelfellimpedanz (Tympanometrie) sowie die Bestimmung der frequenzabhängigen Stapediusreflexschwelle, die im Folgenden erläutert werden.

Tympanometrie

Das Mittelohr (Trommelfell und Gehörknöchelchenkette) hat die Aufgabe, die leichten Schallschwingungen der Luftmoleküle möglichst verlustfrei in Schwingungen der schwereren Innenohrflüssigkeit umzuwandeln. Der akustische Widerstand (die Impedanz) des Trommelfells ist optimal an den Schallwellenwiderstand der Luft angepasst. Erkrankungen des Mittelohres können z. B. durch Versteifung zu Störungen dieser Anpassung führen, wobei ein Teil des eintreffenden Schalls am Trommelfell reflektiert und somit auch nicht gehört wird.

In der Praxis wird nicht der Widerstand des Trommelfells, sondern dessen Kehrwert, die elastische *Nachgiebigkeit* (Compliance) registriert. Entsprechend der Abb. 11.**1** wird durch einen Ohrstöpsel, der den Gehörgang dicht abschließt, ein Messton (*Sondenton*, meist 220 Hz) zugeführt, dessen Pegel im Gehörgang vor dem Trommelfell über ein Mikrofon gemessen wird. Aus diesem Pegel kann die Nachgiebigkeit des Trommelfells bestimmt werden, da er z. B. bei einer Versteifung durch die größere Reflexion höher wird als im Normalfall, bei dem das Trommelfell mehr Energie aufnimmt und weiterleitet. Dieser ermittelte Zahlenwert wäre eigentlich schon ein Maß für den mechanischen Zustand des Schallleitungsapparates. Die so gemessene Nachgiebigkeit hängt aber zusätzlich davon ab, wie weit der Ohrstöpsel im Gehörgang sitzt, also in welchem Volumen vor dem Trommelfell der Schalldruck gemessen wird. Da dieses Volumen aber bei jeder Messung unterschiedlich ist, muss die Elastizität dieses Volumens bei straff gespanntem Trommelfell bestimmt und bei der Auswertung berücksichtigt werden. Zu diesem Zweck wird über eine dritte Öffnung des Ohrstöpsels mit Hilfe einer *Luftpumpe* ein leichter Über- oder Unterdruck eingestellt, der das Trommelfell nach innen drückt oder nach außen straff zieht.

In der Praxis wird eine Messkurve registriert (Abb. 11.**2 a**, Tympanogramm), welche die Nachgiebigkeit im Verlauf vom höchsten (rechts) zum geringsten Druck (links) darstellt. Der höchste Kurvenwert liegt für das gesunde Ohr in der Nähe des Druckwertes Null, da das Trommelfell in seiner natürlichen Lage am nachgiebigsten ist. Der Anteil der Nachgiebigkeit, der nur vom Mittelohr abhängt, kann als Unterschied zwischen dem kleinsten und größten Wert der Kurve abgelesen werden (N in Abb. 11.**2 a**). Der Abstand des kleinsten Wertes von der Nulllinie ist durch das Volumen vor dem Trommelfell bedingt. Dieser Endwert der Kurve ist beim höchsten Unter- und Überdruck unterschiedlich, da sich das Gehörgangsvolumen mit der Verlagerung des Trommelfells ändert. Die Messung der Nachgiebigkeit des Mittelohres in der Ebene des Trommelfells mit dem Einsatz einer Druckpumpe wird in der Abb. 11.**3** prinzipiell erläutert.

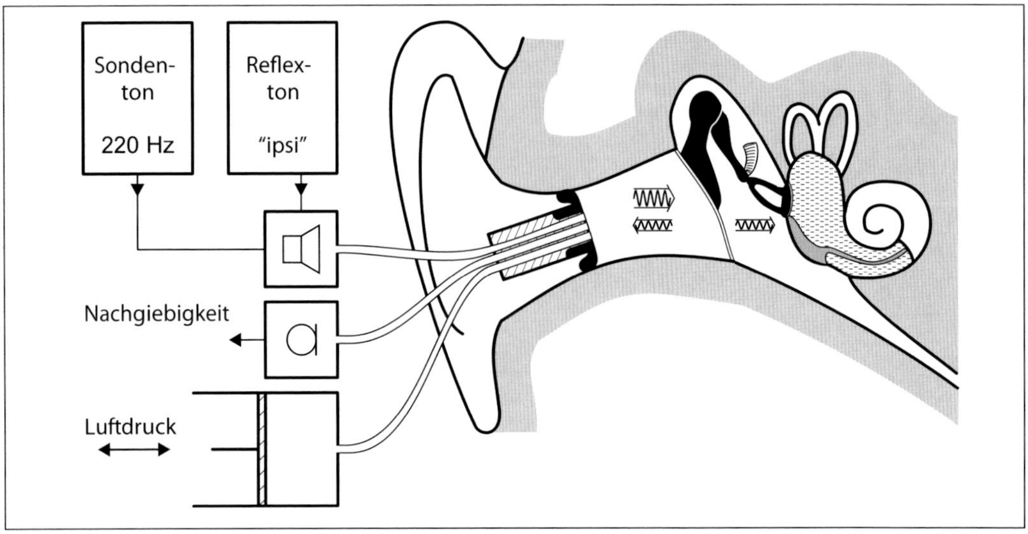

Abb. 11.**1** Trommelfell-Impedanzmessung. Durch einen Ohrstöpsel werden Sonden- und Reflexton zugeführt. Aus dem gemessenen Schallpegel vor dem Trommelfell wird dessen Nachgiebigkeit errechnet. Eine Luftpumpe erlaubt die druckabhängige Verlagerung des Trommelfells während der Messung.

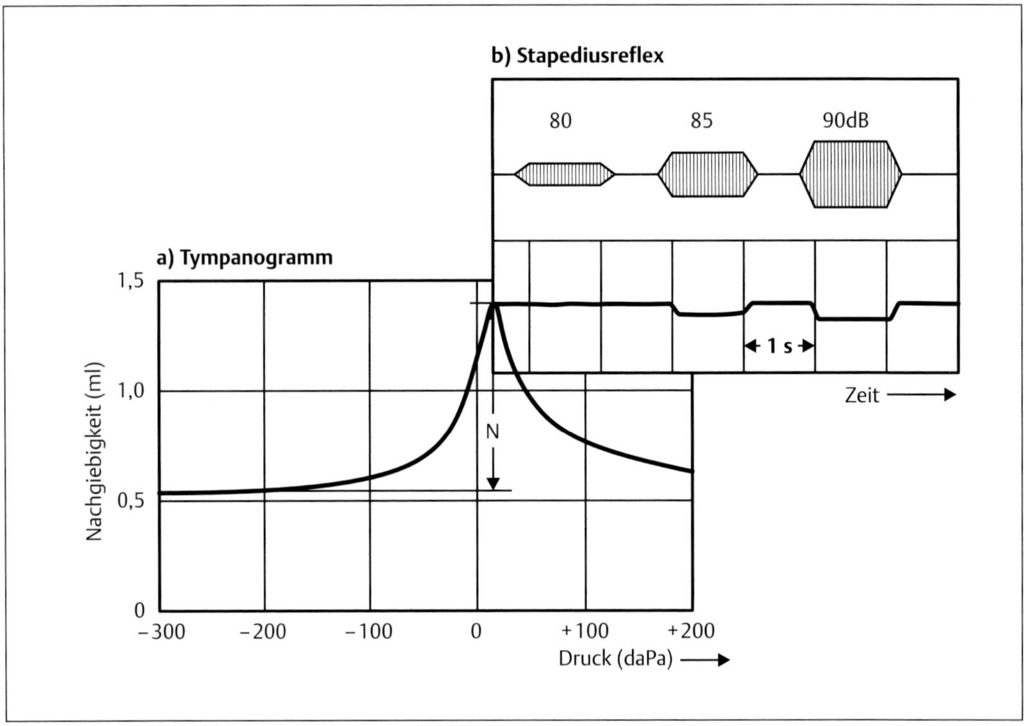

Abb. 11.**2** **a,b** Tympanogramm und Stapediusreflex.

a N: Abzulesender Wert für die Nachgiebigkeit in ml (äquivalentes Volumen mit gleicher Nachgiebigkeit). Druckeinheit: daPa (Deka-Pascal = mmWS).

b Der Stapediusreflex bei lauten Tönen verringert die Nachgiebigkeit der Gehörknöchelchenkette und kann am empfindlichsten im Gipfelpunkt des Tympanogramms gemessen werden. Die Reflexschwelle liegt hier bei 85 dB HL.

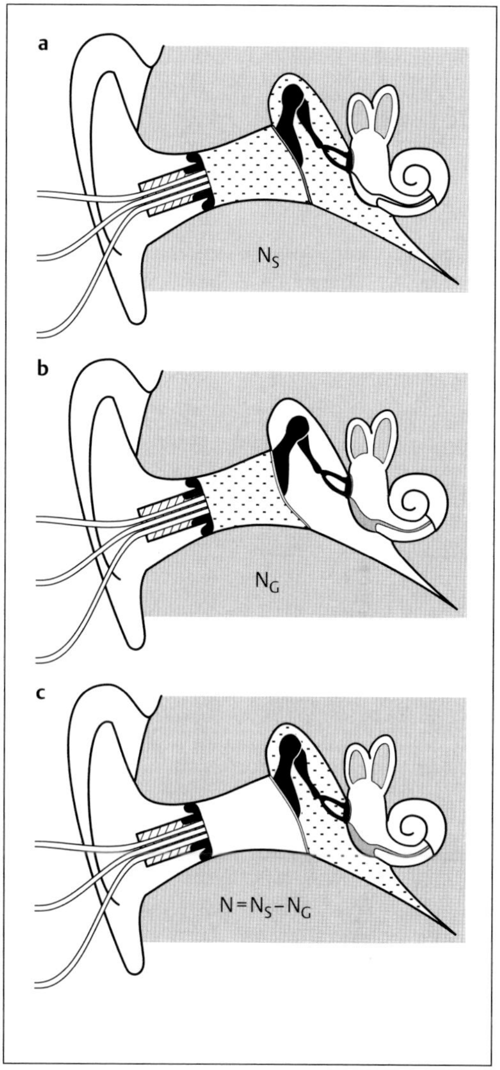

Abb. 11.**3** Bestimmung der elastischen Nachgiebigkeit N (Compliance) des Mittelohres.
a Bei elastischem Trommelfell wird die Summe der elastischen Nachgiebigkeit N_S des Luftvolumens im Gehörgang, des Trommelfells mit den Gehörknöchelchen, und des Volumens der Paukenhöhle gemessen (Spitzenwert im Tympanogramm Abb. 11.2 **a**).
b Das Trommelfell wird durch Unterdruck gespannt. Es wird dabei nur die Nachgiebigkeit N_G des Luftvolumens im Gehörgang bestimmt (geringster Wert des Tympanogramms, Abb. 11.2 **a**).
c Die Differenz der unter **a** und **b** gemessenen Werte des Tympanogramms ist die gesuchte Nachgiebigkeit N von Trommelfell, Gehörknöchelchen und Mittelohrvolumen (Abb. 11.2 **a**).

Durchführung

Für diese Messung darf keine Trommelfellperforation vorliegen. Der Gehörgang muss frei von Zerumen und zumindest im Bereich des Stopfens ohne Entzündung sein. Das bedeutet, dass vor der Messung eine Spiegelung und eventuell Reinigung durch den Arzt erfolgen muss.

Der Ohrstöpsel wird mit einem passenden Dichtgummi bei leichtem Zug an der Ohrmuschel in den Gehörgang eingeführt. Auch das Öffnen des Mundes erleichtert durch das Erweitern des Gehörgangs das Einführen der Sonde. Nach dem Start der Messung prüft das Tympanometer bei Druckerhöhung den luftdichten Sitz, beginnt beim höchsten Druckwert mit der Ausgabe des

Tympanogramms und schreibt die Messkurve bis zum Endwert des Unterdrucks aus. Der Druckbereich kann vorgewählt werden; es empfiehlt sich eine Messung von +200 bis -300 daPa. Bei undichtem Sitz ist die Lage des Ohrstöpsels zu korrigieren bzw. eine andere Größe des Dichtgummis zu verwenden.

Patientenanweisung: „Haben Sie das Gefühl, dass der Ohrstöpsel dicht sitzt? Sie werden im Ohr ein leichtes Druckgefühl spüren. Bitte in der Messzeit nicht bewegen oder sprechen, möglichst nicht schlucken!"

Auswertung

Der Zahlenwert der Nachgiebigkeit wird als Differenz des Maximalwertes im Gipfel zum Wert beim stärksten Unterdruck (-300 daPa) abgelesen (Abb. 11.**2**), wobei auch der Druck beachtet wird, bei dem die Kurve ihren höchsten Wert hat. Meist genügt eine qualitative Zuordnung des Tympanogramms zu den in der Abb. 11.**4 a–d** dargestellten Mustern.

Verschobenes Tympanogramm.

Das Trommelfell ist bei einer Tubenfunktionsstörung durch den fehlenden Druckausgleich wegen eines Unterdrucks in der Paukenhöhle eingezogen. Durch den bei der Messung von außen erzeugten Unterdruck kann das Trommelfell wieder in seine normale Lage gezogen werden; daher erscheint der Gipfel der Messkurve bei dem Unterdruck, der in der Paukenhöhle besteht. Eine Verschiebung zwischen +100 und -100 daPa wird noch als normal angesehen.

Flaches Tympanogramm.

Beim Paukenhöhlenerguss, der als Folge einer Mittelohrentzündung auftreten kann, wird die Nachgiebigkeit des Trommelfells stark verringert, so dass die Messkurve keinen Gipfel mehr zeigt und relativ flach verläuft. Der Verschluss der Tube bewirkt zusätzlich eine Verschiebung zum Unterdruck.

Auch bei sehr hohem Unterdruck in der Paukenhöhle kann ein flaches Tympanogramm erscheinen, wenn der im Gehörgang erzeugte Druck zum Erreichen des Gipfels nicht ausreicht. Ein völlig geradliniger Verlauf bei hoher Nachgiebigkeit deutet auf eine Trommelfellperforation; hier sind bei schlaffem Trommelfell nur noch die Volumen von Gehörgang und Paukenhöhle wirksam.

Verkleinertes Tympanogramm.

Da die Gipfelhöhe ein Maß für die leichte Beweglichkeit des Mittelohres ist, kann eine Verkleinerung u. a. durch Otosklerose bedingt sein. Eine Verminderung der Nachgiebigkeit ist eher bei Bewegungsbehinderungen des Trommelfells (Vernarbungen) als bei Verfestigungen im weiteren Verlauf der Kette zu finden. Die Beurteilung ist nicht sicher möglich, da sich der Zahlenwert der Nachgiebigkeit schon zwischen normalen Ohren verschiedener Personen sehr unterscheiden kann. Hilfreich kann der Vergleich mit dem Tympanogramm eines normalen Gegenohres sein.

Vergrößertes Tympanogramm.

Auffällig große Gipfel, die sogar das Darstellungsformat überschreiten können, werden bei Unterbrechung der Kette oder auch bei narbig ausgedünntem Trommelfell gemessen. Im letzteren Fall können auch mehrgipfelige Kurven auftreten.

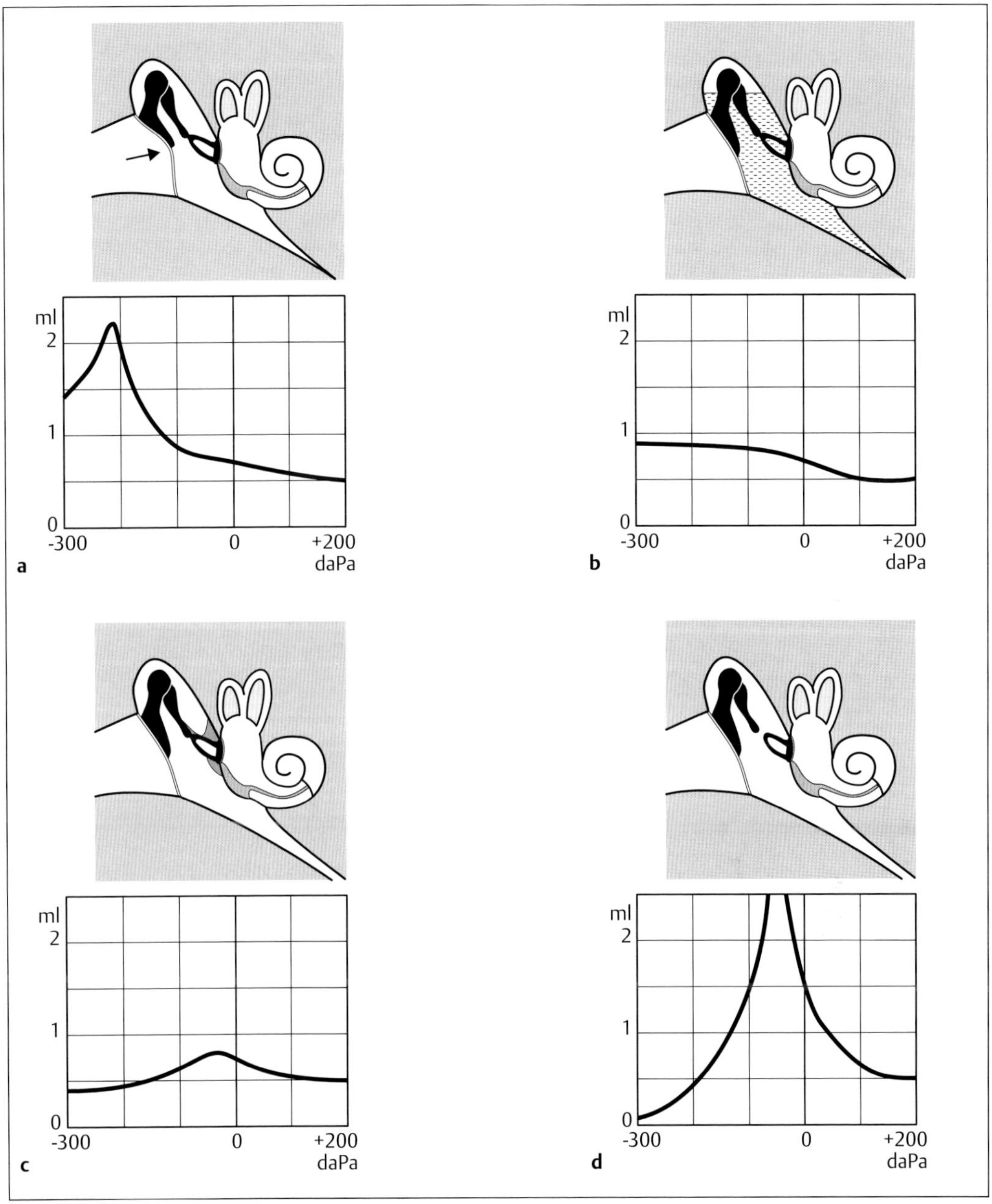

Abb. 11.**4** Tympanogramme.
a Verschobenes Tympanogramm bei Tubenverschluss.
b Flaches Tympanogramm bei Paukenerguss.
c Verkleinertes Tympanogramm bei Otosklerose.
d Vergrößertes Tympanogramm bei Kettenunterbrechung.

Anmerkungen

Es ist oft schwierig, den druckdichten Sitz des Ohrstöpsels zu erreichen. Für Gehörgänge mit ovalem Querschnitt stehen spezielle Dichtgummis zur Verfügung. Der Patient sollte während der Messung den tiefen Messton deutlich hören; anderenfalls kann die Sondenöffnung bei schräger Lage durch die Gehörgangswand verdeckt sein, wobei ein flaches Tympanogramm gemessen wird, das aber nicht die Mittelohreigenschaften beschreibt. Das Tympanogramm zeigt schnelle Überlagerungen beim Schlucken, bei klaffender Tube oder beim Vorliegen eines Glomustumors. „Laufende" Ohren sollten aus hygienischen Gründen nicht untersucht werden.

Bei der Untersuchung von Kindern kann deren unruhiges Verhalten hinderlich sein, vor allem wenn der Ohrstöpsel Druckschmerzen verursacht. Die Messung sollte in einer ruhigen Phase zügig ablaufen.

Tubenfunktionstest

Im gesunden Ohr öffnet sich die Eustachische Tube (Abb. 1.**1**, S. 1) kurz beim Schlucken, um die Paukenhöhle zu belüften. Eine dauernd geschlossene Tube kann zur eitrigen Mittelohrentzündung führen. Mit Hilfe der im Impedanzgerät enthaltenen Druckpumpe kann die Tubenfunktion getestet werden.

Dies gelingt leicht beim Vorliegen einer Trommelfellperforation. Bei dieser Untersuchung muss der Pumpendruck einstellbar sein und in seiner Größe angezeigt werden. Bei der *passiven* Tubensprengung wird der Druck so weit erhöht, bis er bei der Tubenöffnung auf null zusammenbricht (Abb. 11.**5 a**). Bei normaler Tubenfunktion ist dazu ein Druck von 200–300 daPa erforderlich. Bei gestörter Funktion kann der Druck weiter erhöht werden, ohne dass eine Öffnung der Tube eintritt.

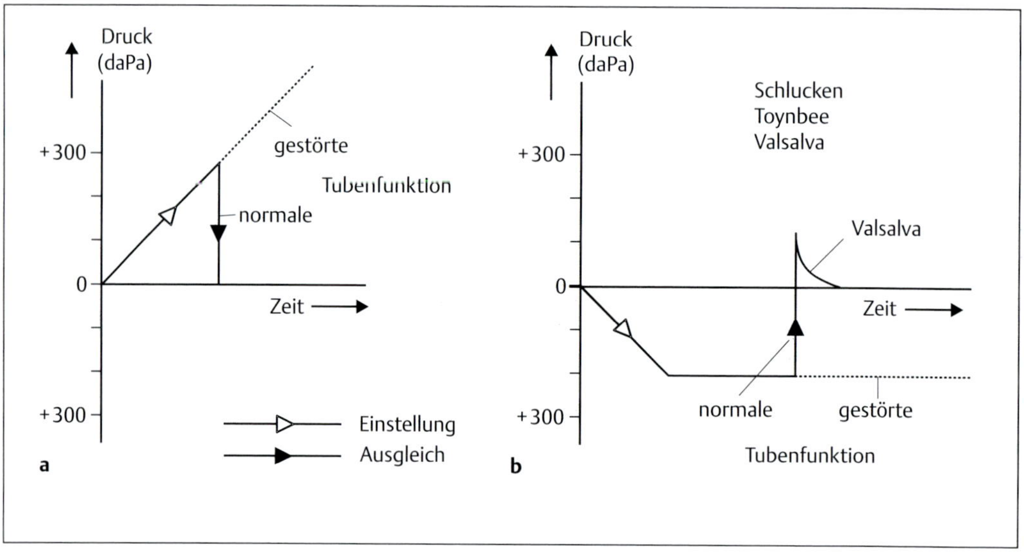

Abb. 11.**5** Tubenfunktionstest.
a Passive Tubensprengung.
b Aktive Tubensprengung.

Für die *aktive* Tubensprengung wird im Gehörgang ein Unterdruck von 200 daPa eingestellt (Abb. 11.**5 b**). Bei normaler Tubenfunktion führt schon das einfache Schlucken zum Rückfall des Drucks auf null. Reicht auch das Vorgehen nach Toynbee und Valsalva dazu nicht aus, ist die Tubenfunktion gestört.

Toynbee:
Schlucken mit verschlossener Nase
Valsalva:
Starkes Ausatmen, Mund und Nase geschlossen

Der erfahrene Untersucher kann die Tubenfunktion auch bei intaktem Trommelfell überprüfen. Zunächst wird ein Tympanogramm aufgezeichnet, das eine ausgeprägte Spitze zeigen sollte. Nach dem Valsalva-Versuch erhöht sich bei normaler Tubenfunktion der Druck in der Paukenhöhle. Ein neu geschriebenes Tympanogramm ist daher um ca. 100 daPa in positiver Druckrichtung verschoben. Nach einem Schlucken normalisiert sich die Lage wieder. Haben diese Maßnahmen keinen Einfluss auf die Position des Tympanogramms, ist auf eine gestörte Tubenfunktion zu schließen.

Stapediusreflex

Der Stapediusmuskel setzt am Steigbügelkopf an, zieht bei seiner Kontraktion den Steigbügel zur Seite und verringert damit vor allem für tiefe Frequenzen die Schallübertragung um 5–10 dB. Dieser Schutzreflex kann auf einem gesunden Ohr bei Lautstärken ab 70 dB HL ausgelöst werden. Die Messmethodik wird in der Abb. 11.**2 b** dargestellt. Die Abb. 11.**6** zeigt den Reflexbogen für den ipsi- und kontralateralen Reflex. Der afferente Weg läuft über den Hörnerven zum Kochleariskern und dann zum oberen Olivenkomplex. Der efferente Rückweg führt vom Fazialiskern über den Fazialisnerv zum Stapediusmuskel zurück. Zum Gegenohr führen gekreuzte Verbindungen, so dass bei der Beschallung *eines* Ohres eine Kontraktion der Stapediusmuskeln *beider*

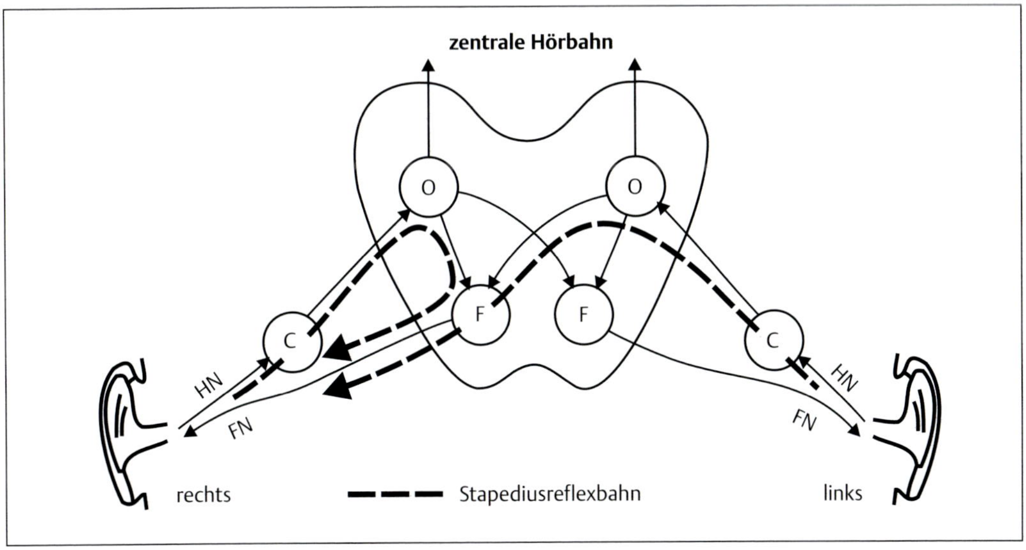

Abb. 11.**6** Nervenbahnen des ipsi- und kontralateralen Stapediusreflexes (Messohr: rechts). HN: Hörnerv, FN: Fazialisnerv, C: Kochleariskern, O: Olivenkern, F: Fazialiskern.

Ohren erfolgt. Es können also der *ipsilaterale* (akustischer Reiz und Reflexmessung am gleichen Ohr) und der *kontralaterale* Reflex (Reiz auf der Gegenseite über Kopfhörer) untersucht werden (Abb. 11.**7**).

Durchführung

Der Stapediusreflextest kann mit den meisten Tympanometern durchgeführt werden. Zur Registrierung des Stapediusreflexes muss das Tympanogramm eine deutliche Spitze aufweisen. Nach der Aufnahme des Tympanogramms wird der Druck eingestellt, bei dem die Nachgiebigkeit ihren größten Wert zeigt. Der den Reflex auslösende Schallreiz steht meist mit den Frequenzen 500 Hz, 1, 2 und 4 kHz zur Verfügung. Begonnen wird beim Schallpegel von 70 dB, der bis zum Eintreten des Reflexes um jeweils 5 dB gesteigert wird. Tritt sofort nach dem Auslösen des Tons eine Schwankung der Nachgiebigkeitsanzeige ein, ist die Reflexschwelle erreicht (Abb. 11.**2**). Meist genügt es, die Reflexschwelle für eine Frequenz, vorzugsweise für 2 kHz, zu bestimmen. Der Patient sollte vor der Untersuchung auf das Auftreten lauter Töne hingewiesen werden.

> Die Stapediusreflexmessung ist bei einem akuten Innenohrtrauma (Hörsturz, Menière-Attacke, beginnender Tinnitus) erst nach Ablauf einer Woche durchzuführen.

Üblicherweise ist der Messvorgang mit Aufsuchen des richtigen Drucks, Auslösen der Tonimpulse bei ansteigendem Pegel, Anzeige der Nachgiebigkeitsschwankung und Eintragung der Reflexschwelle für die verschiedenen Frequenzen automatisiert.

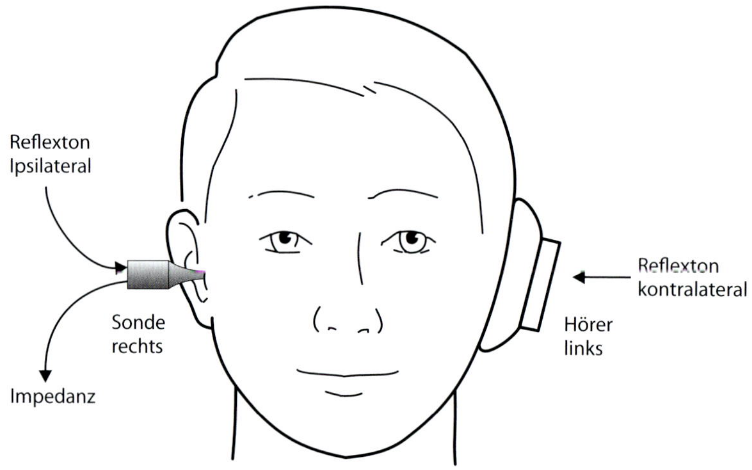

Abb. 11.**7** Ipsi- und kontralateraler Stapediusreflex. Die Position der Sonde bestimmt die Messseite (hier rechts). Der ipsilaterale Reflex wird akustisch durch die Sonde, der kontralaterale über den Lufthörer auf dem Gegenohr ausgelöst.

Auswertung

Die ipsi- und kontralateralen Reflexschwellen werden für die verwendeten Messfrequenzen in eine entsprechende Tabelle oder beim gefundenen Schwellenpegel in das Tonschwellenaudiogramm eingetragen. Normale Reflexschwellen findet man bei 70–90 dB HL.

In der Abb. 11.**8** ist die Stapediusreflexmessung bei normalem Gehör dokumentiert. Die Messung wird bei den Frequenzen 1, 2 und 4 kHz durchgeführt. Bei einer Messfrequenz von 500 Hz tritt bei ipsilateraler Registrierung für hohe Pegel eine akustisch bedingte Störung auf, die bei fehlendem Reflex einen solchen vortäuschen oder einen vorhandenen Reflex vermindern bzw. auslöschen kann. Bei 4 kHz ist die Reflexschwelle leicht erhöht.

In den folgenden Beispielen werden die ipsi- und kontralateralen Reflexschwellen in Fällen von Schallleitungsschwerhörigkeit dargestellt.

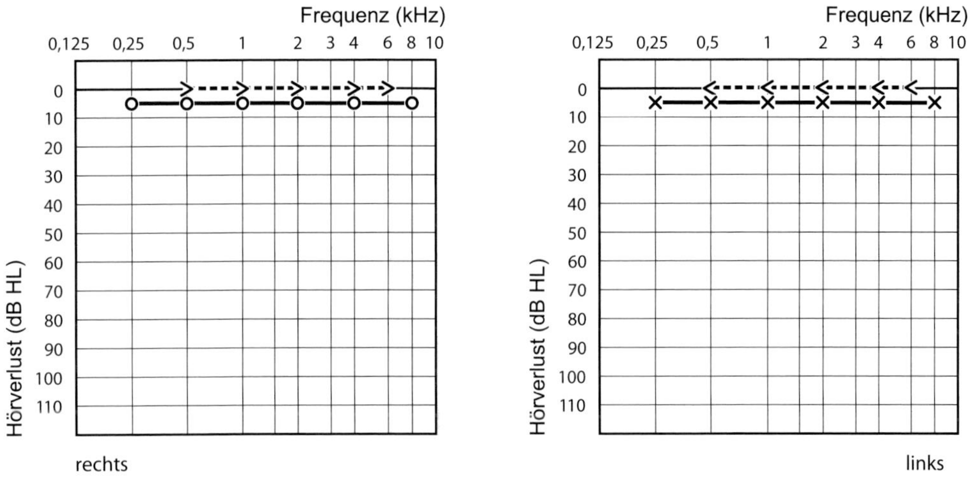

Reflexschwelle (dB HL)

	rechts ipsi	rechts kontra	links ipsi	links kontra
1 kHz	80	80	80	80
2 kHz	80	80	80	80
4 kHz	85	85	85	85

rechts ⟵ Sonde ⟶ links

Abb. 11.**8** Tonschwellenaudiogramm und Reflexschwellen bei normalem Gehör.

Stapediusreflex bei Schallleitungsschaden

Stapediusreflex bei Kettenunterbrechung

Für das linke, normale Ohr werden bei allen Messfrequenzen normale ipsilaterale Reflexschwellen gefunden (Abb. 11.**9**). Der kontralaterale Reflex ist links ausgefallen, da der Reflexton auf der rechten Seite wegen der hohen Schallleitungsschwerhörigkeit zu leise ist. Für das rechte Ohr ist kein Reflex messbar, da eine Kontraktion des Stapediusmuskels wegen der Kettenunterbrechung am Trommelfell nicht wirksam werden kann.

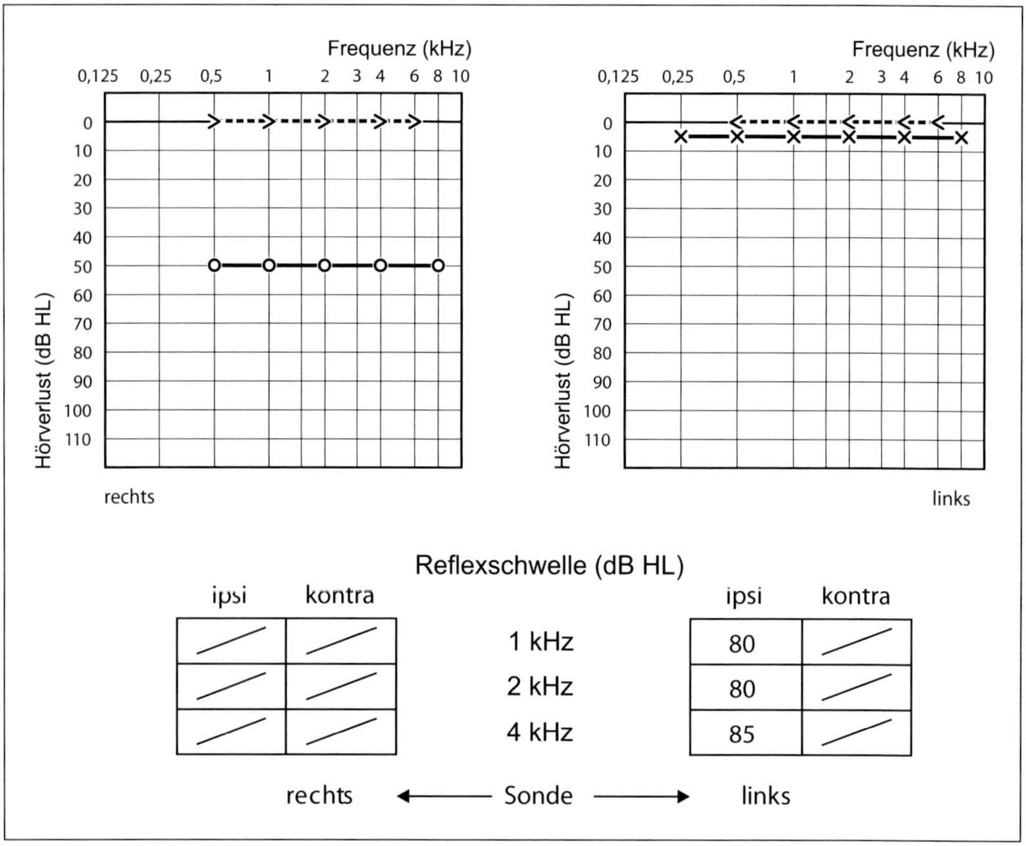

Abb. 11.**9** Tonschwellenaudiogramm und Reflexschwellen bei Kettenunterbrechung rechts.

Stapediusreflex bei Trommelfelldefekt

Ipsilateral werden links normale Reflexschwellen gemessen (Abb. 11.**10**). Die kontralateralen Werte sind um den Schallleitungshörverlust des rechten Ohres erhöht. Rechts sind keine Reflexe registrierbar, weil beim Trommelfelldefekt kein normales Tympanogramm vorliegt.

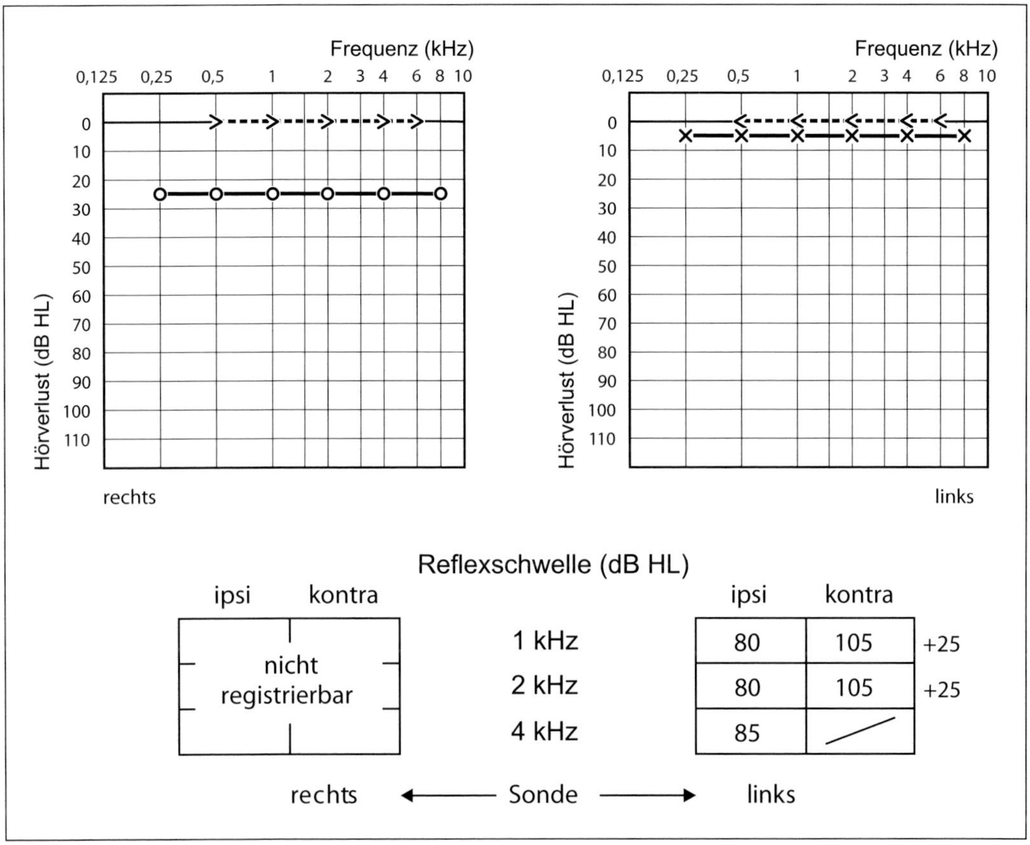

Abb. 11.**10** Tonschwellenaudiogramm und Reflexschwellen bei Trommelfelldefekt rechts.

Stapediusreflex bei Otosklerose

Links finden sich normale ipsilaterale Reflexschwellen (Abb. 11.**11**). Die kontralateralen Schwellenwerte sind frequenzabhängig um den Schallleitungshörverlust des rechten Ohres erhöht. Bei 1 kHz ist keine Reflexschwelle zu finden, da die meisten Geräte keine Pegel über 110 dB ausgeben. Rechts werden keine Reflexe gefunden, da trotz der Aktivierung des Stapediusmuskels wegen der Otosklerose keine Bewegung der Kette erfolgt.

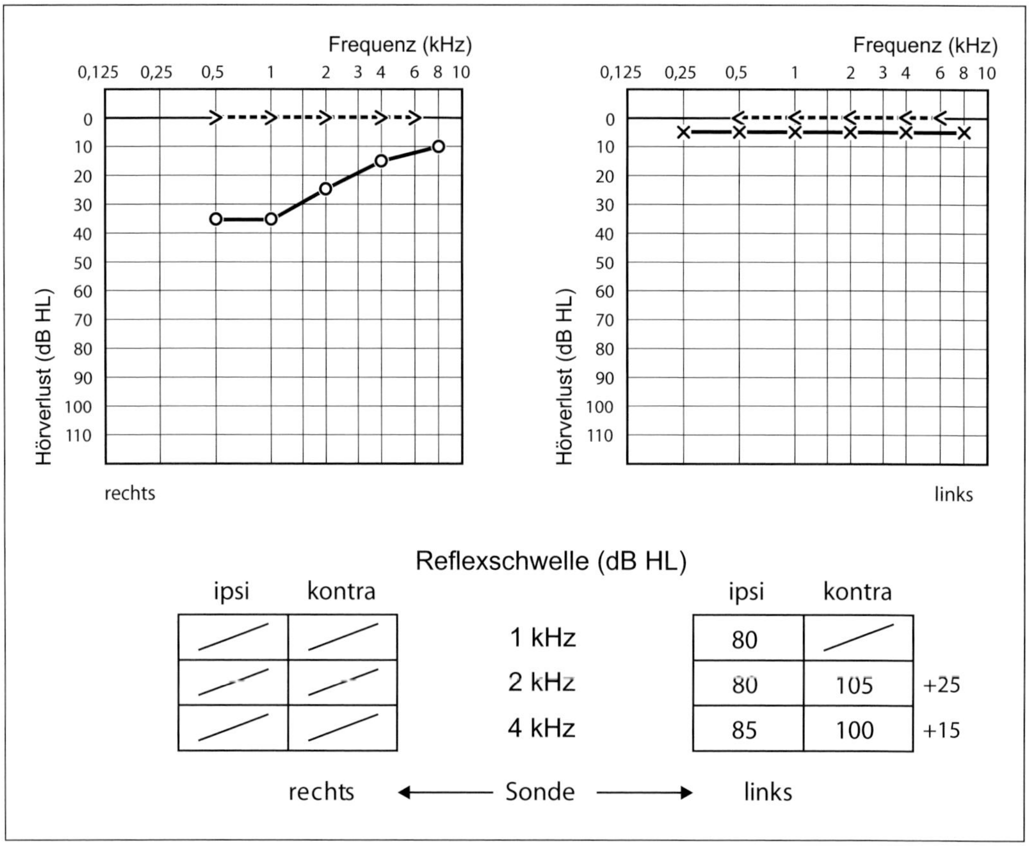

Abb. 11.**11** Tonschwellenaudiogramm und Reflexschwellen bei Otosklerose rechts.

Stapediusreflex bei Gehörgangskollaps

Hier besteht anscheinend der Widerspruch, dass für das rechte Ohr trotz des im Tonschwellenaudiogramm gefundenen hohen Schallleitungshörverlustes ipsilateral normale Reflexschwellen gemessen werden (Abb. 11.**12**). Die Ursache ist der in manchen Fällen beim Aufsetzen des Kopfhörers eintretende Gehörgangskollaps, der den Gehörgang verschließt. Bei der Verwendung der Impedanz-Messsonde tritt dieser Effekt nicht ein. Es ist zu beachten, dass aber bei der Bestimmung der kontralateralen Reflexschwellen für das linke Ohr dieser Schallleitungsanteil wieder voll wirksam ist.

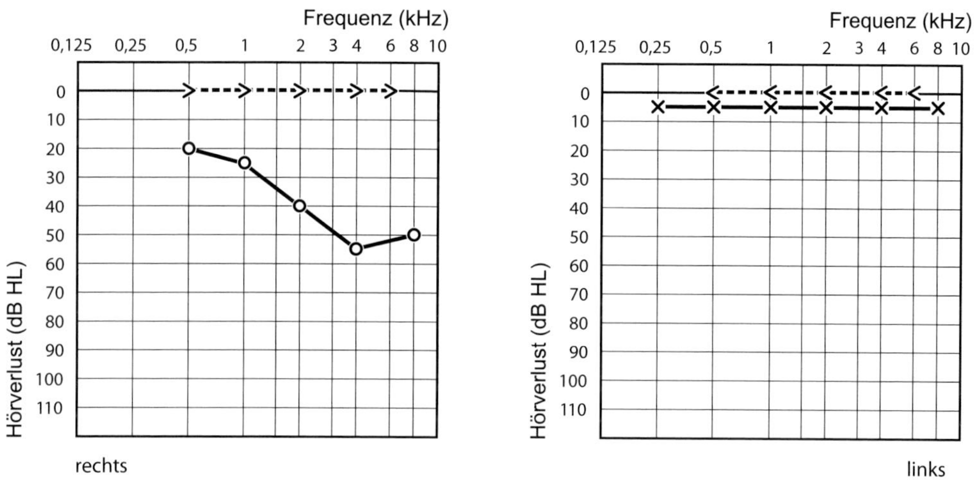

Reflexschwelle (dB HL)

ipsi (rechts)	kontra (rechts)		ipsi (links)	kontra (links)	
80	80	1 kHz	80	105	+25
80	80	2 kHz	80	/	
85	85	4 kHz	85	/	

rechts ← Sonde → links

Abb. 11.**12** Tonschwellenaudiogramm und Reflexschwellen bei Gehörgangskollaps rechts.

Stapediusreflex bei Innenohrschaden

Der Einfluss der Schallleitungsschwerhörigkeit auf die Reflexschwelle ist einfach abzuschätzen, da der Hörverlust eine entsprechende Verringerung des gehörten Reflextonpegels bewirkt. Die Berücksichtigung eines Innenohrhörverlustes ist wegen des Lautheitsausgleichs (Kapitel 7) komplizierter. Eine Schädigung der äußeren Haarzellen wirkt sich kaum auf das Hören lauter Pegel aus. Die Reflexschwelle wird daher durch einen Innenohrhörverlust von bis zu 50 dB nicht beeinflusst.

Ein Rückschluss von der Reflex- auf die Tonhörschwelle ist nicht möglich.

Für Hörverluste über 50 dB steigt die Reflexschwelle wie die Tonhörschwelle linear an (Abb. 11.**13**).

Im Gegensatz zur Innenohrschwerhörigkeit wirkt sich ein *neuraler* Hörverlust wie ein Schallleitungshörverlust aus, da auch hier kein Lautheitsausgleich besteht. In der Abb. 11.**14** werden die Stapediusreflexschwellen in Fällen von kochleärer und retrokochleärer Hörschädigung gegenübergestellt. Beim Innenohrschaden (**a**) finden sich für einen Hörverlust unter 50 dB normale Reflexschwellen (1 und 2 kHz). Bei größerem Hörverlust (4 kHz) steigt die Reflexschwelle mit der Hörschwelle an. Beim neuralen Hörschaden (**b**) führt der Hörverlust zu einer entsprechenden Erhöhung der Reflexschwellen. Durch die Schädigung der Nervenbahnen kann der Reflex auch ganz ausfallen.

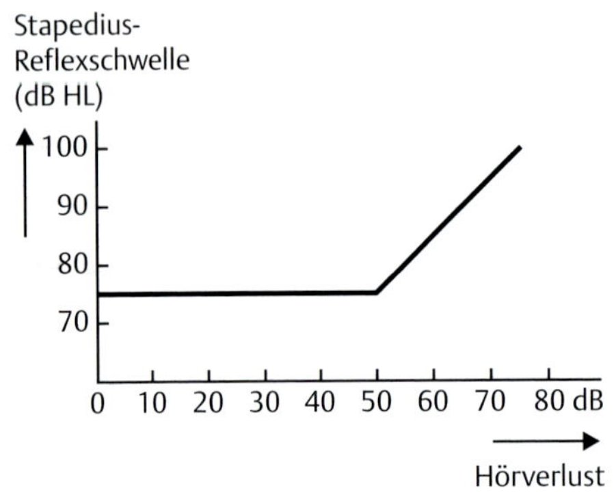

Abb. 11.**13** Stapediusreflexschwelle in Abhängigkeit vom Innenohr-Hörverlust. Bis zum Hörverlust von 50 dB behält die Reflexschwelle ihren Normalwert. Für höhere Hörverluste steigt sie um gleiche Beträge an wie der Hörverlust über 50 dB.

Wegen der Unabhängigkeit der Stapediusreflexvon der Tonschwelle für Hörverluste bis zu 50 dB hat die Messung der Stapediusreflexschwelle einen großen Wert für die Diagnostik des Innenohrschadens.

Beträgt der Unterschied von Hörschwelle und Stapediusreflexschwelle weniger als 60 dB, so liegt eine Innenohrschädigung vor *(Metz-Rekruitment).*

In zwei Fällen mit Innenohrschwerhörigkeit soll der Verlauf der Stapediusreflexschwellen verdeutlicht werden.

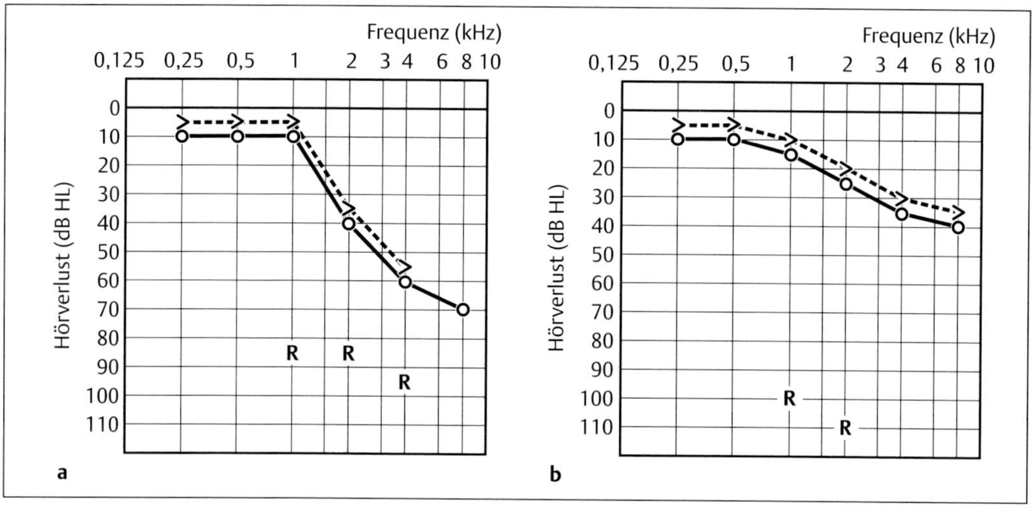

Abb. 11.**14** Ipsilaterale Stapediusreflexschwellen (R).

a Innenohrschaden.
b Neuraler Hörschaden.

Im Fall einer einseitigen Taubheit bei normalem Gegenohr (Abb. 11.**15**) wird im tauben Ohr ein von links ausgelöster (kontralateraler) Reflex gefunden, da bei einer Innenohrtaubheit die Mittelohrmechanik noch normal funktionsfähig ist.

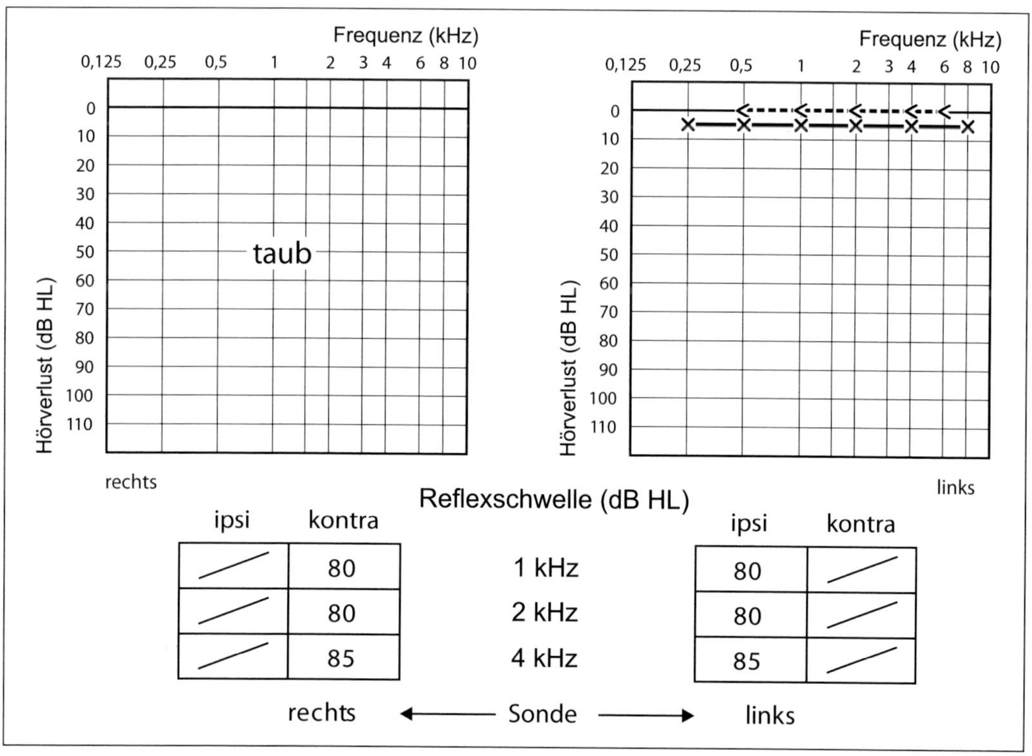

rechts ipsi	rechts kontra		links ipsi	links kontra
/	80	1 kHz	80	/
/	80	2 kHz	80	/
/	85	4 kHz	85	/

Abb. 11.**15** Tonschwellenaudiogramm und Reflexschwellen bei Innenohrtaubheit rechts.

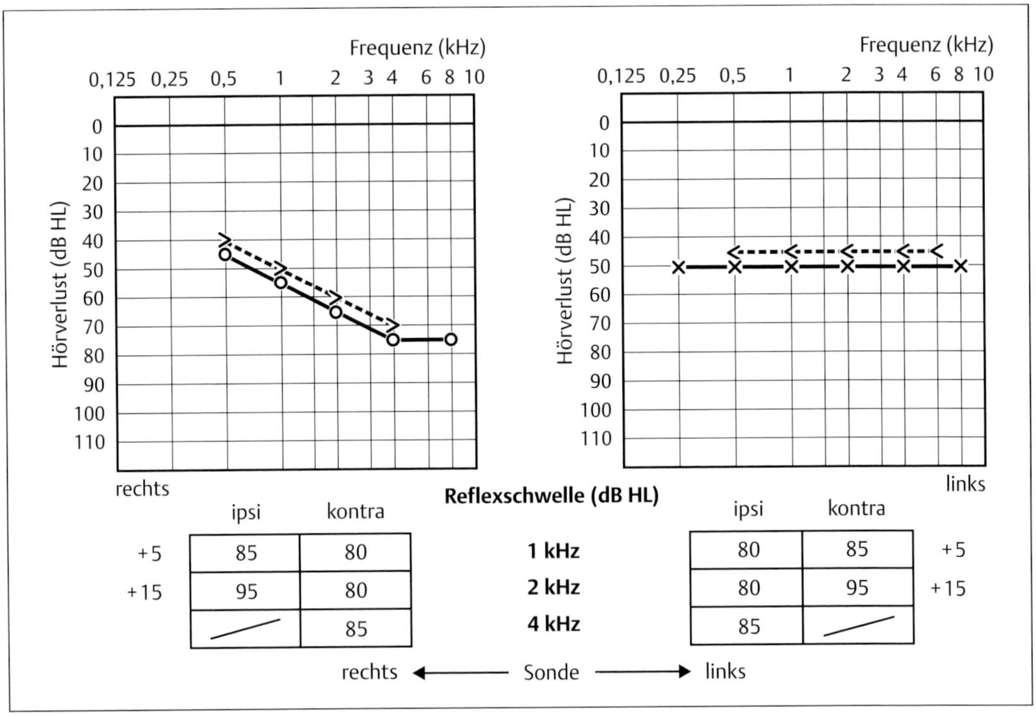

Abb. 11.**16** Tonschwellenaudiogramm und Reflexschwellen bei beidseitiger Innenohrhörstörung.

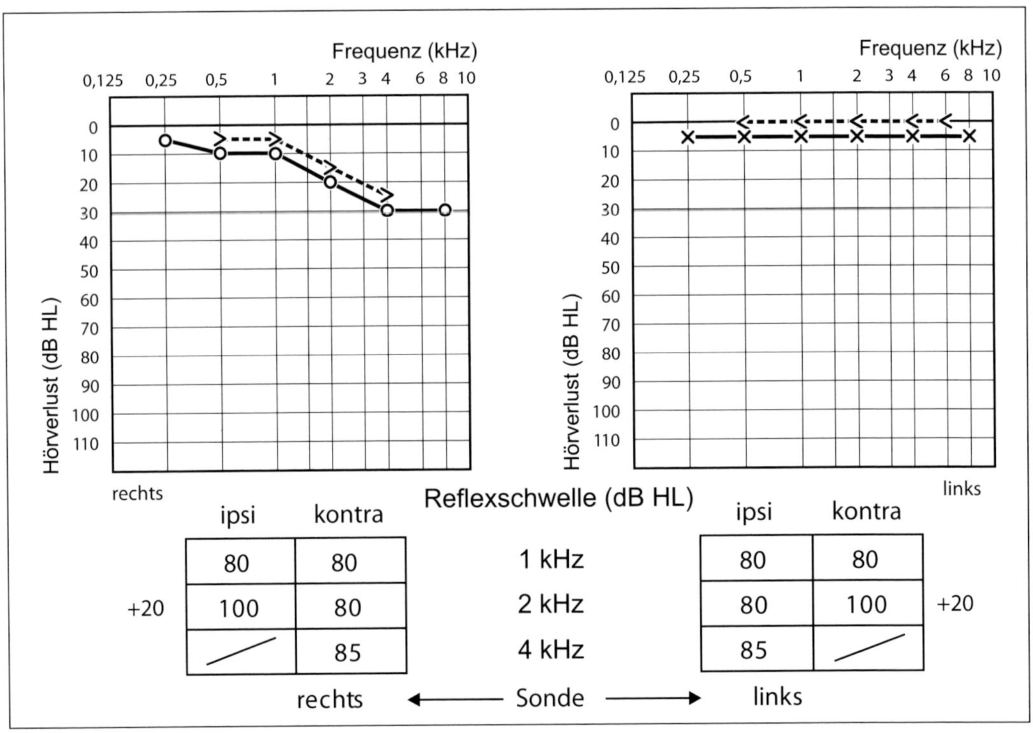

Abb. 11.**17** Tonschwellenaudiogramm und Reflexschwellen bei Akustikusneurinom rechts.

Bei beidseitiger Innenohrhörstörung (Abb. 11.**16**) ist die Reflexschwelle über den Normalwert erhöht, wenn ein Hörverlust von mehr als 50 dB vorliegt.

Stapediusreflex bei Nervenschaden

Ein Reflexausfall durch einen Tumor oder eine Nervenerkrankung kann in allen beteiligten Zentren und Nervenbahnen verursacht werden. Durch eine genaue Betrachtung der ipsi- und kontralateralen Reflexausfälle kann eine Lokalisation der Schädigung versucht werden. Die Reflexbahn wird in der Abb. 11.**6** dargestellt.

Das im inneren Gehörgang gutartig wachsende Akustikusneurinom beeinträchtigt die Funktion des Hörnervs und bewirkt über einen neuralen Hörverlust eine Reflexschwellenerhöhung bzw. einen Reflexausfall (Abb. 11.**17**). Eine zusätzliche Schädigung des Fazialisnervs würde im betroffenen Ohr auch die kontralaterale Reflexschwelle beeinträchtigen.

Eine periphere Fazialisparese führt zum einseitigen Reflexausfall ohne Hörverlust (Abb. 11.**18**).

Beim Verdacht auf eine Hörnervenschwerhörigkeit ist es sinnvoll, die Ermüdung des Reflexes (*Reflex-Decay*) über eine Reizdauer von 10 Sekunden zu prüfen. Bleibt die Kontraktion des Stapediusmuskels bei den Messfrequenzen 500 Hz (kontralateral) und 1 kHz nicht während der gesamten Reizdauer bestehen, kann die Ursache eine Erkrankung des Hörnervs sein.

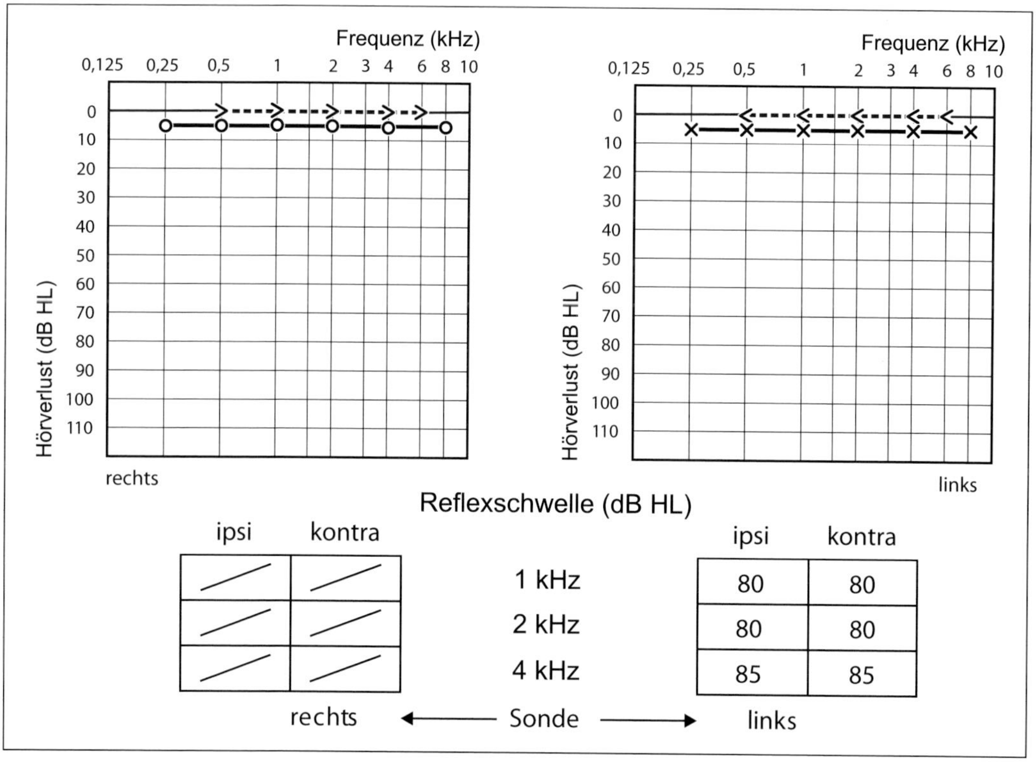

Abb. 11.**18** Tonschwellenaudiogramm und Reflexschwellen bei Fazialisparese rechts.

Anmerkungen

Bei Trommelfellperforationen sowie flachem Tympanogramm ist der Reflextest nicht durchführbar. Der Reflex bei 4 kHz ist auch bei Normalhörenden nicht immer registrierbar. Bewegungen oder Schlucken des Patienten können Reflexe vortäuschen.

Es sollten möglichst Geräte verwendet werden, die den Zeitverlauf des Reflexes darstellen, auch wenn eine automatische Reflexerkennung vorgesehen ist. Die Programme zur Reflexerkennung sind meist nicht so funktionssicher, dass man ihnen blind vertrauen kann.

12 Otoakustische Emissionen

Otoakustische Emissionen (OAE) sind Schallwellen, die im Innenohr entstehen, von dort ausgesendet werden und im äußeren Gehörgang mit einem Miniaturmikrofon registriert werden können. Die Schallquellen dieser Emissionen sind die äußeren Haarzellen (äHZ) des Corti-Organs, die beim aktiven Prozess der nichtlinearen Verstärkung durch kleinste Schwingungen der Basilarmembran zu verstärkten Eigenschwingungen angeregt werden. Durch ihre Bewegungen entstehen Schallwellen in der Lymphflüssigkeit, die als otoakustische Emissionen nachweisbar sind. OAE können als Phänomene des normalen Hörvorgangs angesehen werden und sind damit in der Audiometrie für einen objektiven Test der kochleären Funktion von Bedeutung. Diese Eigenschwingungen der äHZ lassen sich durch äußere Schallreize anregen (evozierte OAE), können aber auch spontan vorkommen. Diese spontanen Emissionen (SOAE) treten bei einigen gesunden Innenohren als tonale Schallwellen auf, ohne dass die Basilarmembran durch akustische Reize stimuliert wird. Sie entstehen durch oszillierende Kontraktionen weniger benachbarter äHZ, die gleichphasig miteinander schwingen. Die SOAE besitzen bislang keine diagnostische Bedeutung und dürfen nicht mit Tinnitus (Kap. 8) verwechselt werden.

Transitorisch evozierte Emissionen

Erst vor etwa 25 Jahren erlangte die Registrierung der transitorisch evozierten Emissionen (TEOAE) eine praktische Bedeutung in der Audiometrie. Diese evozierten Emissionen lassen sich, ähnlich den evozierten Potenzialen bei der BERA (Kap. 13), durch kurze Schallreize auslösen. Da die kurzen Reize in der Fachsprache auch als Transienten bezeichnet werden, nennt man die damit ausgelösten Schallemissionen transitorisch evozierte Emissionen. Die Abb. 12.**1** soll das Schema zur Registrierung der TEOAE verdeutlichen: Im äußeren Gehörgang sitzt luftdicht eine Messsonde, die ein winziges Mikrofon enthält. Akustische Klicks, kurze Tonpulse oder Chirps werden über einen dünnen Plastikschlauch zugeführt und stimulieren über das Mittelohr die Kochlea. Ein PC führt nach dem gleichen Verfahren wie bei der BERA zur Unterdrückung der Nebengeräusche eine

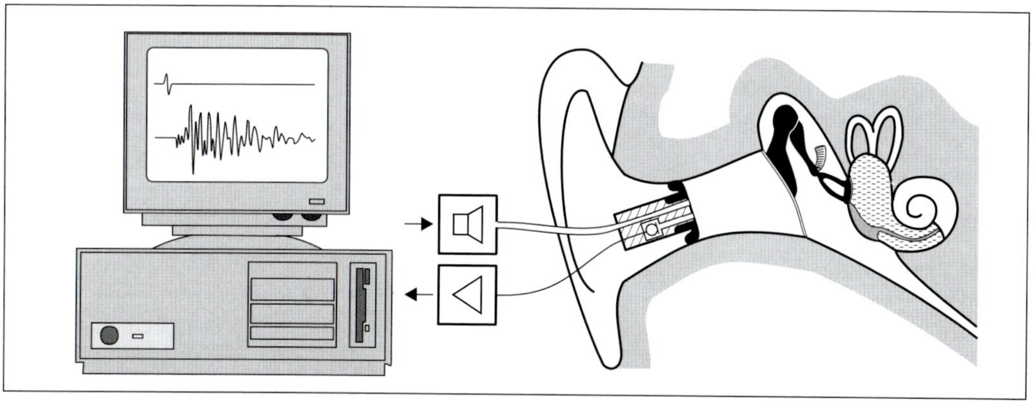

Abb. 12.**1** Registrierung von TEOAE. Über einen dünnen Schlauch werden Klickreize dem Ohr zugeführt. Die dadurch evozierten Emissionen werden mit einem Miniaturmikrofon gemessen und in einem PC weiterverarbeitet.

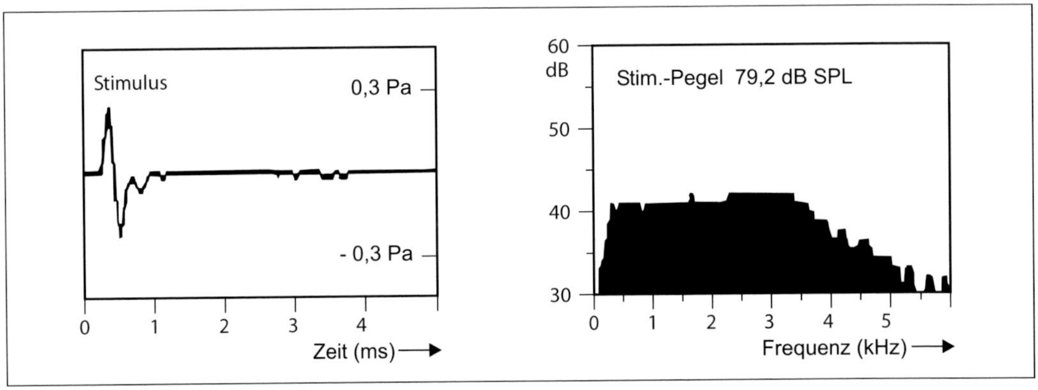

Abb. 12.**2** Zeitverlauf des Klicks (links) und dessen Frequenzspektrum bei gutem Sondensitz.

Mittelwertbildung von z. B. 256 Einzelemissionen im Zeitbereich durch, wobei sehr unruhige Abschnitte, die beim Schlucken oder beim Nuckeln eines Kleinkindes entstehen, nicht mitgemittelt werden.

Die TEOAE lassen sich bei fast allen Normalhörenden von Geburt an nachweisen. Bei einer kochleären Schädigung von mehr als 30 dB sind sie nicht mehr messbar. Bei einem Schallleitungshörverlust von 30 dB und mehr wird die Schallenergie der Emissionen aus dem Innenohr vor dem Trommelfell ebenso nicht mehr zu registrieren sein, auch wenn man den akustischen Reiz entsprechend erhöhen würde. Quantitative Angaben zur frequenzspezifischen Hörschwelle lassen sich mit TEOAE kaum bestimmen. Sie eignen sich aber als schneller Siebtest (Screening-Test) zur objektiven Hörprüfung vor allem bei Neugeborenen und Kleinkindern. Sollten dabei keine Emissionen registriert werden, muss das Kind einem Pädaudiologen vorgestellt werden, der weitere audiometrische Untersuchungen durchführen lässt (Kap. 14).

Durchführung

Für die Registrierung der TEOAE sollte zuvor ein Trommelfellbefund erhoben werden und der äußere Gehörgang frei von Zerumen sein. Die Messung gelingt am schnellsten, wenn diese in einer akustisch geschirmten Messkammer durchgeführt wird und der Patient sich entspannen kann. Die Messsonde wird mit einer passenden Gummi- oder Schaumstoffdichtung in den Gehörgang eingeführt. Vor der eigentlichen Messung vergewissert man sich durch einen einfachen Test, ob die Sonde luftdicht und passend im Gehörgang steckt, um notfalls den Sondensitz zu korrigieren. Die Abb. 12.**2** zeigt, wie der Zeitverlauf des Klickreizes und dessen Spektrum bei richtiger Platzierung der Sonde aussehen sollen, damit das Ergebnis der TEOAE-Messung nicht verfälscht wird. Eine Vertäubung des Gegenohres ist bei dieser Messung nicht notwendig. Die Registrierung der TEAOE wird in der klinischen Routine meist nur mit einem überschwelligen Reizpegel im Bereich von 50 bis 80 dB durchgeführt und dauert für ein Ohr etwa eine Minute, bei Unruhe entsprechend länger. Zu laute Signale bleiben als Artefakte bei der Registrierung unberücksichtigt. Nebengeräusche sollten während der Messung vermieden werden.

Auswertung

Die Abb. 12.**3** zeigt das grafische Ergebnis einer TEOAE-Registrierung. Im unteren Teil des Bildes ist der gemittelte Verlauf des Schalldrucks am Mikrofon über der Zeit aufgetragen. Im kurzen Abschnitt vor Reizbeginn (Vorlauf) ist nur das Grundrauschen der jeweiligen Messung erkennbar. Zum Zeitpunkt 0 erfolgt die Stimulation mit dem akustischen Reiz, wobei gleichzeitig das Mikrofon kurz ausgeschaltet wird.

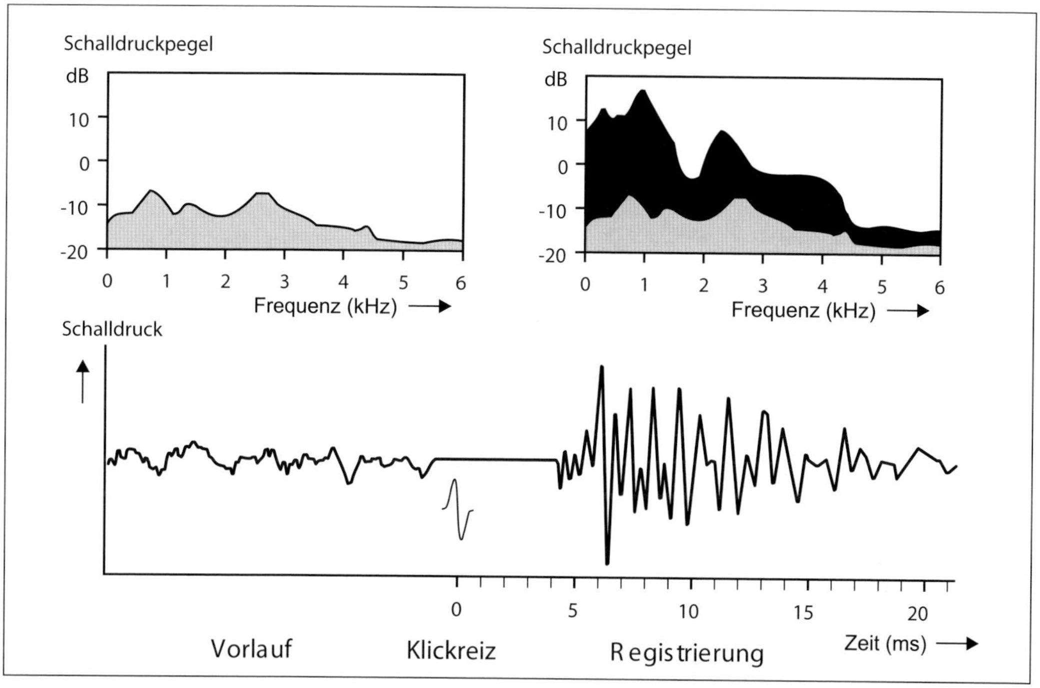

Abb. 12.**3** Messergebnis (unten). Bevor ein Klickreiz gesendet wird (Vorlauf), ist in der Registrierung nur das Grundrauschen mit geringer Amplitude zu sehen. Da der Schalldruck des Reizes im Vergleich zur Emission sehr groß ist, wird das Mikrofon für ca. 4 ms abgeschaltet und danach die Emission registriert. Für das Rauschen des Vorlaufs und für die gemittelten TEOAE sind oben die Frequenzspektren dargestellt, wobei im Emissionsspektrum (schwarz) das Rauschspektrum (grau) enthalten ist.

Nach einer Pause von ca. 4 ms beginnt die Registrierung der eigentlichen evozierten Emission, die deutlich höhere Amplituden aufweist als das Rauschen während des Vorlaufs vor dem Reiz.

Die Diagramme darüber zeigen das gemittelte Frequenzspektrum, d. h. die Analyse, mit welchem Anteil die einzelnen Frequenzen in dem Signal vertreten sind. Das gemittelte Spektrum der TEOAE (schwarz) unterscheidet sich sehr deutlich vom Spektrum des Grundrauschens (grau) im Vorlauf und zeigt in diesem Fall als Gipfel die am häufigsten enthaltenen Frequenzen der Emission, hier um 1 kHz und 2,3 kHz. Aus diesen Spektren lassen sich nicht unbedingt frequenzspezifische Aussagen über die Innenohrstörung machen. Die häufig auftretenden Einkerbungen entstehen durch messtechnisch bedingte Auslöschungen von Signalanteilen und spiegeln keine Funktionsstörungen der Kochlea bei diesen Frequenzen wieder.

Ob eine evozierte Emission registriert wurde, lässt sich nach kurzer Einarbeitung durch Vergleich der gemittelten Zeitverläufe und Spektren für den Vorlauf und das Intervall nach dem Reiz sowie anhand der Reproduzierbarkeit des Ergebnisses bestimmen. Um nicht zweimal messen zu müssen, werden automatisch alle geradzahligen und alle ungeradzahligen Emissionen im Reißverschlussverfahren zu zwei Teilmittelwerten verarbeitet. Die Reproduzierbarkeit lässt sich durch die Berechnung des Korrelationskoeffizienten quantifizieren, wobei der angegebene Wert nach einer TEOAE-Messung 80 % übertreffen sollte. Die Angabe des Wertes für die Stabilität der Messung ist ein weiterer Parameter für die Qualitätsbeurteilung. Dabei wird die Gleichmäßigkeit der Reizbedingungen während der ebenfalls durch eine Korrelationsanalyse aus der ersten und letzten Gehörgangsantwort berechnet. Liegt der Wert der Stabilität unter 50 %, muss die Ohrsonde neu platziert und die Messung wiederholt werden. Auch hier kann der erfahrene Audiologe noch nicht ersetzt werden, da eine exakte automatische Befunderhebung noch nicht bei allen Messgeräten gegeben ist. Seit 2010 müssen alle Systeme quantitative Daten des Restrauschens bei der Mittelwertbildung angeben. Die Abb. 12.**4** zeigt drei klinische Beispiele von Registrierungen der TEOAE.

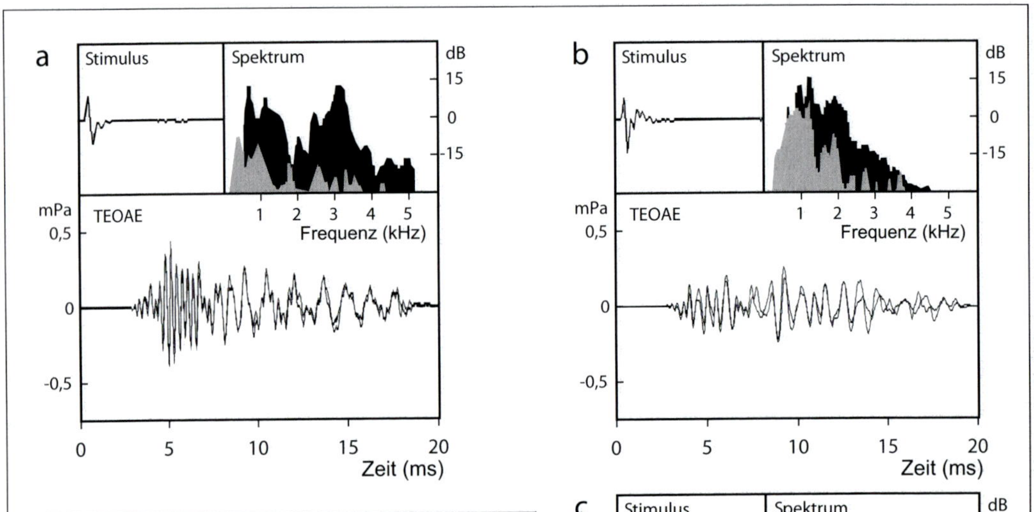

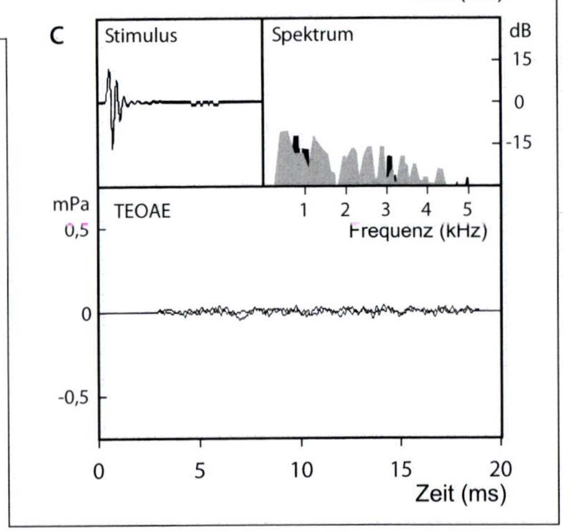

Abb. 12.**4** Messergebnisse von TEOAE-Untersuchungen; jeweils oben links: Zeitverlauf des Stimulus, oben rechts: Spektrum der TEOAE (schwarz) über dem Spektrum des Rauschens (grau), unten: TEOAE.

a Normales Gehör

b Innenohrhörverlust im Hochtonbereich

c Bei Taubheit.

Distorsionsprodukte otoakustischer Emissionen

Bei der Beschallung des Ohres mit zwei Sinustönen benachbarter Frequenzen können subjektiv Kombinationstöne wahrgenommen werden, vor allem der kubische Differenzton der Frequenz ($2\,f_1-f_2$). Dieses Phänomen war bereits vor mehr als 200 Jahren beobachtet worden, und über dessen Ursache stellte man ganz verschiedene Vermutungen an. Erst mit dem Nachweis der nichtlinearen Verstärkungseigenschaften der äußeren Haarzellen folgte eine schlüssige Erklärung für die Entstehung dieser Kombinations- oder Verzerrungstöne.

Wie bei allen technischen Geräten, z. B. dem Verstärker der Stereoanlage, entstehen bei der nichtlinearen Übertragung auch im Innenohr Verzerrungen, die als Schallenergie mit geringer Amplitude emittiert werden. Diese sog. Distorsionsprodukte otoakustischer Emissionen (DPOAE) lassen sich ebenfalls im äußeren Gehörgang messen und zur frequenzspezifischen Diagnostik der Innenohrfunktion verwenden.

Die schematische Darstellung zur Entstehung der DPOAE nach Janssen (Abb. 12.**5**) zeigt oben die Wanderwellenumhüllenden der beiden anregenden Töne (Primärtöne) mit den Frequenzen f_1 und f_2 in Form von Dreiecken auf der waagrecht gezeichneten Basilarmembran. Wenn die Primärtöne mit ihren größten Auslenkungen an den Orten x_1 und x_2 nicht zu weit entfernt liegen (f_2: f_1 = 1,2), entstehen in den äußeren Haarzellen des

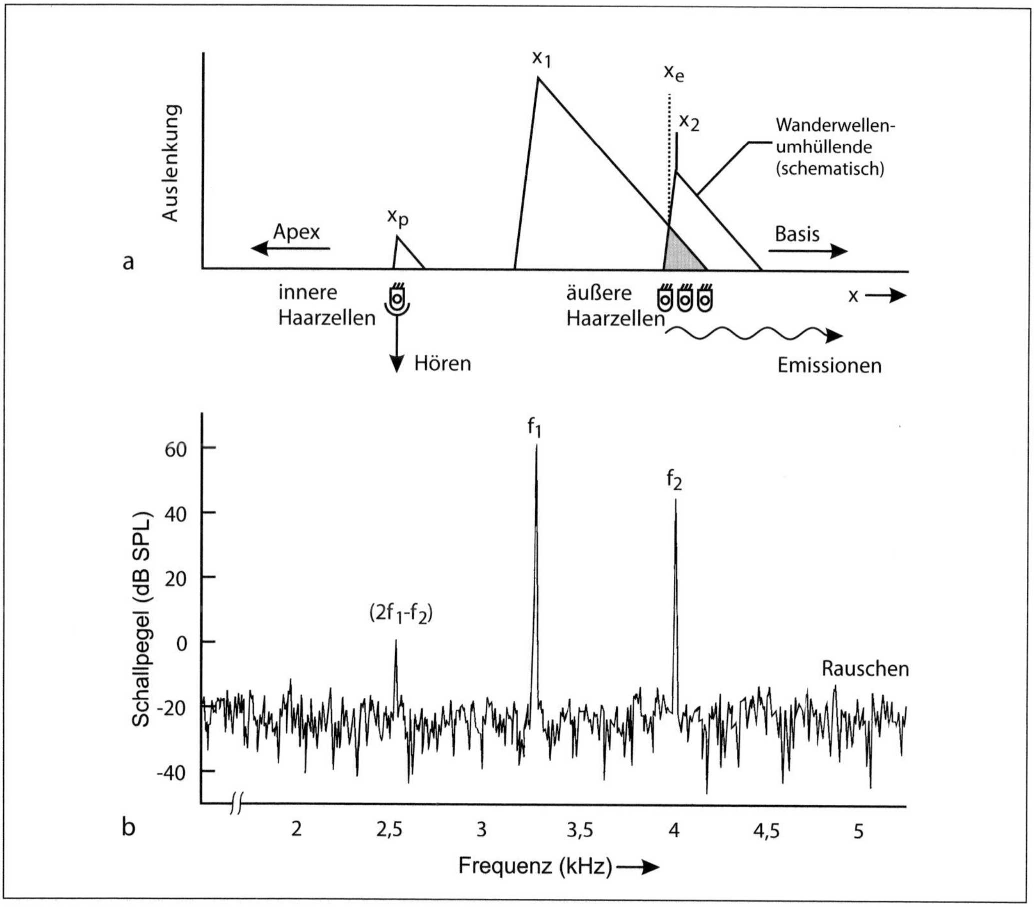

Abb. 12.**5** Modellvorstellung zur Entstehung der DPOAE nach Janssen.

a Aktivierung der Haarzellen auf der Basilarmembran, wobei Schwingungen der Frequenz ($2f_1–f_2$) im Überlappungsbereich der Primärtöne entstehen, die retrograd als DPOAE emittiert werden, x: Ort auf der Basilarmembran.

b Frequenzspektrum der Emission mit den Anteilen der Primärtöne f_1 und f_2 sowie der deutlich kleineren Spektrallinie der DPOAE ($2f_1–f_2$) knapp über dem Rauschen.

Überlappungsbereichs (grau markiert) Schwingungen der Frequenz ($2f_1-f_2$) und laufen retrograd über die Innenohrflüssigkeit und das Mittelohr nach außen. Es entsteht dabei aber auch eine kleine Wanderwelle vom Ort x_e ausgehend in Richtung zur Schneckenspitze (Apex), deren Maximum am Ort x_p liegt, wo diese Frequenz ($2f_1-f_2$) auch subjektiv wahrgenommen werden kann.

Im unteren Teil dieser Abbildung verdeutlicht das Spektrum des im Gehörgang gemessenen Schallsignals die Pegelverhältnisse. Die Pegel der Primärtöne $L_1 = 60$, $L_2 = 50$ dB SPL bewirken eine DPOAE mit der Frequenz ($2f_1-f_2$) und einem Pegel von etwa 0 dB SPL, während das mittlere Rauschen (noise) hier unterhalb von -20 dB SPL liegt.

Der Pegel der Emission ist individuell verschieden und erstreckt sich von -20 bis +20 dB SPL. Die Emissionen können bei schlechten Messbedingungen im gemessenen Rauschen verschwinden. Zur Verbesserung des Signal/Störabstandes werden neben dem Einsatz von sehr empfindlichen und rauscharmen Wandlern auch Mittelungen des Schalldruckes im Frequenzbereich durchgeführt. Ein Vorteil der Messung der DPOAE gegenüber den TEOAE besteht in der frequenzspezifischen Erfassung einer kochleären Hörstörung, falls diese nicht mehr als etwa 50 dB beträgt.

Durchführung

Die gleichen Bedingungen wie für die Registrierung der TEOAE gelten auch für die Messung der DPOAE. Die Stimulation mit den Primärtönen erfolgt über zwei getrennte, verzerrungsarme Schallsender, die je nach Hersteller in die Ohrsonde integriert sind oder den Schall durch dünne Silikonschläuche der Sonde zuführen. Dabei werden die Pegel der registrierten DPOAE für jedes Primärtonpaar in ein sog. DP-Gramm eingetragen. Ein DP-Gramm beschreibt den Emissionspegel als Funktion der Primärtonfrequenz f_2 oder des geometrischen Mittelwertes der Primärfrequenzen, wobei in der Praxis meist mit

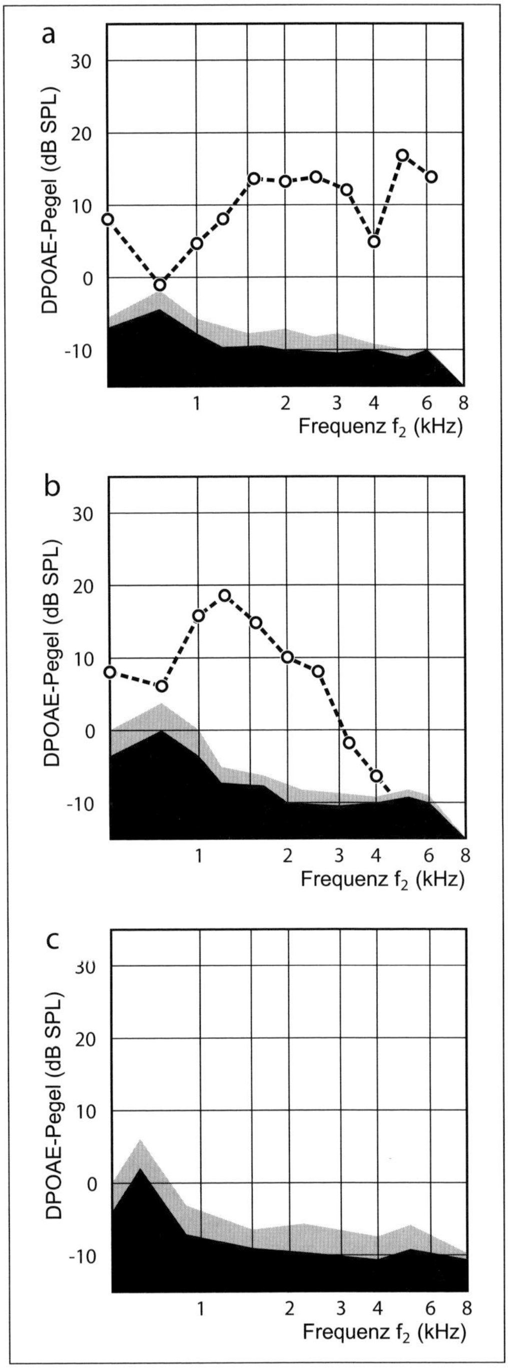

Abb. 12.**6** DP-Gramm-Verläufe.
a Bei normalem Gehör.
b Innenohrschaden mit Hochtonhörverlust
c Bei Taubheit.

konstanten Pegeln ($L_1 = 70$, $L_2 = 60$ dB SPL) in Terzabständen über den Frequenzbereich von 500 Hz bis 6 kHz stimuliert und registriert wird. In der diagnostischen Routine genügt es, drei dieser automatischen Frequenzdurchläufe abzuwarten, um ein relevantes Ergebnis mit einem DPOAE-Pegel von mehr als 6 dB über dem Restrauschen zu erzielen. Die Sonde darf dabei aber nicht neu platziert werden.

Wird der DPOAE-Pegel mit wachsenden Pegeln der Primärtöne registriert, so erhält man die *DP-Wachstumsfunktion*. Das Pegelverhältnis der Primärtöne sollte dabei für Erwachsene der Messvorschrift: $L_1 = 0{,}4\,L_2 + 39$ [dB] („*Pegelschere*") folgen. Diese Funktion hat bei normalem Gehör einen nichtlinearen Verlauf (Steigung etwa 0,2 dB/dB). Bei einer Funktionsstörung der äußeren Haarzellen verläuft die Wachstumsfunktion steiler und linear (Steigung etwa 1 dB/dB). Dies entspricht den subjektiv registrierten Verläufen der empfundenen Lautheit in Abb. 7.**1** (S. 37).

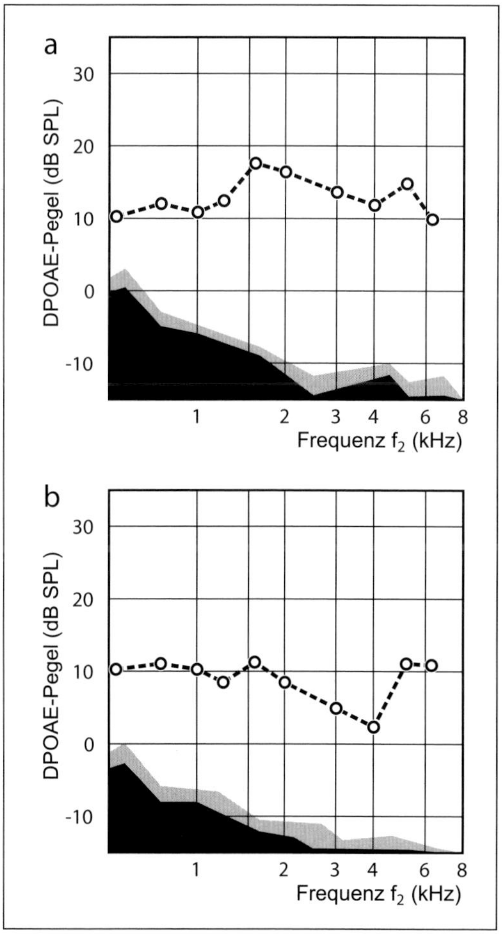

Abb. 12.**7** DP-Gramm-Verläufe des gleichen Ohres bei unterschiedlichem Sondensitz.
a Normales DP-Gramm.
b Neuplatzierte Sonde.

Die Registrierung der DP-Wachstumsfunktion für jedes Primärtonpaar ermöglicht daher die Erfassung kochleärer Funktionsstörungen, wenn der Hörverlust weniger als 50 dB beträgt. Durch eine Extrapolation lässt sich die frequenzabhängige Schwelle der DPOAE bestimmen, deren Bezug auf die subjektive Hörschwelle zurzeit noch geprüft werden muss.

Auswertung

Die Abb. 12.**6** zeigt oben das DP-Gramm eines Hörgesunden im Vergleich zur Messung einer Innenohrhörstörung mit Hochtonhörverlust sowie eines ertaubten Ohres (unten). Die kleinen Kreise stellen die Pegelwerte der gemessenen DPOAE ($2\,f_1 - f_2$). dar und sollen bei vorhandenen Emissionen signifikant höher sein als das Spektrum des mittleren Grundrauschens (schwarz) sowie dessen 2-facher Standardabweichung (grau). Der Verlauf des DP-Gramms hängt aber stark von den gegebenen Messbedingungen ab: Unterhalb von 1 kHz sind die technischen und biologischen Störgeräusche besonders stark, und akustische Resonanzen verfälschen die Emissionspegel im höherfrequenten Bereich ab 4 kHz. Daher bleibt bei den heutigen Messgeräten nur der Bereich zwischen 1 und 4 kHz für eine audiometrische Diagnostik relevant. Durch eine Wiederholung der Messung kann bei reproduzierbarem DP-Gramm ein Zufallsbefund nahezu ausgeschlossen werden. Wird hingegen die Sonde nach der ersten Registrierung neu im Gehörgang platziert, können sich die Messergebnisse, wie Abb. 12.**7 b** zeigt, recht deutlich unterscheiden.

Obwohl man im klinischen Alltag für das gleiche Ohr recht häufig ähnliche Verläufe von Tonschwellenaudiogramm und von DP-Gramm bzw. mit extrapolierten DP-Wachstumsfunktionen findet, lässt dies (wie auch beim Frequenzspektrum der TEOAE) einen genauen Schluss auf das subjektive Tonschwellenaudiogramm noch nicht zu.

Anmerkungen

Der große Vorteil der Registrierung der otoakustischen Emissionen besteht darin, dass diese objektive, nicht belastende und vigilanzunabhängige Messung sehr rasch, einfach und preiswert durchzuführen ist.

Daher hat sich die Untersuchung mit TEOAE als Screeningtest für eine Hörschädigung bei Neugeborenen gegenüber der Ableitung der frühen Hirnstammpotenziale durchgesetzt, obwohl deren diagnostischer Stellenwert größer ist. Bei Hörprüfungen in Klinik und Praxis sollten sowohl TEOAE als auch DPOAE registriert werden, um mit wenig Mehraufwand genauere und eventuell frequenzspezifischere Informationen bei Innenohrhörschäden zu erlangen. Bei der Behandlung tumorkranker Kinder mit ototoxischer Medikation kann die Hörfunktion durch therapiebegleitende Messungen der DPOAE abgesichert und kontrolliert werden.

13 Akustisch evozierte Potenziale (ERA)

Die Aussagekraft der bisher beschriebenen objektiven Hörtests ist relativ eingeschränkt: Die Reflexaudiometrie (Kapitel 14) und die Messung des Stapediusreflexes (Kapitel 11) erlauben nur bedingt Rückschlüsse auf die Hörschwelle, weil bei normaler Reflexschwelle ein Innenohrschaden mit Lautheitsausgleich vorliegen kann. Durch das Tympanogramm ist die Schallleitungsstörung zwar in ihrer Art, aber nicht im Ausmaß zu ermitteln. Die Ausbildung der otoakustischen Emissionen gibt nur Hinweise auf die Funktion des peripheren Hörorgans. Bei erhöhtem apparativem und zeitlichem Aufwand ermöglicht die Registrierung akustisch evozierter Potenziale von verschiedenen Stufen der Hörbahn wesentlich genauere Rückschlüsse auf den Verlauf der Hörschwelle und die Art des Hörschadens.

EEG und Potenziale

Die Nervenaktivität beruht auf der Leitung und Verknüpfung elektrischer Impulse. An der Kopfhaut ist die elektrische Gesamtaktivität des Gehirns als Elektroenzephalogramm (EEG) messbar. Auch das Hören liefert dazu einen Beitrag. Das Hörorgan wandelt akustische Reize in elektrische Impulse um, die über verschiedene Nervenbahnen (*Hörbahn*) zum zentralen Nervensystem geleitet werden.

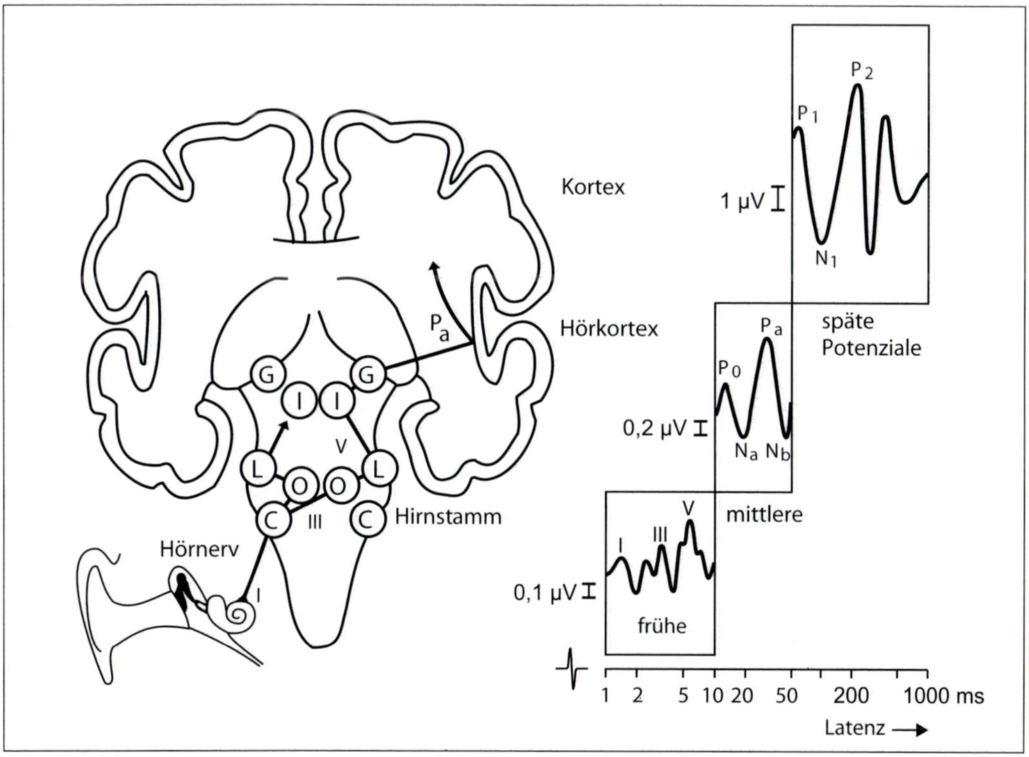

Abb. 13.1 Hörbahn mit akustisch evozierten Potenzialen (stark vereinfacht). Bezeichnung der Kerngebiete im Text.

Die Eigenschaften der akustischen Signale (Frequenz, Intensität, Dauer, Richtung) werden in den in der Abb. 13.**1** links gezeigten, miteinander vielfältig verschalteten Zentren ausgewertet, in denen jeweils sehr viele Nervenzellen gleichzeitig erregt werden. Nach einem akustischen Reiz werden deshalb mit zunehmender Laufzeit (*Latenz*) Spannungsspitzen (*Potenziale*) unterschiedlicher Größe (*Amplitude*) erzeugt, die im EEG enthalten sind. Sie sind mit Hilfe eines Computers messbar und für die Audiometrie auswertbar. Diese Untersuchungstechnik wird als *ERA* (Evoked Response Audiometry) bezeichnet.

Die von den inneren Haarzellen erzeugte elektrische Information läuft über den Hörnerv in die verschiedenen Kerngebiete des Hirnstamms (C: Nucleus cochlearis, O: oberer Olivenkern, L: Lemniscus lateralis, I: Colliculus inferior, G: Corpus geniculatum). Die Ursprungsgebiete der wichtigsten frühen Potenziale (I bis V) sind nach Scherg eingetragen. Die Gruppe der mittleren Potenziale (Hauptwelle N_a–P_a) und auch die späten Wellen N_1–P_2 werden im Hörkortex gebildet, der im Temporallappen liegt. Die spätesten Wellen sind Schwingungen im gesamten Kortex, welche die bewusste Wahrnehmung des Reizes begleiten.

Trennung der Potenziale vom EEG

Da die meisten akustisch evozierten Potenziale wesentlich kleinere Amplituden als das EEG aufweisen, benötigt man eine Methode, um die im EEG verborgenen Potenziale zu ermitteln. Dazu wiederholt man die akustischen Reize sehr oft und berechnet den mittleren Spannungsverlauf in dem jedem Reiz folgenden Zeitabschnitt (*averaging*). Da die Grundaktivität des EEG mit den akustischen Reizen nichts zu tun hat, die evozierten Potenziale aber dem Reiz in einem festen Abstand folgen, wird mit steigender Reizanzahl die gemittelte Grundaktivität des EEG immer geringer und das akustisch evozierte Potenzial dadurch deutlicher sichtbar.

Hörbahn

Im rechten Teil der Abb. 13.**1** sind die wichtigsten Potenziale dargestellt, die beim Durchlaufen der Hörbahn vom Ohr bis zur Hirnrinde ableitbar sind. Da direkt nach dem Reiz in kurzer Zeit viele schnelle Spannungsschwankungen entstehen, zur Auswertung der kortikalen Reaktion aber eine lange Zeitdauer betrachtet werden muss, ist es nicht zweckmäßig, alle Potenziale zugleich zu registrieren. Man fasst daher die Gruppen der *frühen*, *mittleren* und *späten Potenziale* zusammen, deren Latenzbereiche aus der Abb. 13.**1** zu entnehmen sind. Die frühen Potenziale lassen unabhängig von der Aufmerksamkeit des Patienten sehr genaue Rückschlüsse auf Funktionsstörungen des Ohres zu, während mit zunehmender Latenz das Alter, die Wachheit (Vigilanz) und Einflüsse anderer Sinnesorgane immer stärker wirksam werden. Je vollständiger die Hörbahn also zu untersuchen ist, desto schwieriger ist die Reaktion zu deuten.

Hirnstammaudiometrie (BERA)

In der Hals-Nasen-Ohren-Diagnostik wird mittels der *BERA* (*B*rainstem *E*voked *R*esponse *A*udiometry = Audiometrie mit evozierten Hirnstamm-Reaktionen) vor allem die Welle V (Latenz bei hohem Reizpegel um 5–6 ms) ausgewertet, die bis herunter zur Hörschwelle gut ableitbar ist, und deren Latenzänderungen Aussagen über Störungen des Mittel- und Innenohres sowie des Hörnervs erlauben. Da die frühen Potenziale dem Reiz sehr schnell folgen, muss dieser entsprechend kurz sein. Es wird daher über Kopfhörer (in Ausnahmefällen auch über Knochenleitungshörer) eine rasche Folge von kurzen Knackgeräuschen (*Klicks*) dargeboten.

> Im Unterschied zu länger andauernden Tönen werden die Pegel kurzer Reize über der normalen menschlichen Hörschwelle in *dB nHL* angegeben

Hörnervendiagnostik mit BERA

Beim Erwachsenen wird die Hirnstammaudiometrie in den meisten Fällen zur Differenzialdiagnostik des Akustikusneurinoms, der häufigsten Schädigung des Hörnervs, eingesetzt. Die Differenz der Latenzen zwischen den Wellen V (Hirnstamm) und I (Beginn des Hörnervs) wird zur Bestimmung der Leitgeschwindigkeit des Hörnervs ausgewertet, die sich z. B. beim Druck eines Tumors auf den Nerv verringern kann. Es wird immer die *Interpeak-Latenz* (Latenzdifferenz) der Wellen V und I bewertet, da latenzverlängernde Einflüsse, die nicht vom Hörnerv verursacht werden (Schallleitungs- und Innenohr-Hochtonhörverlust, vgl. Abb. 13.**4**–Abb. 13.**7**), beide Gipfel in gleicher Weise verschieben.

Der Test ist relativ schnell durchzuführen und ist das zurzeit sicherste Verfahren zur funktionellen Diagnostik der retrokochleären Hörfunktion.

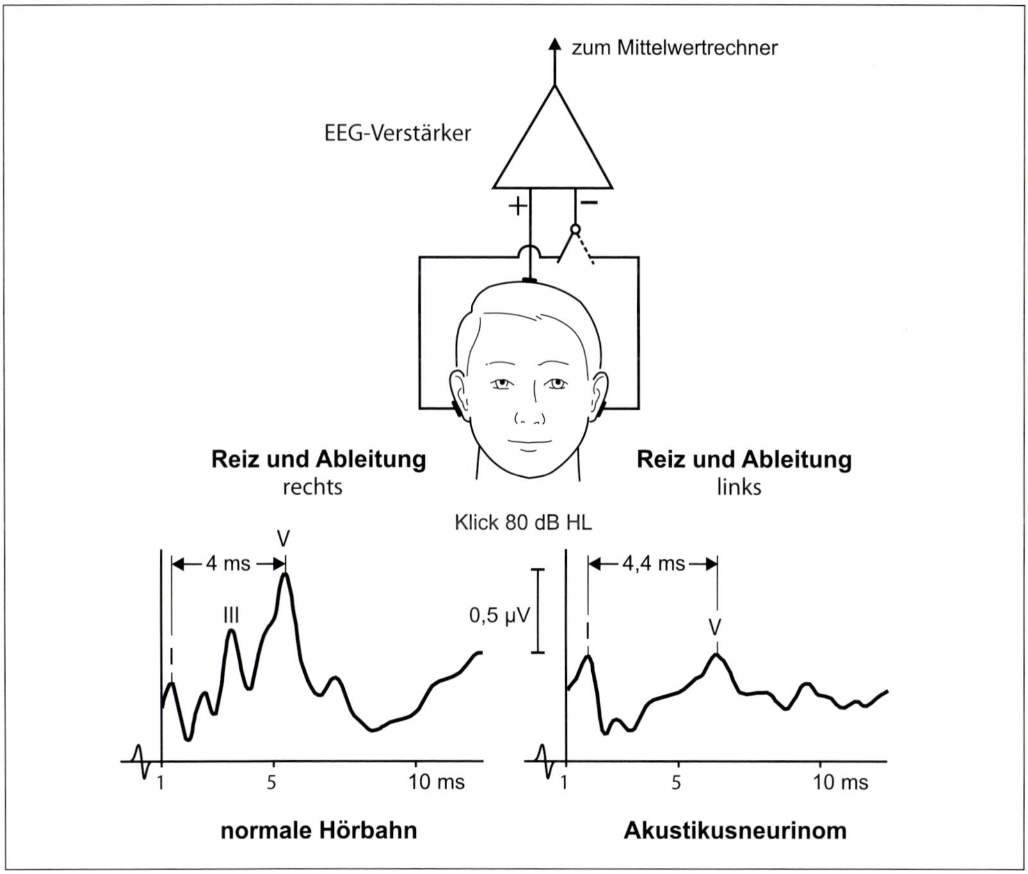

Abb. 13.**2** Hörnervendiagnostik mit BERA. Bei einer Schädigung des Hörnervs wird die Laufzeit zwischen den Wellen I und V verlängert (linkes Ohr).

Durchführung

Die Untersuchung erfolgt in einem ruhigen Raum, in dem keine weiteren elektrischen Geräte betrieben werden. Jeder Messung sollte eine Ohrinspektion vorangehen. Nach Reinigung der Kopfhaut werden Elektroden mit einer leitenden Elektrodencreme versehen und auf den Vertex (Scheitelmitte) und beide Mastoide (Knochen hinter dem Ohr) geklebt (Abb. 13.**2**). In der Praxis verringert sich die Potenzialamplitude kaum, wenn die Vertexelektrode bei dichtem Haarwuchs hoch in der Stirn angebracht wird.

Die Vertexelektrode wird mit dem positiv bezeichneten Verstärkereingang verbunden. Ist nur ein einkanaliger EEG-Verstärker vorgesehen, muss das Mastoid des jeweils akustisch gereizten Ohres durch eine meist automatische Umschaltung an den negativen Anschluss gelegt werden. Üblicherweise ist für die Funktion des Verstärkers eine dritte Elektrode erforderlich („Masse"), die in der Abb. 13.**2** nicht dargestellt ist. Anschließend wird der Elektroden-Übergangswiderstand überprüft und notfalls durch die Zugabe von Elektrodencreme verringert. Es sind Übergangswiderstände von 5 kOhm oder weniger anzustreben. Der Ausgang des EEG-Verstärkers führt zum Rechner, der das Averaging durchführt und das Ergebnis auf einem Bildschirm anzeigt sowie über einen Drucker ausgibt.

Für diese Untersuchung werden kurze Klickreize in schneller Folge (z. B. 20/s) mit einem Pegel von 80 dB nHL verwendet, da die erste Welle nur bei lauten Klickreizen auftritt. Höhere Lautstärken als 90 dB nHL sind nur beim Vorliegen eines Schallleitungshörverlustes erforderlich und zulässig.

> Bei akuter Innenohrhörstörung (Hörsturz, Menière-Attacke, akuter Tinnitus) sollte die BERA zur Schonung des Innenohres erst nach einer Woche durchgeführt werden.

Die Vertäubung des Gegenohres erfolgt nach den üblichen Regeln mit Breitbandrauschen, sollte aber wegen der länger andauernden Einwirkung den Pegel von 60 dB nicht übersteigen.

Nach dem Aufsetzen des Kopfhörers kann die Untersuchung beginnen. Der Patient soll während der Untersuchung bequem und entspannt liegen, die Augen schließen und sich ruhig verhalten, um störende Einflüsse de Kopf- und Halsmuskulatur zu vermeiden. Das Ergebnis liegt nach der Registrierung von etwa 2000 EEG-Abschnitten vor, was ca. eine Minute dauert. Zweckmäßigerweise wird die Messung einmal wiederholt, um die Reproduzierbarkeit abzusichern. Dann folgt in gleicher Weise die Messung am anderen Ohr.

Auswertung

Bei normalem Gehör ist der Kurvenverlauf aus der Abb. 13.**2** links zu erwarten. Deutlich erkennbar sind meist die Wellen I, III und V. Für die richtige Zuordnung der Gipfel sind die auftretenden Latenzen mit dem für das Gerät angegebenen Normalbereich zu vergleichen. Abgelesen wird der Zeitabstand zwischen den Gipfeln I und V, der im Normalfall im Mittel bei Männern 4,0 ms und bei Frauen 3,9 ms beträgt. Ist dieser Normalwert um mehr als 0,2 ms verlängert, besteht der Verdacht auf eine Hörnervenschädigung (Abb. 13.**2** rechts). Es sollte besonders auf eine Seitendifferenz zwischen den Ergebnissen für beide Oh ren geachtet werden.

Beidseits verlängerte Interpeak-Latenzen I–V treten bei Tumoren der hinteren Schädelgrube oder bei Nervenkrankheiten wie z. B. Neurofibromatose oder multipler Sklerose (MS) auf. In Einzelfällen ist die Welle III besser ausgebildet als die Gruppe IV/V. Hier kann auch die Interpeaklatenz I-III bewertet werden (Normalwert 2,0 ms).

Bei Kleinkindern sind die Latenzen der Hirnstammpotentiale vom Alter abhängig. Während bei *Neugeborenen* der Gipfel I nur um 0,2 ms verspätet auftritt, ist die Latenz des Gipfels V bei hohen Pegeln um 1 ms, in Schwellennähe um etwa 1,5 ms verlängert. Diese Erhöhung der Interpeaklatenz I–V bildet sich mit zunehmender Reifung der Hörbahn bis zum Ende des 2. Lebensjahres zurück.

Anmerkungen

Das Messergebnis kann durch die Unruhe oder Verspannung des Patienten gestört werden. Eine unbequeme Lagerung des Kopfes kann durch Muskelaktivitäten zu großen Wellen im rechten Kurventeil führen. Eine Sedierung des Patienten ist bei dieser kurzen Untersuchung nicht notwendig. Elektrische Einstreuungen entstehen manchmal durch Geräte, die in der Nähe des Vorverstärkers betrieben werden oder durch ein zu nahe an den Elektroden liegendes Kopfhörerkabel.

Bei einem Hörverlust vor allem im Hochtonbereich kann die Welle I unsicher ausgeprägt sein, so dass die Welle V allein ausgewertet werden muss, was im nächsten Abschnitt näher erläutert wird. Im Zweifelsfall sollte die Messung wiederholt werden.

Mit der *Elektrokochleografie (ECochG)* mit Nadel- oder Gehörgangselektroden können sehr frühe Potenziale aus dem Innenohr abgeleitet werden Das *Summenaktionspotenzial (SAP)* des Hörnervs wird zur Bestätigung. der kochleären Taubheit sowie zur Kontrolle der Erhaltung der Innenohrfunktion bei der Chirurgie des Akustikusneurinoms eingesetzt. Das *Summationspotenzial (SP)* besteht während der Reizdauer und ist beim *endolymphatischen Hydrops* gegenüber dem SAP vergrößert.

Objektiver Hörtest durch BERA

Da die Welle V der Hirnstammpotenziale bis fast zur subjektiven Hörschwelle zu finden ist, kann durch eine pegelabhängige Untersuchung die Hörschwelle abgeschätzt werden. Die Messung ist sinnvoll bei Kindern, bei denen noch kein subjektives Tonschwellenaudiogramm ermittelt werden kann. Auch am erwachsenen Patienten kann diese Untersuchung bei unsicheren Angaben oder einer vermuteten Aggravation zur Klärung beitragen. Es sollte aber beachtet werden, dass die Hirnstammaudiometrie nur den Anfang der Hörbahn erfasst; weiter zentral gelegene Hörstörungen wirken sich auf die frühen Potenziale nicht aus. Die mit Klickreizen ermittelte Schwelle gilt im Frequenzbereich um 2 kHz, in dem der Klick die höchste spektrale Energie hat (vgl. Kapitel „frequenzunabhängige BERA“, S. 101).

Durchführung

Die Untersuchung dauert länger als die Hörnervendiagnostik nach Abb. 13.**2**, da Ableitungen für mehrere Reizpegel erfolgen müssen. Kinder im ersten Lebensjahr schlafen nach der Mahlzeit meist ein und verhalten sich in der etwa einstündigen Messung ruhig. Bei sehr unruhigen Kleinkindern kann eine Sedierung erforderlich werden. Eine Narkose ist außer in Sonderfällen nur in Verbindung mit einem notwendigen operativen Eingriff (z. B. Tonsillektomie) vertretbar.

Die Messung beginnt bei einem mittleren Klickpegel von z. B. 60 dB nHL. In Schritten von 10 dB wird der Reizpegel bis 80, evtl. 90 dB nHL gesteigert. Dann erfolgt in gleichen Schritten das Aufsuchen der Schwellenreaktion unter 60 dB nHL. Es ist jeweils die richtige Vertäubung des Gegenohres vorzusehen. Beim geringsten eingestellten Reizpegel sollte keine Reaktion mehr sichtbar sein, damit die Schwelle einwandfrei festgestellt werden kann. Hilfreich ist die Eintragung der Latenzwerte der Welle V in ein Pegel-Latenz-Diagramm (Abb. 13.**3**) schon während der Untersuchung, weil unplausible Messwerte sofort auffallen. Messungen mit unsicherem Ergebnis sind zu wiederholen.

Auswertung

Bei einer ungestörten Ableitung liegt die subjektive Hörschwelle etwa 10 dB unter dem Pegel der objektiven Schwellenreaktion. Auch eine deutli-

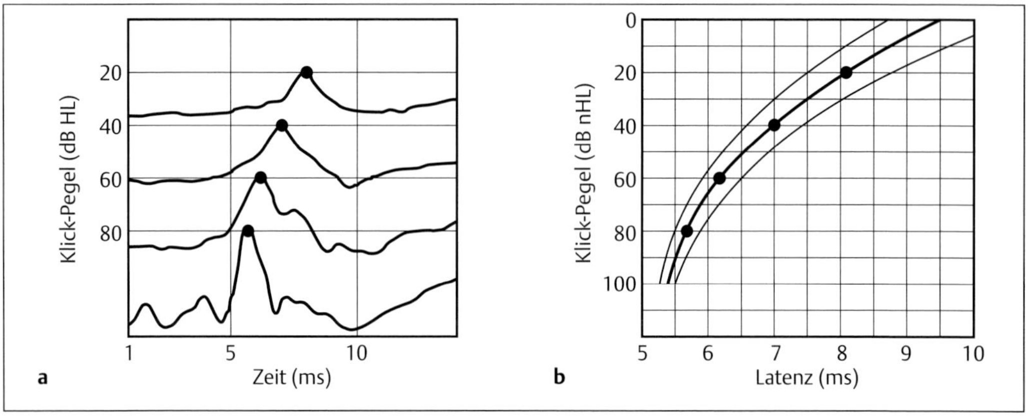

Abb. 13.**3** Hirnstammpotenziale bei Änderung des Reizpegels.
a Für leisere Reizpegel wird die Latenz der Hirnstammwellen länger und die ersten Wellen verschwinden. In Schwellennähe ist nur noch das Potenzial V zu finden.
b Die Abhängigkeit der Latenz der Welle V vom Klickpegel ist als Mittelwert mit Streubereich (± Standardabweichung) für eine Gruppe normalhörender Erwachsener dargestellt (Pegel-Latenz-Diagramm). Dieser Normalbereich kann für jedes Gerät unterschiedlich sein.

che Hirnstammreaktion bei 20 dB nHL kann noch auf eine normale Hörschwelle im mittleren Frequenzbereich deuten. Für den höchsten verwendeten Reizpegel kann die Latenzdifferenz der Wellen V und I ausgewertet werden. Aufschlüsse über die Ursache einer Hörstörung können aus dem *Pegel-Latenz-Diagramm* entnommen werden. In der Abb. 13.**3 a** ist zu erkennen, dass die Latenz der Welle V mit steigendem Reizpegel kürzer wird. Die an den Potenzialen abgelesenen Latenzen werden für jeden Messpegel in das Diagramm der Abb. 13.**3 b** eingetragen. In unserem Beispiel liegen die Punkte innerhalb des Gebietes, das durch den Mittelwert und den dazu für viele Normalhörende ermittelten Streubereich gegeben ist. Kleinkinder unter einem Lebensjahr zeigen wegen der noch nicht abgeschlossenen Reifung des Hörnervs um bis zu 1 ms längere Latenzen. Der Normbereich ist empfindlich von der Reizform abhängig und muss zum Beispiel beim Wechsel des Hörertyps überprüft werden. Eine höhere Genauigkeit der Auswertung ist möglich, wenn alters- und geschlechtsabhängige Normbereiche vorliegen. Latenzverlängerungen der Welle V können ihre Ursache in allen drei Bereichen des Hörorgans haben. Die typischen Pegel-Latenzkennlinien für die beschriebenen Fälle sind in der Abb. 13.**4**–Abb. 13.**7** dargestellt.

Mittelohrhörverlust

Bei einem Schallleitungshörverlust werden die akustischen Reize leiser gehört, als es der Einstellung am Gerät entspricht. Da die Latenz für leisere Reize länger ist (vgl. Abb. 13.**3**), wird bei der Messung ein zu langer Latenzwert gefunden. Die gemessene Kennlinie ist gegenüber dem Normalverlauf um den Betrag des Hörverlustes zu längeren Latenzen hin verschoben (s. Abb. 13.**4**). Können andere latenzverlängernde Einflüsse ausgeschlossen werden, lässt sich der Schallleitungshörverlust aus der Verschiebung in Pegelrichtung gegenüber dem Normalverlauf ermitteln.

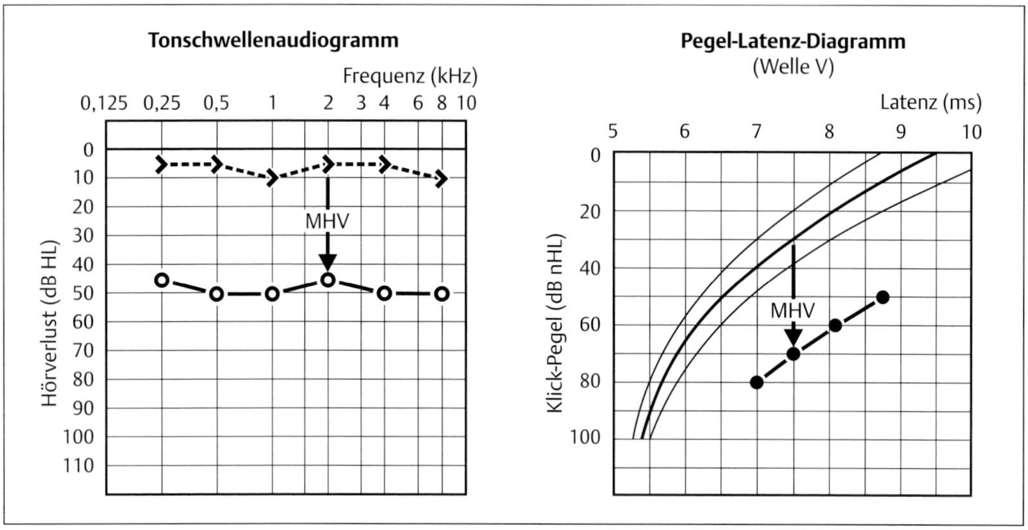

Abb. 13.**4** Tonschwellenaudiogramm und Pegel-Latenzkennlinie für Mittelohrhörverlust (MHV).

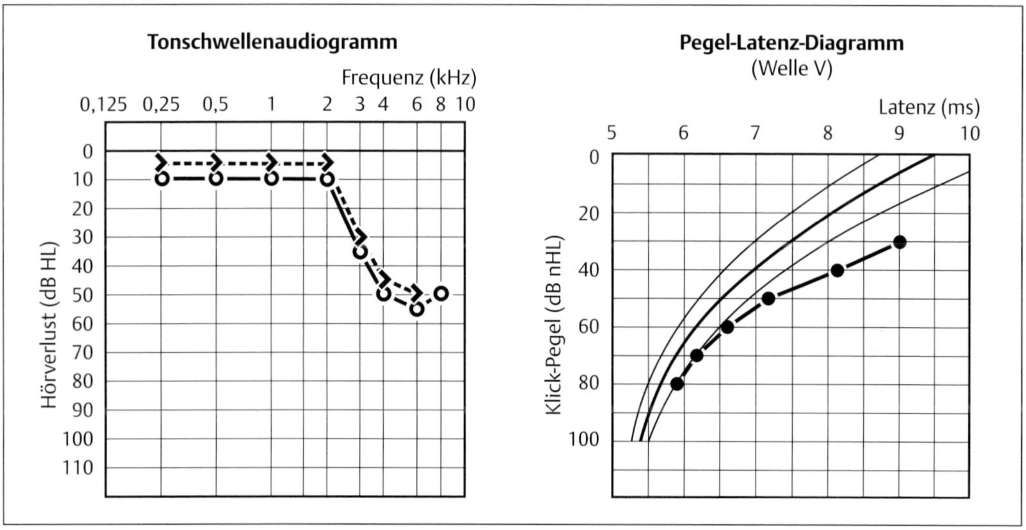

Abb. 13.**5** Tonschwellenaudiogramm und Pegel-Latenzkennlinie für Innenohr-Hochtonabfall.

Innenohrhörverlust mit Hochtonabfall

Beim basokochleären Hörverlust sind die Haarzellen am Anfang der Basilarmembran geschädigt. Die Laufzeit der kochleären Wanderwelle über diesen ausgefallenen Bereich bis zu den ersten funktionsfähigen, weiter hinten liegenden Sinneszellen führt dann zu verspätet auftretenden Potenzialen. Bei höheren Reizpegeln im Lautheitsausgleich (vgl. Kapitel 7) nimmt die Latenzverlängerung ab, die Latenz bleibt aber meist leicht über dem Normalbereich (s. Abb. 13.**5**).

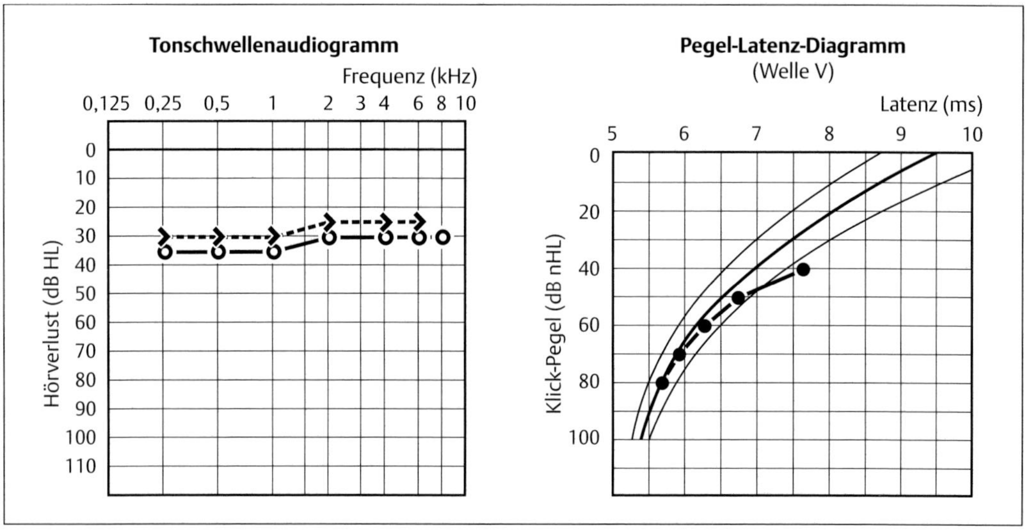

Abb. 13.**6** Tonschwellenaudiogramm und Pegel-Latenzkennlinie für pankochleären Hörverlust.

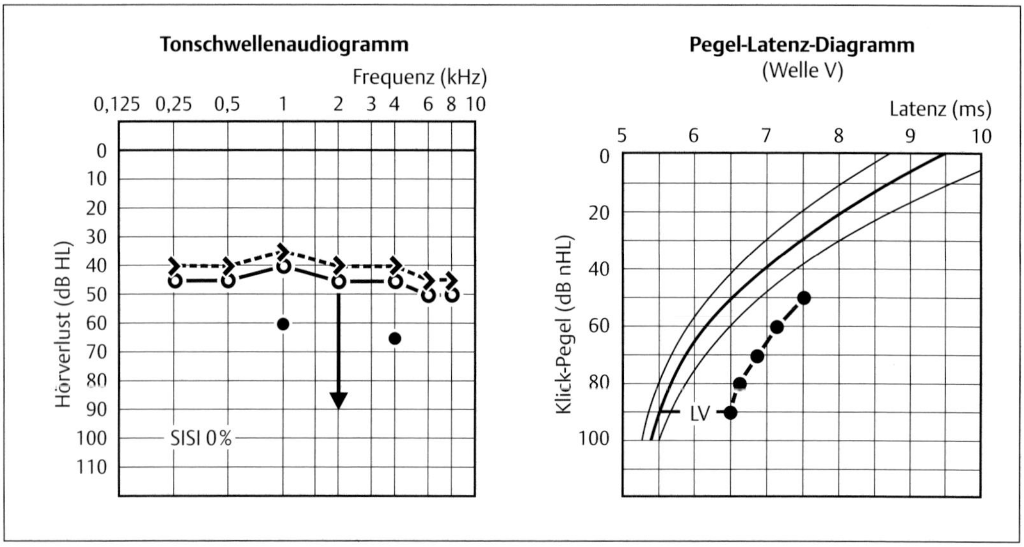

Abb. 13.**7** Tonschwellenaudiogramm und Pegel-Latenzkennlinie für Hörnervenschaden. LV: Laufzeitverlängerung.

Pankochleärer Hörverlust

Auch hier werden in Schwellennähe die leiseren, hohen Frequenzanteile des Klickreizes nicht mehr gehört, so dass im knapp überschwelligen Bereich längere Latenzen gefunden werden. Im Lautheitsausgleich erreicht die Latenz den Normalbereich. Die Kennlinie ist also hier stärker gekrümmt als im Normalfall (s. Abb. 13.**6**).

Hörnervenschaden

Die ermittelte Pegel-Latenzkennlinie ist für alle Pegel um den gleichen Zeitbetrag verschoben, welcher der Laufzeitverlängerung über den geschädigten Hörnerven entspricht (s. Abb. 13.**7**). Auch für diese Aussage ist der Ausschluss der anderen latenzverlängernden Faktoren notwendig. Sicherer ist daher die Auswertung der Latenzdifferenz von Welle V zur Welle I.

Anmerkungen

Die für einige Geräte verfügbare *zweikanalige* Registrierung ermöglicht unabhängig von der Wahl der Reizseite bei jeder Messung die gleichzeitige Darstellung der Potentialkurven zwischen den Elektrodenpaaren *Vertex – rechtes Mastoid* und *Vertex – linkes Mastoid*. Dabei ergeben sich zwei Vorteile: Die oft nur unsicher zu bestimmende Welle I muss auf der Seite des Reizohres sichtbar sein, auf der Gegenseite aber fehlen (vgl. Abb. 18.**16**). Die Welle V erscheint auf beiden Kanälen in gleicher Weise, ihre Schwelle ist also sicherer zu bestimmen. Die Ermittlung der *Latenzdifferenz* der Wellen V und I ist aber im gleichen Ableitkanal vorzunehmen.

Die Reizgabe kann auch über Knochenleitungshörer erfolgen. Die Potenziale sind dabei etwas unsicherer und nicht so schwellennah zu finden wie in Luftleitung.

Frequenzabhängige BERA

Bei der bisher beschriebenen BERA-Untersuchung werden Klickreize eingesetzt, die das Gehör in einem weiten Frequenzbereich (etwa 1–4 kHz) erregen. Dies ist der empfindlichste Hörbereich, der für die „Klick-Schwelle" bestimmend ist. Bei der Anpassung von Hörgeräten oder Sprachprozessoren vor allem bei Kleinkindern ist es aber wichtig, die Schwelle auch im Tieftonbereich zu messen, da diese meist besser ist als im Hochtonbereich. Es wurden daher Spezialverfahren entwickelt, die eine frequenzabhängige Schwellenermittlung ermöglichen.

Notched-Noise-BERA

Im Prinzip können zur Anregung von Hirnstammpotenzialen auch Tonreize verwendet werden. Diese dürfen aber nur eine kurze Zeit andauern, da die Ausbildung der Hirnstammreaktion nach wenigen Millisekunden abgeschlossen ist. Dabei ergeben sich 3 Probleme:

- Ein kurz andauernder Ton hat im Frequenzspektrum nicht nur eine Linie (wie ein Dauerton), sondern erregt einen breiteren Frequenzbereich (Abb. 13.**8 b**), so dass bei steilen Hörabfällen ungenaue Schwellen gefunden werden.
- Auch tieffrequente Reize laufen über den basalen Bereich der Basilarmembran, der an sich auf hohe Reizfrequenzen reagiert. Dies führt zu einer unerwünschten „basalen Miterregung" und damit zu falschen Schwellenwerten.
- Bei Frequenzen unter 1 kHz werden die Reizwellen so breit, dass die flache Einschaltflanke nur unscharfe Potenzialmuster erzeugt.

Die ersten beiden Probleme lassen sich durch eine spezielle Technik der Maskierung bei der *Notched-Noise-BERA* lösen (Abb. 13.**8**).

Durch eine Überlagerung der Tonreize mit Tief- und Hochpassrauschen bleibt nur der mittlere Anteil des Reizspektrums wirksam, so dass die basale Miterregung und die Anregung durch die spektralen Nebengipfel verhindert werden. Wegen der flacheren Anstiegsflanken der Reize, speziell bei tiefen Frequenzen, sind die Potenziale aber nicht so gut ausgebildet wie für Klickreize. Daher wird diese Untersuchung meist in Sedierung vorgenommen, und bei der Potenzialgewinnung werden besondere mathematische Verfahren zur Störunterdrückung eingesetzt.

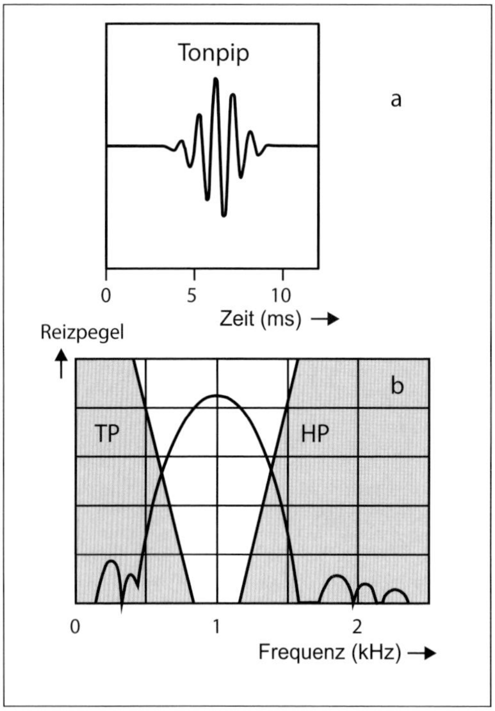

Abb. 13.**8** Notched-Noise-BERA.
a Tonpip der Frequenz 1 kHz.
b Frequenzspektrum des Tonpips mit überlagertem Tiefpass- (TP-) und Hochpass- (HP-) Rauschen. Zwischen den maskierten Bereichen bleibt eine unmaskierte Lücke („Notch").

Die Abb. 13.**9** zeigt Potenzialkurven eines normalhörenden Erwachsenen für ansteigende Messpegel. Die markierte Hirnstammwelle V ist von breiten Potenzialen mittlerer Latenz überlagert, die bei der Schwellensuche hilfreich, bei Kleinkindern aber noch nicht ausgebildet sind.

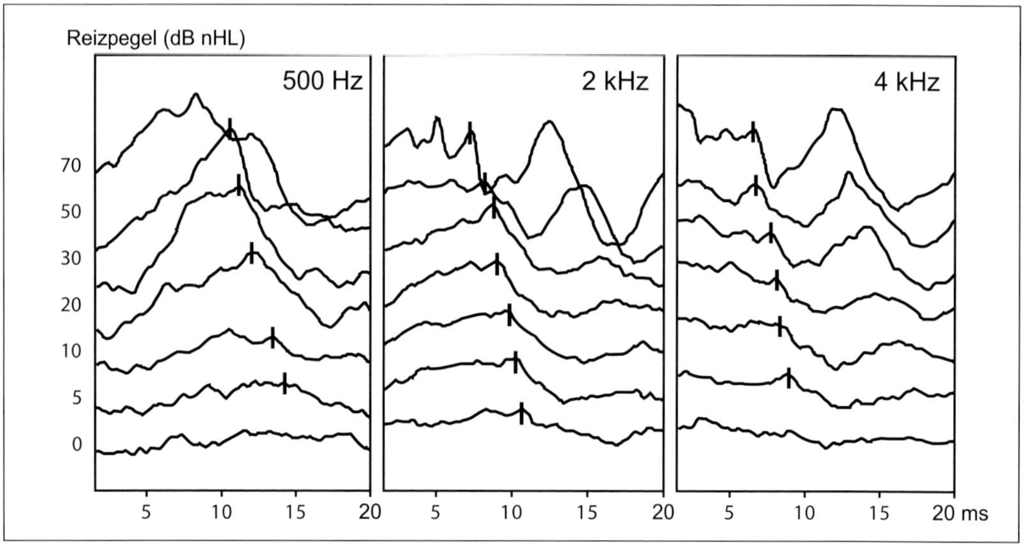

Abb. 13.**9** Messergebnis an einem normalhörenden Erwachsenen. Potenzialkurven bei den Messfrequenzen 0,5, 2 und 4 kHz, Reizpegel von 0 bis 70 dB nHL. Markierung für die Welle V.

Chirp-BERA

Einen *Chirp* (Zwitschern, Zirpen) hat jeder schon von einem Sittich gehört: einen Pfiff, der seine Tonhöhe kontinuierlich von tiefen zu hohen Frequenzen ändert. Dieser akustische Reiz ist zur Untersuchung des Gehörs auf besondere Weise geeignet. Hohe Frequenzen erregen die Basilarmembran im basalen Anfang nach sehr kurzer Laufzeit, während tiefe Frequenzen bis in den apikalen Bereich eine längere Laufzeit benötigen (Kapitel 1). Formt man den Zeitverlauf eines Chirps so, dass die kochleären Laufzeiten genau ausgeglichen werden, wird die gesamte Basilarmembran gleichzeitig erregt.

Damit wird ein besonders hohes Summenpotenzial ausgelöst, das allerdings keine Unterscheidung der Erregung verschiedener Frequenzbereiche erlaubt. Eine frequenzspezifische Untersuchung gelingt durch eine Aufteilung des Chirp in zwei (0,1–0,85 und 1–10 kHz) oder in drei (0,1–0,5, 0,5–3 und 3–10 kHz) Teile. Der Zeitverlauf eines „Low-Chirp" ist in der Abb. 13.**10** dargestellt.

Wie in der Notched-Noise-BERA wird bei Anwendung des tieffrequenten Chirp eine basale Miterregung durch überlagertes Hochpassrauschen vermieden. Die Hirnstammwelle V ist wegen des weiter angeregten Frequenzbereiches der Basilarmembran größer bzw. schneller summiert als bei der Notched-Noise-BERA, in der frequenzspezifischen Aussage aber ungenauer.

Die BERA mit Low-Chirp-Reiz für den tieffrequenten Bereich und die Klick-BERA für den Hochtonbereich sind zurzeit die günstigsten Verfahren zur Anpassung von Hörgeräten bei Kleinkindern.

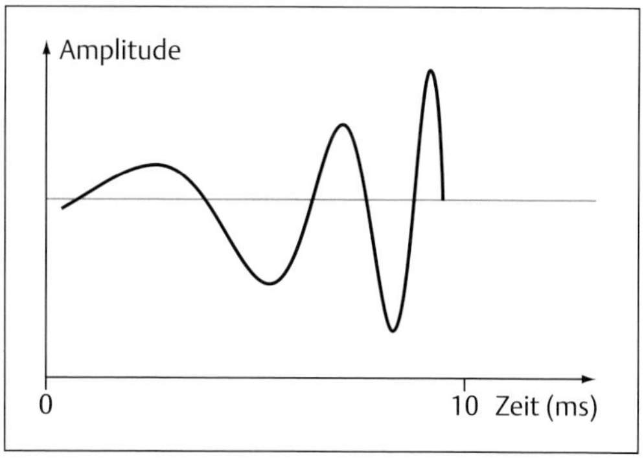

Abb. 13.**10** Chirp-Reiz im tiefen Frequenzbereich (100–850 Hz).

Auditory Steady-State Evoked Responses (ASSR)

Die ASSR sind elektrische Potenziale des auditorischen Systems, die während der gesamten Dauer eines lang anhaltenden akustischen Reizes entstehen und dabei der Zeitstruktur des Reizes folgen. Zur Erregung dieser Potenziale wird meist ein Ton der gewünschten Untersuchungsfrequenz (Trägerfrequenz) im Takt einer deutlich niedrigeren Modulationsfrequenz in seiner Amplitude oder Frequenz moduliert. Die Potenziale bestehen dann aus einer Welle mit der Periode der Modulationsfrequenz. Vereinfacht kann man den Vorgang so beschreiben, dass jede Flanke der modulierenden Hüllkurve wie ein „Tonpip" (vgl. Abb. 13.**8 a**) ein Potenzial auslöst; durch die Überlappung dieser Einzelpotenziale entsteht dann die Potenzialwelle mit der Modulationsfrequenz.

Die Abb. 13.**11** zeigt den Zeitverlauf des akustischen Reizes: Ein Ton der Frequenz von 1000 Hz wird mit einer Frequenz von 85 Hz in seiner Amplitude moduliert, die also im Zeitbereich von 100 ms etwa 9mal schwankt. Im Frequenzspektrum (s. Kap. 3) des Reizes (Abb. 13.**11**) ist die Trägerfrequenz von 1000 Hz zu erkennen. Die Amplitudenmodulation wird durch zwei zusätzliche Frequenzlinien dargestellt, die jeweils im Abstand der Modulationsfrequenz unterhalb und oberhalb der Trägerfrequenz liegen. Entsprechend diesen 3 Spektrallinien wird die Basilarmembran in einem sehr engen Bereich erregt; die Untersuchung hat daher eine hohe Frequenzspezifität.

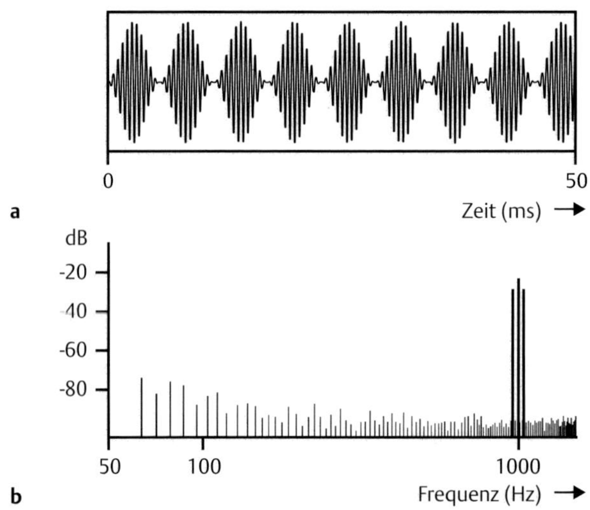

Abb. 13.**11** Akustischer Reiz zur Auslösung von ASSR.
a Zeitverlauf: Amplitudenmodulierter Ton (Trägerfrequenz 1 kHz, Modulationsfrequenz 85 Hz).
b Frequenzspektrum: Das amplitudenmodulierte Signal wird durch die Linie der Trägerfrequenz und die benachbarten Spektrallinien im Abstand von 85 Hz (Modulationsfrequenz) dargestellt.

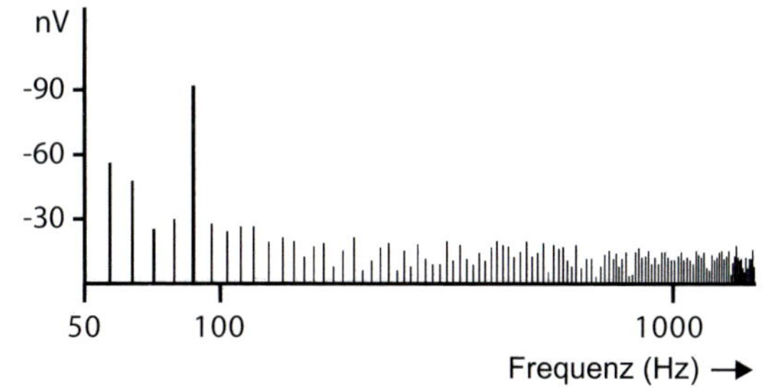

Abb. 13.**12** Frequenzspektrum der registrierten ASSR mit einer Linie bei der Modulationsfrequenz 85 Hz.

Das Spektrum der ASSR ist in der Abb. 13.**12** dargestellt. Die abgeleitete elektrische Welle erscheint nach der Frequenzanalyse als Spektrallinie der Modulationsfrequenz von 85 Hz.

Ursprung und Eigenschaften

ASSR sind in einem weiten Bereich der Modulationsfrequenz ableitbar. Sie sind in den Bereichen um 40 Hz und 80 Hz aber besonders gut ausgeprägt; hier werden offenbar oszillatorische Wechselwirkungen spezieller Hirnbereiche angeregt. Die Amplituden der 80-Hz-Potenziale sind zwar beim wachen Erwachsenen nur etwa halb so groß wie die der 40-Hz-Potenziale, werden aber viel weniger durch die EEG-Aktivität des β-Bandes gestört und sind dadurch oft besser abzuleiten.

Als Ursprungsort für die 40-Hz-Potenziale werden wie für die evozierten Potenziale mittlerer Latenz (vgl. Abb. 13.**1**) der Thalamus und der auditorische Kortex angenommen, während die 80-Hz-Potenziale wie die frühen Potenziale (BERA) im Hirnstamm entstehen. Die Einflüsse des Alters und der Vigilanz sind daher in beiden Bereichen unterschiedlich: Die Ausprägung der 40-Hz-Potenziale ist im Schlaf und bei Sedierung instabiler als im wachen Zustand, während die 80-Hz-Potenziale von der Vigilanz weitgehend unabhängig sind. Mit dem Alter nimmt die Amplitude der 40-Hz-Potenziale bei kleinen Kindern stark zu und erreicht mit 14 Jahren den Wert für Erwachsene. Die 80-Hz-Potenziale wachsen mit dem Alter nur gering und sind bis zum Alter von 3 Jahren größer als die 40-Hz-Reaktion. Für die Untersuchung von Neugeborenen und Kleinkindern wird daher die höhere Modulationsfrequenz verwendet. Dabei werden aber, wie bei der BERA, Schädigungen in höheren kortikalen Bereichen nicht erfasst.

Durchführung

Der modulierte Trägerton wird über Kopf- oder Einsteckhörer zugeführt. Für die Träger- und Modulationsfrequenz werden oft ungerade Werte verwendet, weil für die ungestörte dauerhafte Ausgabe des modulierten Tons in festen Zeitabschnitten ganzzahlige Vielfache der Perioden beider Frequenzen vorliegen müssen. Eine Verringerung der Messzeit wird durch eine simultane Reizung mit mehreren Untersuchungsfrequenzen erreicht. Bei einem Abstand von einer Oktave beeinflussen sich die Ergebnisse nicht. Zur Unterscheidung der Messergebnisse wird für jede Trägerfrequenz eine unterschiedliche Modulationsfrequenz verwendet. Eine typische Konstellation der Reizfrequenzen ist in Tab. 13.**1** dargestellt.

Die Ableitung der ASSR erfolgt wie bei der ERA mit Oberflächen-Elektroden am Vertex und am Mastoid mit der Masseelektrode auf der Stirn. Eine Artefaktkontrolle schließt Abschnitte mit ungewöhnlich hohen Signalamplituden von der Auswertung aus.

Tab. 13.**1** Typische Konstellation der Reizfrequenzen bei der ASSR.

Trägerfrequenz [Hz]	500	1000	2000	4000
Modulationsfrequenz [Hz]	79	85	98	110

Auswertung

Die Analyse der Messdaten erfolgt nicht wie bei der ERA mit zeitlich gemittelten Potenzialkurven, sondern durch die Auswertung des Spektrums nach Mittelung im Frequenzbereich. Der Nachweis einer Reizantwort wird nicht wie noch sehr häufig bei der BERA vom erfahrenen Untersucher, sondern durch Auswertungsprogramme mit unterschiedlichen statistischen Testverfahren vorgenommen. Dazu wird z. B. das Verhältnis der spektralen Antwort zum umgebenden Restrauschen bestimmt („F-Test") oder die „Kohärenz" der Amplituden und Phasen der ASSR im Verlauf einer Messung ausgewertet.

Die Genauigkeit der Hörschwellenbestimmung hängt zurzeit noch vom Entwicklungsstand der verwendeten Messapparaturen, dabei vor allem von der Qualität der statistischen Auswertung ab. In neueren Untersuchungen werden für Erwachsene Schwellenwerte von 10–20 dB über der subjektiven Hörschwelle angegeben. Die Reaktionsschwellen der ASSR werden bei Kleinkindern vor allem für tiefe Messfrequenzen etwa 20–30 dB über denen der Erwachsenen gefunden. Beim ruhigen Erwachsenen können die Schwellen für 4 simultan angebotene Frequenzen bei 6 Pegelstufen in etwa 45 min gemessen werden; bei unruhigen Kindern können wesentlich längere Zeiten erforderlich sein.

Mittlere akustisch evozierte Potenziale

Die akustisch evozierten Potenziale *mittlerer Latenz* werden bisher selten verwendet, da sie bei Kindern noch unsicher ausgeprägt sind und die Ableitung oft störend durch Muskelreaktionen aus dem Nacken oder Mittelohr überlagert ist. Gegenüber der BERA ist vorteilhaft, dass auch für kurze Töne tiefer Frequenzen bis 250 Hz noch Reaktionen ableitbar sind.

Späte akustisch evozierte Potenziale

Da die späten Potenziale in der Hirnrinde entstehen, sind ihre Amplituden so groß, dass eine Mittelung über 100 EEG-Abschnitte meist genügt. Dies erbringt aber keinen Zeitvorteil gegenüber der BERA, da die Tonreize in größeren Zeitabständen eintreffen müssen. Am deutlichsten erkennbar ist die Welle N_1–P_2 (Abb. 13.**12**) im Latenzbereich von 100–200 ms. Die Auswertung kortikaler Potenziale bietet im Vergleich mit der BERA die folgenden Vorteile:

- Die Messung am Ende der Hörbahn erfasst die Gesamtheit aller organischen Hörschäden.
- Da sich wegen der längeren Latenz auch längere Tonreize einsetzen lassen, kann objektiv die frequenzabhängige Hörschwelle ermittelt werden.

Das Problem dieser Untersuchung ist die Abhängigkeit von der Vigilanz und vom Lebensalter. Bei Kindern ist die Ausprägung der späten akustischen Potenziale oft erst im zweiten Lebensjahr zu erwarten. Der Reifungsprozess des auditorischen Kortex vollzieht sich bis zur Pubertät, was die Variabilität der Latenzen erklären kann.

Schläft der Patient z. B. im Verlauf der Mittelwertbildung ein, so verwischt sich wegen der veränderten Latenzen das Ergebnis, und es erscheint am Ende der Untersuchung kein deutliches Potenzial. Ein Ausfall der späten Reaktion ist also nicht immer als Hinweis auf eine Schwerhörigkeit zu deuten. Trotzdem sind die kortikalen Potenziale zur frequenzabhängigen Schwellenbestim-

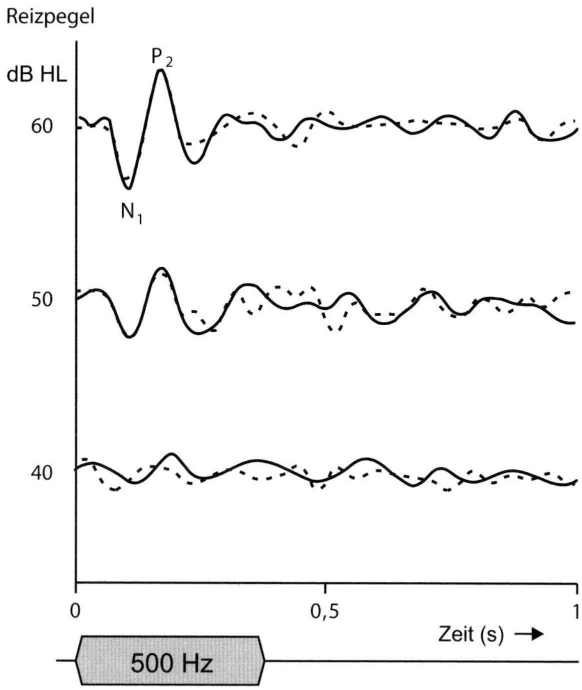

Abb. 13.**13** Schwellensuche mit kortikalen Potenzialen (zweikanalige Ableitung). Für Reizpegel von 60 und 50 dB HL sind im Latenzbereich bis 200 ms deutliche Potenziale zu erkennen; bei 40 dB bleibt die Reaktion aus. Die objektive Schwelle ist also bei 50 dB gefunden worden. Die Hörschwelle liegt meist um 10–20 dB niedriger.

mung am ruhigen, wachen Erwachsenen geeigneter als die BERA. Anwendungen ergeben sich bei der Begutachtung und der Abklärung einer Aggravation oder psychogenen Schwerhörigkeit.

Durchführung

Die objektive Hörprüfung mit kortikalen akustisch evozierten Potenzialen kann nur mit speziell dafür ausgerüsteten Geräten erfolgen: Der registrierte EEG-Abschnitt sollte mindestens eine halbe Sekunde umfassen; ein längeres Zeitfenster von z. B. 1 Sekunde erleichtert in Schwellennähe die Potenzialerkennung im Vergleich mit dem folgenden potenzialfreien Abschnitt. Der Tonreiz oder Rauschimpuls mit einer Dauer von mindestens 200 ms wird in unregelmäßigen Abständen von etwa 2 Sekunden dargeboten. Die Lage der Elektroden ist die gleiche wie bei der BERA-Untersuchung.

Es ist besonders darauf zu achten, dass sich während der Untersuchung die Vigilanz des Patienten nicht ändert. Erwachsene Patienten sollten wach bleiben, Kleinkinder sind am besten in einem ruhigen wachen Zustand (evtl. beim Betrachten von geeigneten Videofilmen) zu untersuchen. Eine Sedierung ändert die Potenzialform stark; in Narkose sind späte Potenziale nicht registrierbar. Die Vertäubung erfolgt nach den üblichen Regeln, wobei Rauschpegel über 60 dB zu vermeiden sind. Die Untersuchung kann auch in Knochenleitung und im Freifeld, also z. B. an Patienten mit Hörgeräten durchgeführt werden.

Auswertung

Bei der klinischen Untersuchung sind die Amplitude und Latenz der späten Wellen für eine genaue Auswertung meist zu unsicher. Es genügt in der Praxis, den geringsten Reizpegel zu ermitteln, bei dem noch eine Reaktion auftritt. Dieser Schwellenwert ist durch eine Messung mit um 10 dB tieferem Pegel abzusichern, deren Ergebnis kein Potenzial enthält (vgl. Abb. 13.**13**). Die subjektive Hörschwelle liegt meist um 10 bis 20 dB besser als der objektiv bestimmte Schwellenpegel. Die Bewertung muss aber immer unter dem Gesichtspunkt vorgenommen werden, dass eine vorhandene Reaktion die Hörfunktion bestätigt, das Fehlen einer Reaktion aber auch andere Gründe haben kann (z. B. Unruhe oder Vigilanzschwankung). Aber auch eine anscheinend vorhandene Reaktion kann mit nicht ausreichend heraus gemittelten EEG-Resten oder Störungen verwechselt werden.

14 Kinderaudiometrie

Hörprüfungen im Kindesalter werden vor allem durch mangelnde Kooperationsfähigkeit und schnell nachlassende Aufmerksamkeit der kleinen Patienten charakterisiert. Bei der Kinderaudiometrie muss der jeweilige körperliche und geistige Entwicklungsstand, aber auch die Entwicklung der Hörfunktion selbst, die sich vor allem in den ersten Lebensjahren noch sehr verändert, Berücksichtigung finden. Generell verlangen kindliche Hörprüfungen vom Untersucher viel Einfühlungsvermögen, Geduld und vor allem Zeit. Aber auch die Einrichtung der Untersuchungsräume sollte auf die Bedürfnisse der Kinder und deren Eltern (Mutter oder Vater werden in der Regel während der gesamten Untersuchung zugegen sein) abgestimmt sein. Ein Großteil der Untersuchungszeit muss vor allem für die Eingewöhnungsphase investiert werden, in der sich das Kind an Untersucher, Raum und Messgeräte gewöhnen soll. Für die eigentliche Hörprüfung bleibt bei kleineren Kindern dann eventuell nur eine kurze Zeitspanne, sodass mehrere Sitzungen für eine eindeutige Diagnose erforderlich werden können. In schwierigen oder unklaren Fällen sollte frühzeitig ein pädaudiologisches Zentrum mit entsprechender Ausrüstung und erfahrenem Personal konsultiert werden.

Neugeborenen-Hörscreening

Die Reifung der zentralen Hörbahnen vollzieht sich im Wesentlichen innerhalb des ersten Lebenshalbjahres und verläuft nur dann normal, wenn akustische Informationen verarbeitet werden können. Daher führt schon eine geringgradige permanente Hörstörung zu später nur sehr schwer oder gar nicht mehr therapierbaren Defiziten bei der auditiven Wahrnehmung und Verarbeitung. Aber auch vorübergehende Hörstörungen können ab einem Hörverlust von 30 dB bei Fortbestehen oder Rezidivieren über insgesamt mehr als 3 Monate pro Jahr bleibende Schäden auf sprachlicher, sozialer und intellektueller Ebene verursachen.

Bei reifen Neugeborenen beträgt der Anteil angeborener bleibender Hörstörungen etwa 2 pro 1000 Geburten. In Risikogruppen (z. B. bei Schwangerschaftsproblemen, schwierigen Geburten oder Frühgeburten) muss mit einem 10fachen Anteil gerechnet werden. Um diese Hörstörungen zu erkennen, haben Neugeborene bzw. deren Eltern seit 2009 einen Anspruch auf die Teilnahme am Neugeborenen-Hörscreening, einer Hördiagnostik mit objektiven audiometrischen Methoden.

Die Untersuchung soll bis zum 3. Lebenstag durchgeführt werden, spätestens im Rahmen der Vorsorgeuntersuchung U2 (3.–10. Lebenstag). Bei auffälligem Befund ist sofort eine Kontrolluntersuchung vorzunehmen. Sollte diese ebenfalls auffällig sein, muss eine umfassende pädaudiologische Bestätigungs- oder Konfirmationsdiagnostik bis zur 12. Lebenswoche erfolgen.

Untersuchungsmethodik

Die Untersuchung hat das Ziel, für beide Ohren einen Hörverlust ab 35 dB festzustellen. Es werden zwei Verfahren angewendet: Die Registrierung otoakustischer Emissionen (TEOAE) oder die *AABR* (automatische Hirnstammaudiometrie). Für Risikokinder mit konnatalen Hörstörungen und für die Kontrolluntersuchungen ist die sicherere Methode der AABR vorzusehen. Messung und Bewertung erfolgen automatisch, und als Ergebnis wird lediglich ein *pass* (bestanden) oder *fail* (nicht bestanden) ausgegeben. Der Reizpegel beträgt jeweils 35 dBHL.

Die TEOAE werden frequenzspezifisch im Bereich von 1,5–4 kHz mit einer speziellen Neugeborenensonde in wenigen Sekunden pro Ohr gemessen. Die AABR erfordert das Anlegen von Elektroden und eine etwas längere Untersuchungsdauer (ca. 90 s). Dabei erfolgt auch ein automatischer Test der Elektrodenimpedanz. Die Messung wird beidseits simultan mit einem Chirp im Frequenzbereich von 1–4 kHz vorgenommen. Bei beiden Messungen ist eine ruhige Umgebung erforderlich. Es ist zudem abzusichern, dass das Ergebnis nicht durch Mittelohrprobleme verfälscht wird.

Für die Konfirmationsdiagnostik werden die folgenden objektiven Hörprüfmethoden empfohlen:

- Eine Tympanometrie mit Registrierung des Stapediusreflexes dient zur Abklärung der Mittelohrfunktion.
- Die Messung der TEOAE mit 80 dB SPL Reizpegel prüft die Funktion der äußeren Haarzellen. Bei auffälligen TEOAE ist die Messung der schwellennahen DPOAE erforderlich.
- Die BERA gibt Auskunft über die periphere Hörschwelle und die Ursache der Störung (Mittelohr-, Innenohr- oder neurale Schädigung bzw. verzögerte Hörbahnreifung). Dazu sind die überschwelligen Pegel-Latenzkennlinien für Klickreize (wenn sinnvoll auch in Knochenleitung) zu messen.

Die Hörschwelle lässt sich im Hochtonbetrieb am einfachsten mit Klickreizen bestimmen. Im Tieftonbereich kann die Schwelle bei 500 Hz mit Tonimpulsen (Notched-Noise-BERA), mit Chirp-Reizen oder durch die ASSR-Messung gefunden werden. Diese Verfahren können zusätzlich auch im Hochtonbereich eingesetzt werden.

Methoden der Kinderaudiometrie

Bei einem Verdacht auf das Vorliegen einer Hörstörung sind eine differenzierte, möglichst frequenzspezifische Ermittlung der Hörschwelle und eine Topodiagnostik im Hinblick auf eine möglichst optimale Hörgeräteversorgung oder anderweitige Therapie von größter Wichtigkeit. Dabei können die im Folgenden besprochenen Methoden zum Einsatz kommen, die in der Abb. 14.1 in Abhängigkeit vom jeweiligen Entwicklungsalter dargestellt sind. Bei den empfohlenen Altersangaben handelt es sich um allgemeine Erfahrungswerte.

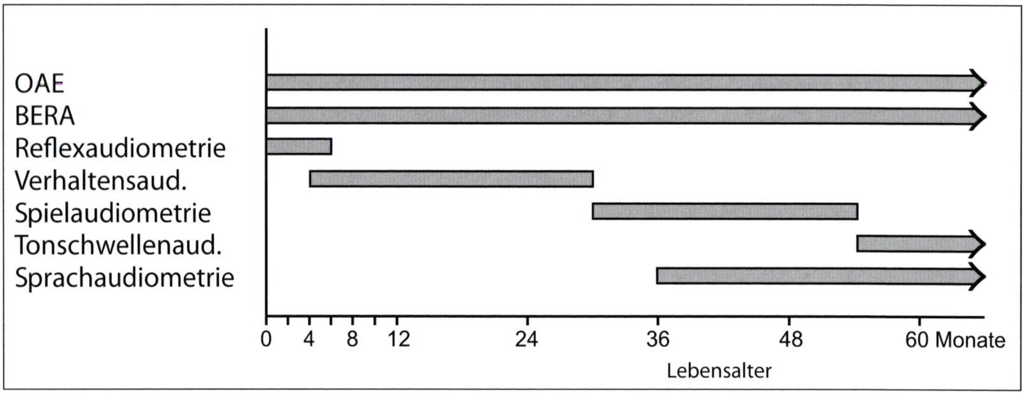

Abb. 14.1 Die verwendbaren Hörprüfmethoden in Abhängigkeit vom Entwicklungsalter.

Reflexaudiometrie

Die Auslösung unbedingter (d.h. unwillkürlich, ohne Konditionierung auslösbarer) Reflexe bei Pegeln über 70–90 dB SPL kann Hinweise auf das Hörvermögen bei Säuglingen und Kleinkindern erbringen. Da bei der Innenohrhörstörung trotz angehobener Schwelle laute Töne praktisch normal gehört werden (Lautheitsausgleich, s. Kapitel 7) kann ein geringer Innenohrhörverlust mit dieser Methode nicht bemerkt werden. Die Reflexaudiometrie kommt daher heute meist nur noch orientierend zur Anwendung, zumal die Reaktionen beim Säugling am besten beurteilt werden können, wenn er aufmerksam ist. Ein Vorteil ist der geringe Geräteaufwand (z. B. beim Auslösen des Auropalpebralreflexes durch Klatschen).

> Normale Reflexe auf laute Töne erlauben keine Aussage über die Hörschwelle.

Die Prüfung erfolgt im freien Schallfeld mit Wobbeltönen oder Geräuschen über Lautsprecher oder durch Schallerzeuger selbst. Bei der Durchführung ist vor allem darauf zu achten, dass keine zusätzlichen taktilen (beispielsweise durch Windzug beim Klatschen) oder visuellen Reize verursacht werden. Die Reaktionen des Säuglings werden genau beobachtet und registriert.

In Abhängigkeit vom Lebensalter können folgende Reflexe beobachtet werden:

- *Moro-Schreck-Reflex*: deutlich bis ca. zum 3., maximal bis zum 6. Lebensmonat; Umklammerungsbewegung mit den Armen nach kurzer Streckung
- *Auropalpebral-Reflex:* nicht altersabhängig; Lidschluss der Augen
- *Stapediusreflex* (vgl. Kap. 11), nicht altersabhängig, aber wegen der Hörbahnreifung bei Säuglingen teilweise noch schlecht auslösbar.

Verhaltensaudiometrie

Da Kinder bis zu einem Alter von ca. 2,5 Jahren erfahrungsgemäß noch nicht in der Lage sind, aktiv bei einer Hörprüfung mitzuarbeiten, ist man bis zu diesem Alter auf die Verhaltensbeobachtungen nach akustischen Reizen im freien Schallfeld angewiesen. Es wird zwischen Ablenktests (*Ablenkaudiometrie*) und *Freifeldaudiometrie mit Konditionierung* (durch Kombination mit visuellen Reizen) unterschieden.

Im eigentlichen Sinne wird bei der Verhaltensaudiometrie die Reaktionsschwelle bestimmt. Wie weit sich diese Reaktionsschwelle der eigentlichen Hörschwelle annähert, hängt von der Qualität der Hörprüfung und vom Entwicklungsalter ab. Im Gegensatz zur objektiv, durch frühe akustisch evozierte Potenziale bestimmbaren Hörschwelle, die schon bei der Geburt nahezu erwachsenen Schwellenwerten entspricht, wird die normale Hör- bzw. Reaktionsschwelle erst im Alter von ca. 6 Jahren erreicht (siehe Abb. 14.**2**). Bei Kleinkindern ist sie noch um 25–30 dB schlechter und die Beeinträchtigung der Wahrnehmung von Signalen durch Störlärm wesentlich größer als bei Erwachsenen. Eine ungezielte Ablenkung der Kinder sollte nicht nur auditiv, sondern auch von visueller und taktiler Seite her ausgeschlossen werden. Da die Kinder während der Untersuchung meist auf dem Schoß eines Elternteils bzw. einer Bezugsperson sitzen, ist es besonders wichtig, diese entsprechend zu instruieren.

Zentrale Störungen z. B. des Richtungshörens, Habituation bei zu langer Untersuchungsdauer und zeitlich mit dem Testreiz korrelierende andere Reize (Lichtreflexe, Bewegungen) können zu falschen Ergebnissen führen. Um frequenzspezifische Aussagen über die Hörschwelle machen zu können, sollten neben breitbandigem Rauschen und Wobbeltönen möglichst auch schmalbandige Geräusche zum Einsatz kommen (dafür stehen ggf. auch bandpassgefilterte Geräusche des täglichen Lebens zur Verfügung), wobei Säuglinge auf Sinustöne meist schlechter reagieren als auf natürliche Geräusche.

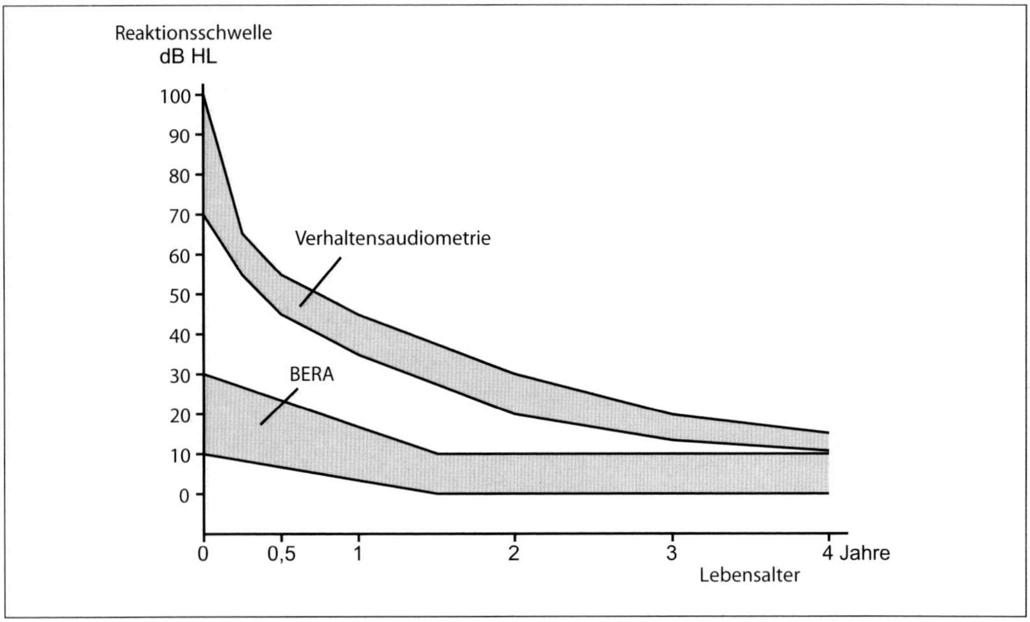

Abb. 14.2 Reaktionsschwellen normalhörender Kinder für akustische Reize bei der Verhaltensaudiometrie und BERA in Abhängigkeit vom Lebensalter (nach Heinemann).

Ablenkaudiometrie

Diese Form der Verhaltensaudiometrie eignet sich mit den o. g. Einschränkungen auch schon für Säuglinge ab ca. dem 4. Monat und stellt einen fließenden Übergang von der Reflexaudiometrie dar. Die Kinder können dabei liegen oder wenn bereits möglich auf dem Schoß einer Bezugsperson sitzen. Beobachtet und in einem sog. Ablenkaudiogramm registriert werden im Freifeld Verhaltensänderungen der Kinder wie Extremitäten- oder Augenbewegungen, Änderungen von Saugaktionen oder des Pulses, Innehalten der Atmung und mit zunehmendem Alter vor allem Kopfhinwendungsreaktionen zum entsprechenden Lautsprecher. Dabei müssen das Entwicklungsalter und die individuellen physischen Voraussetzung jedes Kindes (Ausmaß und Art der Kopfbewegung, Lokalisation etwa ab dem 4. Lebensmonat möglich) besondere Berücksichtigung finden. Oftmals sind vor allem die frühen, unbewussten Reaktionen schlecht reproduzierbar. Ablenktests haben als alleinige Untersuchungsmethode vorwiegend einen orientierenden Charakter im Sinne eines Screenings und sollten nie ohne zusätzliche objektive Methoden zur Anwendung kommen.

Ursprünglich wurden Ablenktests mit natürlichen Schallerzeugern (Musikinstrumente etc.) durchgeführt, was aber durch Variationen von Anschlagslautstärke, Entfernung, Raumakustik und visueller Ablenkung das Ergebnis zusätzlich verfälschen kann. Heute sollten im Rahmen einer Kinderaudiometrie natürliche Schallquellen, Geräusche des täglichen Lebens, Kinderlieder in Form von auf CD gespeicherten Signalen mit genau definierbaren Pegeln über ein Audiometer zum Einsatz kommen. Ebenso eignen sich Wobbeltöne. Das Erreichen der Schmerzschwelle muss aber nach Möglichkeit bei allen Untersuchungen vermieden werden. Jede Antwort des Kindes sollte durch positive Reaktionen belohnt werden.

Freifeldaudiometrie mit Konditionierung

Der wesentliche Unterschied dieser Methode gegenüber den Ablenktests besteht in der Konditionierung: Der Tonreiz wird durch einen nachfolgenden attraktiven visuellen Reiz verstärkt bzw. belohnt (VRA = Visual Reinforcement Audiometry). Wird diese Kombination mehrfach wiederholt, so führt die alleinige Gabe des Tonreizes zur Erwartung des attraktiven Reizes, was zu einer Reaktionsverbesserung führt (Kleinkinder zeigen für visuelle Reize ein größeres Interesse als für akustische). Dadurch ist eine höhere Genauigkeit und Reproduzierbarkeit der Schwellenbestimmung und geringere Streuung im Sinne einer quantitativen Hörprüfung zu erreichen. Wichtig sind eine ausreichend lange Konditionierungsphase und jeweils nachfolgende positive Reaktionen durch den Untersucher. Die Methode kann ab ca. dem 4.–6. Lebensmonat zum Einsatz kommen. Ab einem Alter von ca. 2,5 Jahren ist mit dieser Methode das Interesse der Kinder allerdings kaum noch zu wecken.

Dem Kind werden über Lautsprecher Wobbeltöne oder Schmalbandgeräusche angeboten. Die auf den Testreiz folgende Suchreaktion des Kindes wird durch einen visuellen Reiz belohnt. Dieses setzt eine entsprechende Audiometrieanlage voraus, die es ermöglicht, direkt neben den Lautsprechern entsprechende visuelle Reize (Dia-Lichtkästen, Monitore mit wechselnden Bildern, Blinklichter oder entsprechend steuerbare, bewegliche Stofftiere) kurz zu aktivieren. Der Belohnungsreiz sollte dabei in einem jeweils definierbaren zeitlichen Abstand zum akustischen folgen. Eine seitengetrennte Aussage über die Hörschwelle ist mit einer Freifelduntersuchung allerdings nur bedingt möglich. Wichtig ist auch hierbei, dass mögliche Untersuchungsergebnisse besonders im Fall einer vermuteten Hörstörung durch objektive Methoden belegt werden.

Spielaudiometrie

Die Verknüpfung der Hörprüfung mit Spielhandlungen lässt ab einem Alter von ca. 2,5 Jahren bereits eine relativ genaue Bestimmung der Hörschwelle mittels Tönen und Geräuschen über das gesamte Frequenzband zu. Die Dokumentation erfolgt in den der Erwachsenenaudiometrie entsprechenden Formularen.

Ist anfangs eine Prüfung meistens nur im freien Schallfeld möglich, so werden mit zunehmendem Alter auch differenziertere Messungen mit Kopfhörern oder auch Knochenleitungshörern möglich. Während der Untersuchung können ängstliche Kinder auch beispielsweise auf dem Schoß der Mutter sitzen, wenn die Eltern sich entsprechend „neutral" verhalten. Eine Ablenkung durch andere Personen oder andere visuelle Reize sollte natürlich vermieden werden. Für die Durchführung muss dem jeweiligen Alter entsprechendes Spielmaterial verwendet werden.

Bewährt hat sich bei Kindern ab ca. 3 Jahren beispielsweise ein Setzkasten oder Steckbrett, bei dem die Kinder durch das Setzen eines Klötzchens den gerade gehörten Ton signalisieren („das Bienchen" bei mittleren, „die Mücke" bei hohen und „den Brummkäfer" bei tiefen Tönen „wegzaubern"). Wichtig ist hierbei ebenfalls die Vorbereitungsphase, in der die Spielhandlung geübt (konditioniert) wird. Die Spielhandlungen sollten so klar und so einfach verständlich wie möglich sein. Sie können auch mit dem Ende des Tons oder über die gesamte Hörphase verknüpft werden, was aber oft auch von der Übung des Untersuchers mit dem entsprechenden Verfahren und von den individuellen Möglichkeiten des Kindes abhängt.

Um gute Resultate zu erzielen, sind auf jeden Fall hohes Einfühlungsvermögen und große Erfahrung des Untersuchers sowie eine stressfreie kindgemäße Spielatmosphäre notwendig. Nach den Spielhandlungen ist eine positive Bestätigung durch den Untersucher besonders wichtig *(„Das hast Du aber toll gemacht!")*. Auf keinen Fall darf ein Kind aber zu Reaktionen gedrängt werden (auf Eltern achten!). Je jünger die Kinder sind, desto verzögerter ist auch mit den entsprechenden Spielhandlungen zu rechnen. Alle Beteiligten sollten sich für die Untersuchung ausreichend Zeit nehmen. Vorsicht ist bei allzu interessanten Spielhandlungen (beispielsweise elektrische Eisenbahn) geboten, bei denen die Kinder auch ohne entsprechende Tonreize zu spielen beginnen.

Sprachaudiometrie bei Kindern

Die Sprachaudiometrie muss bei Kindern vor allem auf den unterschiedlichen Stand der Sprachentwicklung eingehen. Vor allem muss auch bei hörgestörten Kindern der durch die audiogene Sprachentwicklungsstörung reduzierte Wortschatz beachtet werden. Hinzu kommt, dass bei bestehenden Artikulationsstörungen die Wiedergabe der gehörten Wörter stark eingeschränkt sein kann, so dass eine Differenzierung zwischen Sprachverständnis und Aussprache sehr schwer wird. Wie bei der Spielaudiometrie erfolgen die Messungen in Abhängigkeit von Alter und individuellen Voraussetzungen im freien Schallfeld oder auch über Kopf- und Knochenleitungshörer. Es sind die gleichen Untersuchungsbedingungen zu beachten.

Bildtests

Mittels kleiner Bildtafeln, auf denen die entsprechenden, einfachen Prüfwörter als farbige Zeichnungen dargestellt sind, kann das prozentuale Sprachverständnis durch Zeigen der Tafeln ermittelt werden. Auch eine Hörweitenprüfung ist so relativ einfach möglich (dabei sollten allerdings kurze Sätze wie „zeig mir den Hund" oder „wo ist der Ball" verwendet werden).

Mainzer Kindersprachtest

Dieser Sprachtest wurde entsprechend dem Wortschatz normalhörender Kinder für 3 Altersgruppen standardisiert:
- Gruppe I: 4 Jahre
- Gruppe II: 4 bis 5 Jahre
- Gruppe III: 6 bis 8 Jahre

Zu den Tests I und II sind Bildkärtchen erhältlich.

Göttinger Kindersprachverständnistest

Das Wortmaterial dieses Tests liegt ebenfalls für zwei Altersgruppen vor:
- Test I: 3 bis 4 Jahre und Entwicklungsverzögerung (20 Wörter)
- Test II: 5 bis 6 Jahre (100 Wörter)

Beide Tests wurden auch als Einsilber-Bildtests entwickelt. Sie werden aber mittlerweile in der Praxis wegen der einzelnen Testwörter, ihrer schwierigen Durchführbarkeit und aufwändigen Auswertung kritisiert und nur noch selten benutzt.

Oldenburger Kinderreimtest

Dieser Test verwendet statt einzelner Testwörter Dreiwortgruppen mit 2-silbigen Wörtern. Dabei wird die Lautwahrnehmung in verschiedenen Positionen (Konsonanten im Anlaut, Konsonanten und Vokale im Inlaut) im Multiple-Choice-Verfahren untersucht. Dieser Test ist validiert für Kinder ab 6 Jahren.

Oldenburger Kindersatztest

Ebenfalls für Schulkinder werden hier 3-Wort-Sätze mit je 10 Subjekten, 10 Prädikaten und 10 Objekten, die in einem PC gespeichert sind, zufällig zusammengesetzt. Dadurch wird ein Gewöhnungseffekt ausgeschlossen. Die Testsätze lassen sich mit und ohne Störgeräusch ausgeben; die Verständlichkeit wird für unterschiedliche Pegel von Nutz- und Störschall ausgewertet.

Überschwellige Audiometrie und zentrale Hörtests bei Kindern

Bei Kindern vor dem Schulalter kommen die überschwelligen Tests auf Lautheitsausgleich oder Hörermüdung wegen ihrer Abhängigkeit von der Mitarbeit und Aufmerksamkeit nicht zum Einsatz. Für die Differenzialdiagnostik kochleärer und retrokochleärer Hörstörungen wird auf die objektiven Methoden zurückgegriffen. Zur Hörgeräteanpassung kann die Lautheitsskalierung (Kap. 15) wichtige Hinweise erbringen, wenn sie entsprechend der kindlichen Entwicklung und Belastbarkeit modifiziert wird.

Auditive Verarbeitungs- und Wahrnehmungsstörung (AVWS)

Die AVWS ist eine Schädigung zentraler Prozesse des Hörens, wie z. B. der Verarbeitung von Zeit-,

Frequenz- und Intensitätsmerkmalen des Sprachsignals. Eine Beeinträchtigung des Richtungshörens verschlechtert die Spracherkennung im Störschall. Das Tonschwellenaudiogramm ist dabei unauffällig. Im Kindesalter ist die Erkrankung eine Ursache für Sprachwahrnehmungs- oder Sprachentwicklungsstörungen, Aufmerksamkeitsdefizite, Lese- und Rechtschreibschwäche und andere Symptome. Die AVWS wird in Deutschland im Vor- und Grundschulalter bei etwa 3 von 100 Kindern beobachtet (bei mehr Jungen als bei Mädchen). Sie ist abzugrenzen gegen Sprach-, Lern-, Gedächtnis-, Intelligenz-, Aktivitäts- oder Aufmerksamkeitsstörungen anderer Ursachen, mit denen sie gemeinsam auftreten kann.

Da Kinder mit Verdacht auf eine AVWS sehr heterogene Symptome zeigen, deren Ausprägung oft auch von der Tageszeit abhängen, gibt es kein festes Untersuchungsschema. Für die Diagnose ist es aber sehr wichtig, das periphere Gehör vorab audiometrisch zu untersuchen, damit z. B. eine beidseitige Schallleitungsstörung nicht als AVWS angesehen wird. Dazu werden entsprechend dem Entwicklungsstand des Kindes die oben dargestellten Verfahren der Tonschwellen- und Sprachaudiometrie durchgeführt.

Zur speziellen Untersuchung der AVWS wurden in den letzten Jahren meist nicht normierte subjektive Tests entwickelt, die in der empfohlenen Literatur dargestellt sind. Alle Verfahren sind wegen ihrer hohen Konzentrationsanforderungen vor allem bei verhaltens- und entwicklungsgestörten Kindern nicht vor dem Schulalter anwendbar. Daher sollte die audiologische Diagnostik durch ausführliche Anamnesen und Verhaltensbeobachtungen sowie durch Untersuchungen von Kinderpsychologen und Neuropädiatern ergänzt werden. Grundsätzlich sollten auch die objektiven Testverfahren (otoakustische Emissionen, Impedanzaudiometrie mit ipsi- und kontralateralem Reflextest, BERA und akustisch evozierte Potenziale längerer Latenz) eingesetzt werden.

In der pädaudiologischen Praxis haben sich unter anderem die beiden folgenden Verfahren bewährt:

Sprachverständnis im Störgeräusch

Normalentwickelte Schulkinder sollten mit guter Konzentration bei einem Nutz-Störschallpegelabstand von 5 dB wie in Ruhe ein Sprachverständnis von 100 % erreichen. Der Test ist gut reproduzierbar und kann auf das Vorliegen einer AVWS hinweisen (vgl. Kapitel 9).

Dichotischer Hörtest

Er beruht auf dem von Feldmann entwickelten Test (Kap. 9), für Kinder modifiziert nach Uttenweiler (Tab. 14.**1**). Normalentwickelte Kinder der 2. und 3. Klasse erreichen bei einiger Konzentration erfahrungsgemäß leicht ein 100 %iges dichotisches Sprachverständnis. Allerdings sind die Ergebnisse dabei stärker von der Aufmerksamkeit und vom Kurzzeitgedächtnis abhängig.

Tab. 14.**1** Dichotischer Sprachtest nach Uttenweiler am Beispiel der Gruppe C (5 Gruppen).

Gruppe C:	**rechtes Ohr**	**linkes Ohr**
	der Weihnachtsmann	das Schaukelpferd
	die Eisenbahn	das Kinderbett
	die Haustüre	der Luftballon
	der Fußboden	die Gießkanne
	die Autobahn	das Riesenrad

15 Hörgeräte

Hörgeräte werden eingesetzt, um Patienten mit Innenohr- oder nicht therapierbarer Mittelohrschwerhörigkeit wieder ein ausreichendes Sprachverständnis zu ermöglichen. Dabei soll das natürliche Lautheitsempfinden und Klangbild bei wirksamer Unterdrückung von Störschall wieder hergestellt werden. Ein Hörgerät besteht im Prinzip (Abb. 15.**1 a**) aus einem Mikrofon, Verstärker und Miniaturlautsprecher („Hörer"). Das Schallsignal wird vom Mikrofon aufgefangen, im Verstärker gefiltert und verstärkt und über den Hörer zum Ohr geleitet. Das Hörgerät kann hinter dem Ohr (Abb. 15.**1 b**), im Gehörgang oder als Implantat angeordnet sein (s. Abschnitt „Bauformen", S. 122).

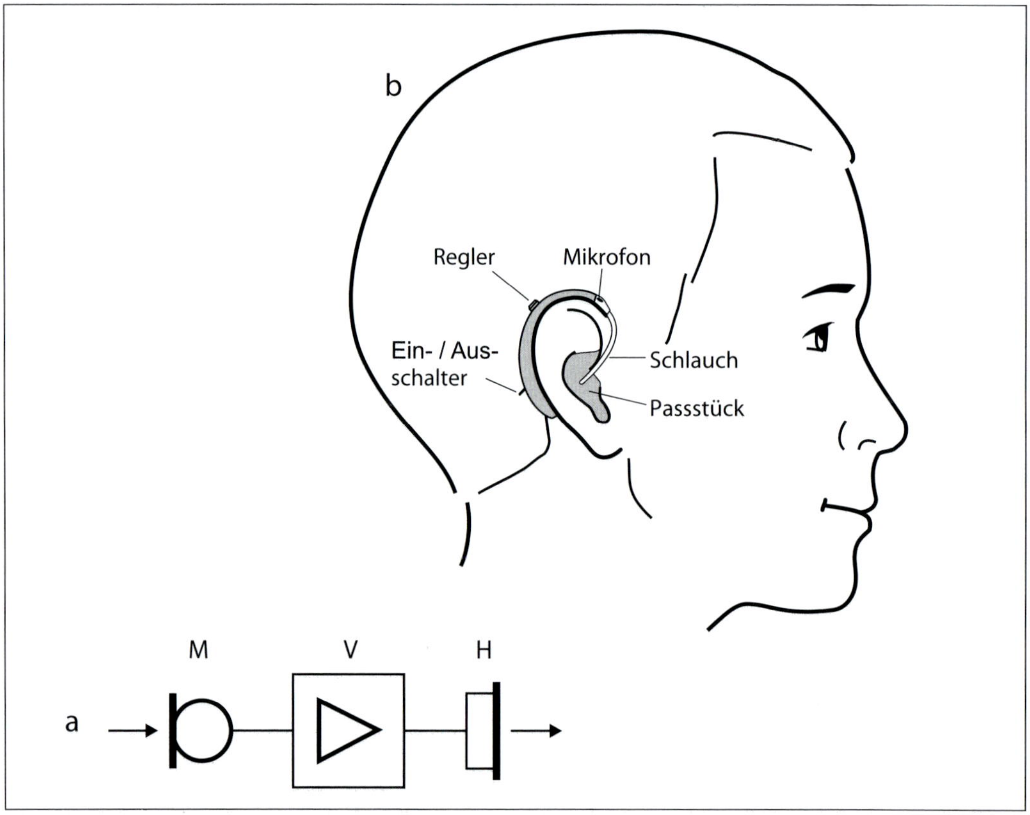

Abb. 15.**1** Hörgerät.
a Aufbau aus M: Mikrofon, V: Verstärker, H: Hörer.
b HdO- (Hinter-dem-Ohr-) Hörgerät.

Ablauf der Hörgeräteversorgung

In der HNO-Praxis erfolgt die Indikationsstellung und Verordnung des Hörgerätes sowie die Hörkontrolle nach der Anpassung.

Die Auswahl, Anpassung und Einweisung in die Benutzung wird vom Hörgeräteakustiker vorgenommen.

Indikation

Die Indikationsstellung und Versorgung mit Hörgeräten ist in den Heilmittel- und Hilfsmittel-Richtlinien (1998) des Bundesausschusses der Ärzte und Krankenkassen festgelegt. Für die Indikation sind der Hörverlust im Tonschwellenaudiogramm und die Einsilberverständlichkeit im Freiburger Sprachtest mit Kopfhörern maßgebend. Diese Voruntersuchungen erfolgen ohne Hörgerät.

> Ein Hörgerät ist indiziert, wenn
> - bei *beidseitiger* Schwerhörigkeit der Hörverlust auf dem besseren Ohr bei einer der Prüffrequenzen zwischen 500 und 3000 Hz mindestens 30 dB beträgt, oder
> - die Einsilberverständlichkeit auf dem besseren Ohr bei 65 dB SPL nicht besser als 80 % ist.
>
> Bei *einseitiger* Schwerhörigkeit muss der tonaudiometrische Hörverlust bei 2000 Hz oder bei mindestens 2 Prüffrequenzen zwischen 500 und 3000 Hz mindestens 30 dB betragen.

Es gelten die folgenden Voraussetzungen: Eine operative Hörverbesserung ist nicht möglich oder nicht erfolgversprechend. Der Hörverlust muss sich stabilisiert haben. Der Patient muss das Hörgerät tragen wollen und in der Lage sein, es zu bedienen. Der Hörverlust sollte nicht höher sein als 90 dB. In diesen Fällen sollte die Versorgung bei geg. Indikation mit einem CI erwogen werden.

Von besonderer Bedeutung ist die rechtzeitige Hörgeräteversorgung bei Kindern. Bei angeborenen, bleibenden (meist Innenohrhörstörungen, aber auch Mittelohrhörverlust bei Missbildungen) oder erworbenen Hörstörungen soll das Kind möglichst schon im ersten Lebenshalbjahr bzw. ereignisnah mit einem Hörgerät versorgt werden, da nur so Hörreste genutzt und je nach Ausmaß der Hörstörung bleibende Schäden bei der Hörbahnreifung und auf die Sprachentwicklung vermieden bzw. gering gehalten werden können.

Die Hörgeräteanpassung bei Kindern stellt vor allem bei Säuglingen und Kleinkindern eine große Herausforderung für Ärzte und Hörgeräteakustiker dar und erfordert von beiden Seiten große Erfahrung. In der Regel sollte sie in Zusammenarbeit mit einem pädaudiologischen Zentrum erfolgen. Voraussetzung ist die genaue, möglichst frequenzabhängige Bestimmung der Hör- und Unbehaglichkeitsschwelle durch den HNO-Arzt bzw. Facharzt für Phoniatrie und Pädaudiologie.

In der Regel müssen die Schwellenwerte durch die Ableitung akustisch evozierter Potenziale ermittelt und durch subjektive Untersuchungen ergänzt bzw. überprüft werden. Die Stapediusreflexschwelle gibt einen Hinweis auf die Unbehaglichkeitsschwelle. Bei hochgradiger oder an Taubheit grenzender Schwerhörigkeit werden vor allem bei Kindern mit großem Erfolg *Kochleaimplantate* als Hörhilfen verwendet, wobei der Implantation in der Regel immer eine konventionelle Hörgeräteversorgung vorausgehen sollte und eventuell eine präoperative Mitbeurteilung durch Kinderärzte, Psychologen und Pädagogen erforderlich ist.

Verordnung

Die Verordnung erfolgt auf einem Formular (Muster 15), in das die ärztlich erhobenen Befunde (Anamnese, Ohrbefund und audiometrische Daten) eingetragen werden. Auch die Bauart und Funktionsweise des Hörgeräts (Dynamikregelung, Mehrkanaligkeit) ist anzugeben. Eine beidohrige Versorgung ist als Regelversorgung anzustreben, muss aber begründet werden.

Aus dem Sprachaudiogramm kann die Wirkung des Hörgeräts abgeschätzt werden (Abb. 15.**2**). Das für Einsilber ermittelte maximale Sprachverständnis (hier: 80 %) soll bei einer normalen Unterhaltung (Sprachschallpegel 65 dB SPL) ausgenutzt werden. Dazu ist in unserem Beispiel eine Verstärkung des Hörgeräts von 30 dB erforderlich, sofern beim Sprachschallpegel der höchsten Verständlichkeit (95 dB SPL) die Unbehaglichkeitsschwelle noch nicht überschritten ist. Moderne Hörgeräte können über 60 dB verstärken und Schalldruckpegel von mehr als 130 dB SPL erreichen. Um dabei Rückkopplungen zu vermeiden, muss das Ohrpassstück sehr genau angepasst werden.

Die Wiederverordnung eines Hörgeräts ist in der Regel bei Erwachsenen nach 6 Jahren und bei Kindern nach 5 Jahren möglich oder, wenn durch die Anpassung eines neuen Hörgeräts ein deutlicher Sprachverständnisgewinn dokumentiert werden kann.

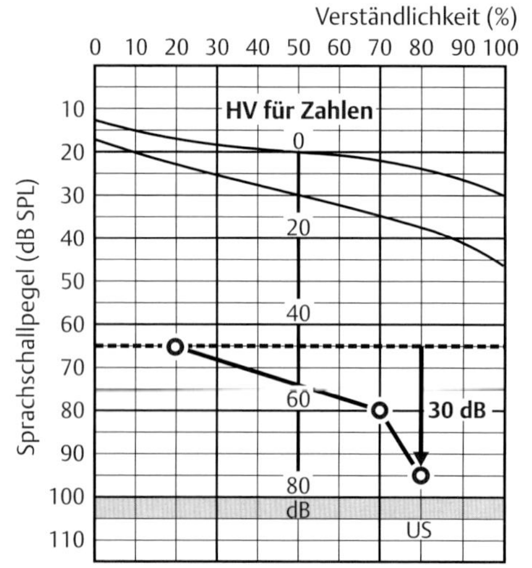

Abb. 15.**2** Verstärkung eines Hörgeräts im Sprachaudiogramm. Durch eine Verstärkung von 30 dB wird Umgangssprache (ca. 65 dB) optimal (zu 80 %) verstanden, ohne die Unbehaglichkeitsschwelle (US) zu erreichen.

Auswahl und Anpassung

Die Versorgung erfolgt durch den Hörgeräteakustiker. Er ist zuständig für die Auswahl, Anpassung, Einweisung in die Benutzung, Nachbetreuung und Reparaturen. Die für den Ansatz des Hörgerätes erforderliche *Otoplastik* wird vom Hörgeräteakustiker oder einem speziellen Labor angefertigt. Genauere Angaben zur Hörgeräteanpassung und Technik finden sich in den folgenden Abschnitten.

Qualitätskontrolle

Der verordnende HNO-Arzt muss sich durch eine sprachaudiometrische Untersuchung vergewissern, dass ein ausreichender Gewinn an Sprachverständlichkeit vorliegt, und die erhobenen Messwerte mit denen des Hörgeräteakustikers übereinstimmen. Wenn ohne Hörgerät ein Punkt maximalen Einsilberverstehens zu finden ist, sollte mit Hörgerät im freien Schallfeld bei 65 dB möglichst das gleiche Verstehen erreicht werden (vgl. Abb. 15.**2**). Ist bei 65 dB ohne Hörgerät noch ein Einsilberverstehen registrierbar, soll der Gewinn mit Hörgerät mindestens 20 Prozentpunkte betragen. Die Messung wird mit dem Freiburger Einsilbertest mit Störschall durchgeführt.

Bei einseitiger Schwerhörigkeit muss durch das Hörgerät das Sprachverstehen im Störgeräusch um mindestens 10 Prozentpunkte steigen oder das Richtungshören verbessert werden. Bei beidohriger Versorgung muss gegenüber der einohrigen Versorgung das Sprachverstehen im Störgeräusch um mindestens 10 Prozentpunkte steigen oder das Richtungshören verbessert werden. Für diese Untersuchungen ist ein geeigneter Störschall einzusetzen und die Verwendung eines erweiterten Sprachtestmaterials (Satztests, s. Kapitel 9) anzustreben.

Zur Untersuchung von Ausländern ohne deutsche Sprachkenntnisse werden, soweit verfügbar, spezielle Fremdsprachentests eingesetzt. Auch die Messung der Tonhörschwelle mit Hörgeräte im Freifeld *(Aufblähkurve)* ist zur Abschätzung des Anpassungserfolges geeignet. Mittels Hörfeldskalierung (siehe Kapitel 7) kann das Lautheitsempfinden des Patienten mit Hörgeräten dokumentiert werden. Die wiedererreichte Hördynamik sollte möglichst nah an die eines Normalhörenden herankommen, da dies wesentlich zum Tragekomfort des Hörgeräts beiträgt bzw. dazu, dass das Hörgerät auch regelmäßig getragen wird.

Der Versorgungserfolg wird unter Berücksichtigung der erhobenen Messwerte in einem beratenden Abschlussgespräch mit dem Patienten beurteilt. Genauer ist die Dokumentation mit standardisierten Fragebogen, in denen die Bewertungen von Hörsituationen in Kategorialskalen erfasst werden (Oldenburger Inventar, Göteborger Profil).

Bei Kleinkindern ist der Versorgungserfolg durch die Bestimmung der *Aufblähkurve* (Tonhörschwelle mit Hörgerät) bei der Verhaltens- oder Spielaudiometrie, durch die Untersuchung mit Kindersprachtests und vor allem durch Verhaltensbeobachtungen im Alltag abzuschätzen (Elternfragebogen). Pädaudiologischen Zentren und Hörgeräteakustikern stehen dabei auch Geräte zur Verfügung, mit denen die tatsächliche Verstärkung des Hörgeräts über einen Kuppler oder direkt vor dem Trommelfell (In-situ-Messung) gemessen werden kann. Insbesondere bei Säuglingen stellt dies eine Möglichkeit dar, um zumindest theoretisch den Anpasserfolg zu überprüfen, aber auch eine zu starke Verstärkung zu vermeiden.

Nachbetreuung

In der Hals-Nasen-Ohrenpraxis ist es nur selten möglich, technische Probleme zu beseitigen oder die Anpassung eines Hörgeräts zu ändern. Es ist aber wichtig, den Patienten bei auftretenden Problemen zu beraten, seine audiometrischen Befunde zu kontrollieren und dem Hörgeräteakustiker Hinweise auf Änderungen der Anpassung zu geben, wenn der Patient mit seinem Hörgerät nicht zufrieden ist oder nicht zurechtkommt.

Einfach zu beheben sind manchmal Funktionsstörungen wie das Rückkopplungspfeifen, das bei schlechtem Sitz des Ohrpassstücks durch Rückwirkung des Hörers auf das Mikrofon entsteht, die Verstopfung der Bohrung durch Zerumen oder der Ausfall des Geräts bei erschöpfter Batterie.

Hörgeräteanpassung

Zielsetzung

Das Ziel der Hörgeräteanpassung ist die Wiedergewinnung des Sprachverständnisses bei möglichst normaler Hördynamik. Die Abb. 15.**3** zeigt das Tonschwellenaudiogramm einer Innenohr-Hochtonschwerhörigkeit mit einem maximalen Hörverlust bei 4 kHz von 60 dB. Im überschwelligen Bereich sind, gestützt auf die Messung der Lautheitsskalierung (Kapitel 7) bei den Frequenzen 250 Hz, 1 und 4 kHz (Abb. 15.**4**), die Linien gleicher Lautheitsempfindung eingetragen.

Bei 250 Hz besteht zwischen 10 dB (Hörschwelle) und 100 dB (Unbehaglichkeitsschwelle) eine praktisch normale Hördynamik. Der nutzbare Hörbereich ist aber bei 4 kHz infolge des Lautheitsausgleichs auf die Spanne zwischen 60 dB und 90 dB eingeschränkt (Restdynamik). Ein einfach verstärkendes Hörgerät würde im überschwelligen Bereich schnell zu einer Überschreitung der Unbehaglichkeitsschwelle führen: Eine Verstärkung um 30 dB würde bei 4 kHz leise Töne auch wieder leise hörbar machen. Schon mittellaute Eingangstöne würden aber auf etwa 90 dB verstärkt, also zu laut wahrgenommen werden. Bei einer Innenohrhörstörung mit Lautheitsausgleich ist daher ein *komprimierendes* Verstärkungsverhalten notwendig, bei dem mit steigendem Eingangspegel die Verstärkung geringer wird.

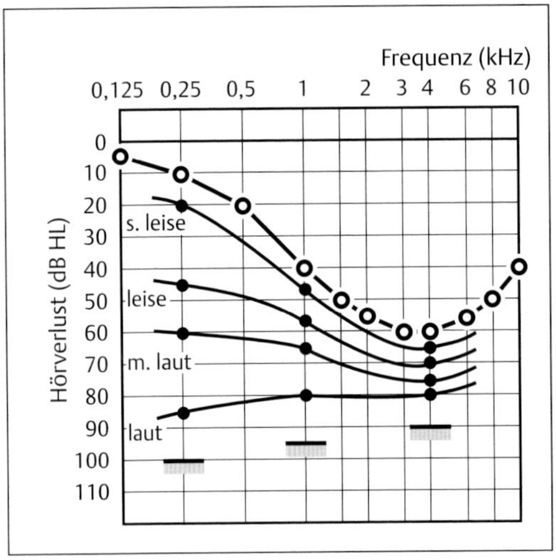

Abb. 15.**3** Tonschwellenaudiogramm mit Linien gleicher Lautheitsempfindung.

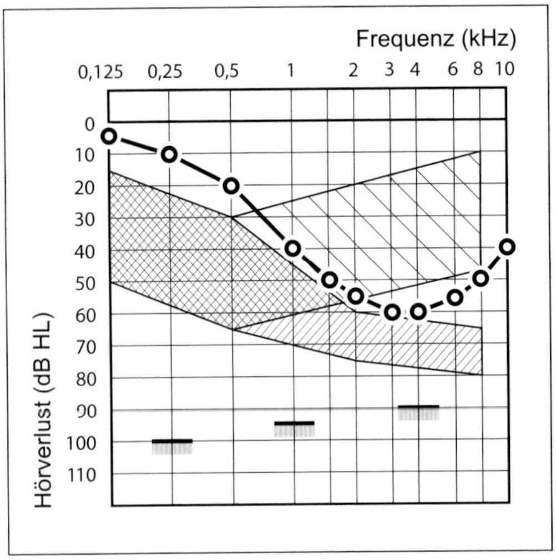

Abb. 15.**5** Verschiebung und Kompression des normalen Sprachfeldes (schematisch, weit schraffiert) in den Bereich der Restdynamik (eng schraffiert) mit einem dreikanaligen Hörgerät (Mittenfrequenzen 250 Hz, 1 und 4 kHz).

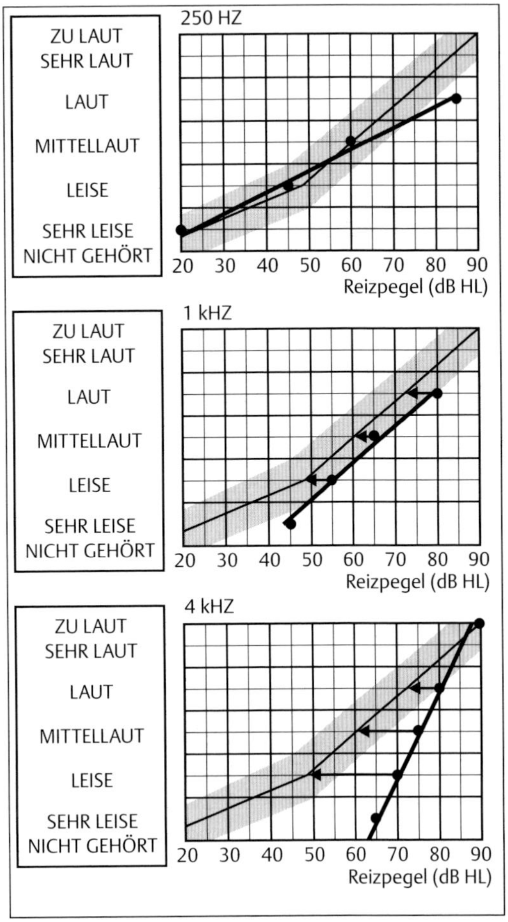

Abb. 15.**4** Ergebnisse der Lautheitsskalierung bei den Frequenzen 250 Hz, 1 und 4 kHz. Pfeile: Erforderliche Verstärkung eines Hörgerätes.

In der Abb. 15.**3** ist auch ersichtlich, dass sich in diesem Fall ein Hörgerät in den Bereichen tiefer, mittlerer und hoher Töne unterschiedlich verhalten muss. Bei 250 Hz ist praktisch keine, bei 4 kHz aber eine hohe, komprimierende Verstärkung erforderlich. Diese Aufgabe ist mit modernen *mehrkanaligen* Hörgeräten zu erfüllen. Die Abb. 15.**5** zeigt das mittlere Sprachspektrum, das in diesem Fall durch ein dreikanaliges Hörgerät möglichst genau in den Restdynamikbereich zwischen Hör- und Unbehaglichkeitsschwelle eingepasst wurde.

Anpassungsverfahren

Der Hörgeräteakustiker führt eine *vergleichende Anpassung* durch. Da die Hörgeräte sich in ihren akustischen Eigenschaften unterscheiden, sollten auch bei den heutigen vielfältigen Einstellmöglichkeiten 3 verschiedene Geräte zum Vergleich angeboten werden.

Eine grobe Abschätzung des Verstärkungsbedarfs kann dem Sprachaudiogramm entnommen werden (Abb. 15.**2**). Der frequenzabhängige Verstärkungsbedarf kann mit Kenntnis der statistischen Zusammenhänge zwischen der Hörschwelle, dem Bereich angenehmen Hörens und der Unbehaglichkeitsschwelle aus dem Hörschwellenverlauf berechnet werden (Berechnung nach *Berger, POGO, NAL*). Da hier aber keine Angaben zum Kompressionsverhalten des Hörgerätes geliefert werden, sind die Ergebnisse nur als Ausgangswerte für eine Feinanpassung zu verwenden.

Stehen neben der Hörschwelle auch die Pegel der Unbehaglichkeitsschwelle zur Verfügung, so kann der überschwellige Lautheitsanstieg genauer berücksichtigt werden. Durch eine Teilung des Restdynamikbereichs im Verhältnis 2:1 ergibt sich eine Näherung für die *Isophone angenehmen Hörens*. Als Abstand zur 75-Phon-Kurve des Normalhörenden (vgl. Abb. 16.**1**) ist der frequenzabhängige Verstärkungsbedarf als *Isophonendifferenzmaß* zu gewinnen.

Mit dem Verfahren der Lautheitsskalierung (Abb. 15.**4**) sind die pegel- und frequenzabhängige Verstärkung und das Maß der Kompression individuell genau zu bestimmen (*ScalAdapt-Verfahren* nach Kießling). Auch hier ist aber zu berücksichtigen, dass mit der möglichst genauen Wiederherstellung der Hördynamik für den Patienten, vor allem nach langer Hörentwöhnung, nicht immer gleich die optimale Einstellung erreicht wird. Weitere pathologische Veränderungen des Gehörs, wie Einschränkungen der Frequenz- und Zeitauflösung, können bisher noch nicht behoben werden.

Feinanpassung und Kontrolle

Die frequenzabhängig wirksame akustische Verstärkung des Hörgeräts kann mit einem Sondenmikrofon gemessen werden, das über einen dünnen Schlauch den Schalldruck vor dem Hörgerät im Gehörgang erfasst *(In-situ-Messung)*. Dabei muss zusätzlich die frequenzabhängige Verstärkungswirkung des offenen Gehörgangs *(Außenohr-Übertragungsfunktion)* bestimmt werden. Vor allem bei der Versorgung von Kleinkindern ist es wichtig, dass ein ausreichender Schallpegel erreicht, aber ein Schädigungsrisiko vermieden wird.

Ist der Einsatz eines Sondenmikrofons wegen Abwehr oder Unruhe nicht möglich, kann der Ausgangsschalldruck des Hörgeräts in einem *Kuppler* bzw. *Ohrsimulator* gemessen werden. Dies ist ein Hohlraum mit harten Wänden, auf den der Ausgang des Hörgeräts aufgesetzt wird. Er bildet das Gehörgangsvolumen nach und enthält ein Messmikrofon. Die Annäherung an den menschlichen Gehörgang ist allerdings sehr grob.

Weniger genau lässt sich die frequenzabhängige Verstärkung aus der Differenz der Hörschwellen ohne und mit Hörgerät *(Aufblähkurve)* ermitteln. Bei der Messung im Freifeld müssen frequenzmodulierte Töne *(Wobbeltöne)* oder Schmalbandrauschen verwendet werden, um Raumresonanzen zu vermeiden.

Die Einpassung des Sprachbereichs in das Feld der Restdynamik des hörgeschädigten Patienten (vgl. Abb. 15.**5**) kann durch eine Lautheitsskalierung mit angepasstem Hörgerät überprüft werden. Die durch das Hörgerät korrigierten Lautheitsfunktionen (entspr. Abb. 15.**4**) sollten im Normalfeld liegen.

Mit diesen messtechnisch ermittelten Daten wird die Anpassung in mehreren Stufen verfeinert. Der Anpassungserfolg kann durch Sprachaudiometrie in Ruhe und Störschall kontrolliert und durch die Auswertung eines Patientenfragebogens bestätigt werden.

Hörgerätetechnik

Die technischen Ausführungen und Eigenschaften der Hörgeräte können in diesem Buch nur kurz beschrieben werden. Genauere Informationsquellen werden in der Literaturliste benannt.

Bauformen von Hörgeräten

Luftleitungshörgeräte

Das immer noch häufigste Hörgerät ist das *HdO-Gerät*, das hinter der Ohrmuschel getragen wird (Abb. 15.**1** b). Oberhalb des Ohres ist die Eingangsöffnung für das Mikrofon. An der Gehäuserückseite sind der Verstärkungsregler und der Ein-/Ausschalter für den Benutzer zugänglich. Ein Winkelstück und ein Schallschlauch leiten den verstärkten Schall zur Otoplastik, die dicht im Gehörgang sitzt und die für jedes Ohr speziell angefertigt wird. Diese *„geschlossene Anpassung"* erlaubt bei geringer Neigung zur Rückkopplung eine Versorgung auch bei hochgradiger Schwerhörigkeit. Bei der relativ großen Bauform der leistungsstarken HdO-Geräte bestehen kaum Einschränkungen bezüglich des Platzes der Bauteile und der Batterien.

Das HdO-Hörgerät ist die Bauform, die als einzige bei der kindlichen Hörgeräteversorgung von Schallempfindungsschwerhörigkeiten zum Einsatz kommt. So kann durch regelmäßige Erneuerung des nach Maß gefertigten Ohrpassstücks auf das Wachstum des äußeren Gehörgangs und der Ohrmuschel Rücksicht genommen werden, ohne wie beispielsweise bei den *IdO (im Ohr)-Geräten* jeweils das gesamte Hörgerät mit einer neuen Schale zu versehen. Außerdem sind bei dieser Bauform Bedienungselemente und der bei Kindern obligatorische Audioeingang sehr viel besser zugänglich und der Batteriewechsel unproblematisch.

Bei der geschlossenen Versorgung werden körpereigene Geräusche wie Schlucken und Kauen sowie die eigene Stimme unangenehm laut wahrgenommen. Feuchtigkeit im Gehörgang kann nicht entweichen. Angenehmer ist die *„offene Anpassung"*, die schon durch eine Belüftungsbohrung in der Otoplastik entsteht. Eine einfache und schnelle Anwendung wird erreicht, wenn anstelle des Ohrpassstücks ein Schlauch mit einer kleinen Silikonkuppel in den Gehörgang führt. Dabei werden nur Frequenzen über 1 kHz verstärkt, so dass diese Geräte vor allem bei einem Hochtonhörverlust anwendbar sind. Wegen der erhöhten Gefahr der Rückkopplung ist die Verstärkung auf etwa 60 dB begrenzt. HdO-Geräte mit offener Versorgung werden wegen des hohen Tragekomforts bei beginnendem Altershörverlust gern akzeptiert.

Das HdO-Gerät kann kleiner ausgelegt werden, wenn der Lautsprecher aus dem Hörgerät in den Gehörgang verlagert wird (*RIC-System*: „receiver in the canal"). Die Kabelverbindung vermeidet die akustischen Probleme des Schallschlauchs.

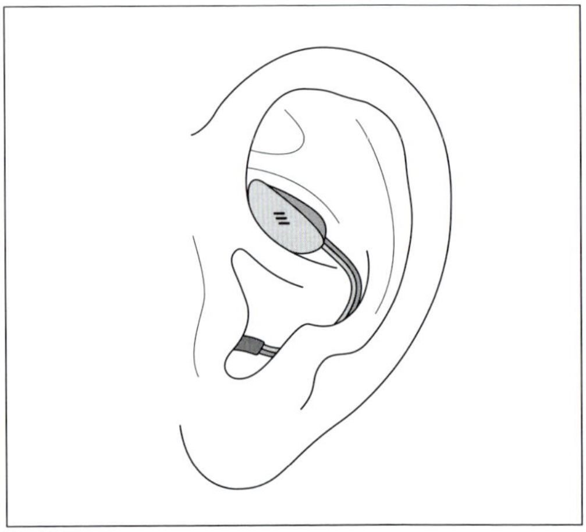

Abb. 15.**6** Cymba-Hörgerät in der Ohrmuschel. Der Hörer liegt im Gehörgang.

Unauffälliger als das HdO-Gerät ist das *Cymba-Hörgerät.* Dabei befindet sich das Hörgerät in einem belüfteten Gehörgangsmodul; das Mikrofon liegt in einer Falte (Cymba) der Ohrmuschel. Das Hörgerätemodul mit Mikrofon kann auch in der Cymba getragen werden. Der Lautsprecher liegt dann wie beim RIC-System im Gehörgang (Abb. 15.**6**).

Das Hörgerät kann in ähnlicher Bauform auch im Bügel einer *Hörbrille* integriert sein. Dabei ist das Hörgerät kaum noch zu erkennen. Ein Nachteil ist aber die Kombination zweier Hilfsmittel, die nicht unabhängig voneinander gebraucht werden können (sehen nicht ohne Hörgerät, hören nicht ohne Brille), weshalb diese Bauform nur noch selten zur Anwendung kommt. Ein Vorteil ergibt sich aber durch die Möglichkeit einer unsichtbaren Kabelüberleitung zum anderen Ohr. Diese *CROS (contralateral routing of signal)-Versorgung* ermöglicht die Ansprechbarkeit auf der Seite eines nicht versorgbaren bzw. tauben Ohres, wenn ein dort angebrachtes Mikrofon mit einem Hörgerät auf der besseren Gegenseite verbunden wird. Ist das bessere Ohr normalhörend, erhält es seinen Schall durch eine offene Otoplastik. Ist auch das bessere Ohr versorgungsbedürftig, wird hier ein zweites Mikrofon vorgesehen (BICROS-Versorgung).

Das IdO-Hörgerät liegt in der Ohrmuschel oder ganz im Gehörgang. Ein Concha-Hörgerät füllt die Ohrmuschel aus. Das modulare Gerät wird in eine Otoplastikhohlschale eingesetzt. Akustische Vorteile ergeben sich durch die erhaltene Richtwirkung der Ohrmuschel und die bessere Hochtonwiedergabe durch den kurzen Schallweg. Diese Bauform ist sicherlich die kosmetisch ansprechendste. Momentan sind aber hochgradige Schwerhörigkeiten aufgrund der Kleinheit der Bauteile und des mangelnden Platzes für die Batterie noch nicht ganz zufriedenstellend gelöst; der hohe Energieverbrauch bedingt einen häufigen Wechsel der kleinen Batterien. Die Handhabung der Geräte und die Zugänglichkeit der Bedienungselemente können z. B. für ältere Menschen kompliziert sein.

Tinnitushörgeräte

Hörgeräte werden zur Maskierung von Ohrgeräuschen eingesetzt, auch wenn der Hörverlust zur normalen Indikation noch zu gering ist. Die Belästigung durch ein Ohrgeräusch kann wesentlich abnehmen, wenn ein Hörgerät die Umweltgeräusche wieder hörbar macht. Ein *Tinnitusnoiser* oder *-Masker* hat die Form eines Hörgeräts, erzeugt aber ein eigenes Rauschen. Hörgerät und Rauschquelle sind kombiniert im Tinnitushörgerät.

Knochenleitungshörgeräte

Ist die Therapie eines hohen Schallleitungshörverlustes durch eine gehörverbessernde Operation nicht möglich, können knochenleitende Hörhilfen in Form von Bügelhörern eingesetzt werden. Im einfachsten Fall werden *Hörbrillen* mit Knochenleitungshörern versehen. Durch die erforderliche Andruckkraft kann es aber zu Beschwerden (Kopfschmerzen, Druckulzera) und durch Verrutschen bzw. Nachlassen des Andrucks zu einer unzureichenden Schallübertragung kommen.

Eine höhere und stabilere Verstärkung bieten *knochenverankerte Hörgeräte (BAHA = bone anchored hearing aid).* Die über eine Sicherheitskupplung mit einer Titanschraube transkutan im Schädelknochen (Schläfenbein) befestigt werden. Die Schraube gewährleistet eine optimale Schallübertragung, stellt aber eine gewisse Infektions- und Verletzungsmöglichkeit (Ausbrechen bei Anstoßen) dar. In der Praxis ist die Anwendung in der Regel aber problemlos und auch bei Kindern liegen ab einem Alter von 2 Jahren bereits gute Erfahrungen vor.

Implantierbare Mittelohrhörgeräte

Wird ein piezoelektrischer oder elektromagnetischer Vibrator in das Mittelohr implantiert, kann die Gehörknöchelchenkette direkt aktiviert werden. Der piezoelektrische Wandler verstärkt hohe Frequenzen optimal, der elektromagnetische Wandler ist im tiefen Frequenzbereich besonders leistungsstark.

Da der Gehörgang frei bleibt, sind diese Systeme besonders geeignet, wenn konventionelle Hörgeräte wegen rezidivierender Entzündungen oder Fehlbildungen des Gehörgangs nicht getragen werden können. Implantierbare Hörgeräte werden bei Innenohr- und kombinierten Hörschäden eingesetzt. Es treten keine Rückkopplungen auf, und der Klangeindruck wird vor allem im hohen Frequenzbereich als natürlich beschrieben. Der operative Aufwand entspricht einer üblichen Mittelohroperation.

Beim *Teilimplantat* wird über dem Ohr ein Sprachprozessor getragen, der das Mikrofon, die Batterie und eine signalverarbeitende Elektronik enthält. Der Empfänger liegt hinter dem Ohr unter der Haut und wird über eine Induktionsschleife gesteuert. Über eine Drahtverbindung wird der Wandler angeschlossen. Im Fall der „Vibrant Soundbridge“ (Abb. 15.**7**) wird ein kleiner elektromagnetischer Wandler („floating mass transducer“) bei Innenohrschwerhörigkeit frei am langen Ambossschenkel fixiert, der seine Schwingungen auf die Gehörknöchelchenkette überträgt. Im Fall der kombinierten Schwerhörigkeit erfolgt die Ankopplung am runden Fenster.

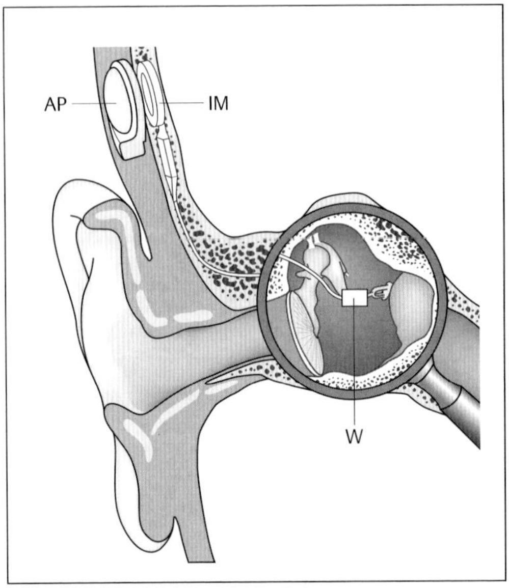

Abb. 15.**7** Implantiertes Hörgerät, AP: Audioprozessor mit Mikrofon, IM: Implantat, W: elektromagnetischer Wandler.

Vollständig implantierte Hörgeräte enthalten den Wandler, den Sprachprozessor und die Batterie. Das Mikrofon liegt unter der Haut bzw. als Sensor hinter dem Trommelfell. Der Akkumulator wird induktiv transkutan täglich aufgeladen. Er muss etwa alle 3–4 Jahre in einer einfachen Operation ausgewechselt werden. Das System ist unsichtbar und kann auch bei sportlichen Aktivitäten getragen werden.

Zubehör und Zusatzausstattungen

Durch eine *Fernbedienung* mit Funk- oder Infrarotübertragung können die üblichen Bedienungselemente (Ein-/Ausschalter, Verstärkungsregler, Umschalter vom Mikrofon auf Telefonspule) betätigt, aber auch unterschiedliche Anpassparameter (Hörprogramme) gewählt werden.

Der *Audioeingang* ermöglicht den Anschluss externer Mikrofone (z. B. bei Schulklassen- und Saalverstärkeranlagen) sowie von Telefonen, Rundfunk- und Fernsehgeräten, Klingel- und Warnanlagen. Er sollte vor allem bei Kindern obligatorisch sein.

Die *Telefonspule* ist in HdO-Geräte eingebaut, um elektromagnetische Signale vom Telefonhörer zu empfangen. Wenn in Kirchen und Vortragssälen das Mikrofonsignal in eine elektrische Ringleitung eingespeist wird, wird beim Empfang über die Telefonspule ein besseres Verständnis erreicht als im halligen Schallfeld.

Signalverarbeitung

Die Verstärkerelektronik eines Hörgeräts kann durch analoge oder digitale elektronische Schaltkreise erfolgen. *Analoge* Verstärker und Filter verarbeiten die vom Mikrofon empfangenen Schwingungen in ihrem vorgegebenen Zeitverlauf. Im *digitalen* Gerät werden die analogen Signale in einer kurzen Zeitfolge abgetastet und mit möglichst hoher Genauigkeit in digitale Zahlenwerte umgewandelt, die in einem Signalprozessor mit hoher Rechengeschwindigkeit bearbeitet werden. Zur akustischen Ausgabe werden die digitalen Werte wieder in einen analogen Signalverlauf umgewandelt. Mit der digitalen Technik können die Hörgeräte eine höhere Qualität und neue, vielseitige Möglichkeiten erreichen. Für Hörgeräte, die vom Computer programmierbar sind, stehen Anpassprogramme zur Verfügung (z. B. Connex), die eine flexible und sichere Einstellung der Verstärkung, Kompression und Störunterdrückung ermöglichen.

Lineare und nichtlineare Verstärkung

Ein linearer Verstärker, der unabhängig vom Eingangspegel mit konstanter Verstärkung arbeitet, benötigt im hohen Pegelbereich eine *Begrenzerschaltung* mit Spitzenbeschneidung *(Peak clipping, PC)*, um zu hohe Ausgangspegel zu vermeiden. Eine genauere Anpassung an die Restdynamik des Schwerhörigen ist bei analogen Schaltungen mit der automatischen Verstärkungsregelung (automatic gain control, AGC) zu erreichen. Der Einsatzpegel der Kompression und das Kompressionsverhältnis können vom Hörgeräteakustiker zweckmäßig eingestellt werden.

Die digitale Elektronik kann die als Zahlenliste gespeicherte individuelle Lautheitsfunktion des Schwerhörigen zugrunde legen.

Einen großen Einfluss auf die Verbesserung des Sprachverständnisses hat das *dynamische* Verhalten der Kompression. Lange Regelzeiten von über 200 ms gleichen Änderungen der mittleren Sprachlautstärke aus und ermöglichen eine automatische Lautstärkeregelung (automatic volume control, AVC), die den manuellen Verstärkungsregler ersetzen kann. Mit kurzen Regelzeiten (unter 20 ms) können die Pegelabweichungen einzelner Silben im Sprachverlauf ausgeglichen werden (Silbenkompression). Eine *duale* Kompression kann gleichzeitig kurze Pegelspitzen ausregeln und eine langsame Anpassung an die akustische Umgebung vornehmen. Der Nutzen dieser Verfahren muss für jeden Patienten getestet werden.

Frequenzabhängige Verstärkung

Die für das HdO-Hörgerät erforderliche *Otoplastik* verursacht in ihren Schallkanälen zwar unerwünschte Resonanzen, bietet aber auch die Möglichkeit, den Übertragungsfrequenzgang auf einfache Weise zu beeinflussen. Eine offene Zusatzbohrung in der Otoplastik senkt den tieffrequenten Frequenzbereich ab und ermöglicht den Zugang des freien Schallfeldes. Ein Dämpfungselement im Winkelstück unterdrückt Resonanzen bei Frequenzen von 1 bis 3 kHz. Durch eine hornartige Erweiterung der Schallaustrittsöffnung werden hohe Frequenzen verstärkt.

Jedes Hörgerät hat einen typischen Frequenzgang, die *Wiedergabekurve*, die von der Elektronik, aber auch von den akustischen Eigenschaften des Mikrofons und des Hörers abhängt. Daher sollten dem Patienten immer mehrere Hörgeräte im Vergleich angeboten werden. Die Wiedergabekurve kann meist durch elektronische Klangregler, getrennt für den Hoch- und Tieftonbereich, verändert werden.

Vielfältigere Möglichkeiten zur Korrektur frequenzabhängiger Hörschäden bieten mehrkanalige Hörgeräte. In mehreren, durch elektronische Filter begrenzten Frequenzbereichen kann die Verstärkung und auch das Kompressionsverhalten unterschiedlich angepasst werden (Abb. 15.**5**). Mit der digitalen Elektronik können dabei mehr Kanäle und steilere Filter realisiert werden.

Frequenzkompression

Besteht im Hochtonbereich ein starker Hörverlust, der durch Verstärkung nicht mehr versorgt werden kann, gehen wichtige Informationen wie Zisch- und Reibelaute verloren. Neue Hörgeräte ermöglichen es, diese Frequenzen zusammenzuschieben (komprimieren) und in den erhaltenen Hörbereich zu verlagern. Nach einer Übungs- und Eingewöhnungszeit kann der Proband diese Laute wieder erkennen und sein Sprachverständnis verbessern.

Störunterdrückung

Das *Richtungsgehör* ist eine wesentliche Voraussetzung zum Sprachverständnis in unruhiger Umgebung bzw. bei mehreren Sprechern. Eine gute Voraussetzung dafür ist die binaurale Versorgung mit IdO-Geräten, da hier die natürliche Richtwirkung beider Ohrmuscheln erhalten bleibt. Aber auch beim HdO-Gerät kann ein entsprechendes Richtungsgehör erreicht werden, wenn die Signale von bis zu drei Mikrofonen unterschiedlicher Richtwirkung verarbeitet werden. Die Ausrichtung des Gehörs kann dabei adaptiv in Abhängigkeit von der akustischen Umgebung erfolgen.

Beim *binauralen Hörsystem* können die beidseitigen Mikrofonsignale über eine Funkverbindung miteinander verrechnet werden. Dies erlaubt zunächst eine einfache gemeinsame Funktionseinstellung beider Geräte, wesentlich ist aber eine Verbesserung der Richtungserkennung durch die gemeinsame Auswertung der interauralen Laufzeit- und Intensitätsdifferenzen.

Sprache unterscheidet sich vom Störlärm durch eine typische Modulation und ein eigenes Frequenzspektrum. Entsprechend abgestimmte Filter erlauben eine wirksame Störunterdrückung. Einige Hörgeräte verfügen über mehrere *Hörprogramme* für unterschiedliche Situationen (Sprache in ruhiger oder lauter Umgebung, Musik, Störlärm), bei denen der Frequenzgang, die Kompression, die Störfilterung und auch die Richtwirkung zweckmäßig eingestellt werden. Diese Einstellungen können auch durch eine automatische *Situationserkennung* erfolgen. Einstellungen des Benutzers können durch eine *Lernfunktion* des Hörgeräts erfasst und optimiert werden.

Unterdrückung der Rückkopplung

Eine Rückkopplung tritt ein, wenn der durch das Hörgerät verstärkte Schall über ein undichtes Ohr-Passstück zurück zum Mikrofon gelangt. Das Signal wird so in einer Schleife immer höher verstärkt, bis ein lautes Pfeifen entsteht. Eine Unterdrückung ist auf verschiedenen Wegen möglich: a) Es wird ein entsprechendes „Kerbfilter" berechnet; beim mehrkanaligen Hörgerät kann die Verstärkung im betroffenen Bereich verringert werden. b) Das rückgekoppelte Signals kann durch Überlagerung mit einem berechneten gegenphasigen Signal ausgelöscht werden. c) Eine Unterbrechung der Rückkopplungsschleife gelingt auch durch eine fast unhörbare Frequenzverschiebung des verstärkten Signals um 25 Hz.

Kochleaimplantat

Ein spezielles Hörgerät ist das Kochleaimplantat (engl. *Cochlear implant* oder *CI*), das die Versorgung beidseits ertaubter Patienten oder von Patienten mit an Taubheit grenzender Innenohrschwerhörigkeit ermöglicht. Dabei muss allerdings die Funktion des Hörnervs gewährleistet sein. Die Abb. 15.**8** auf der folgenden Seite zeigt schematisch die Funktionsweise und Komponenten eines CI. Bei einem operativen Eingriff wird das Implantat (CI) in den Schädelknochen (Schläfenbein) eingesetzt. Der Elektrodenträger (ET), ein feines Drahtbündel mit bis zu 22 Elektroden, wird durch eine kleine Bohröffnung in der knöchernen Wand der Schnecke in die Skala tympani geschoben, um die Enden der Hörnervenfasern mit elektrischen Impulsen anzuregen. In einem Sprachprozessor (SP), der hinter dem Ohr getragen oder bei Kleinkindern an die Kleidung geheftet wird, erfolgt die Umsetzung der von einem oder mehreren Mikrofonen (MI) empfangenen Sprache und Geräusche in elektrische Signale. Dafür stehen je nach Hersteller unterschiedliche Sprachkodierungsstrategien zur Verfügung. Eine im Haar verborgene Sendespule (SS), die von einem Magneten (MG) über dem Implantat gehalten wird, überträgt die elektrischen Signale induktiv durch die Kopfhaut auf das Implantat und die entsprechenden Elektroden in der Kochlea.

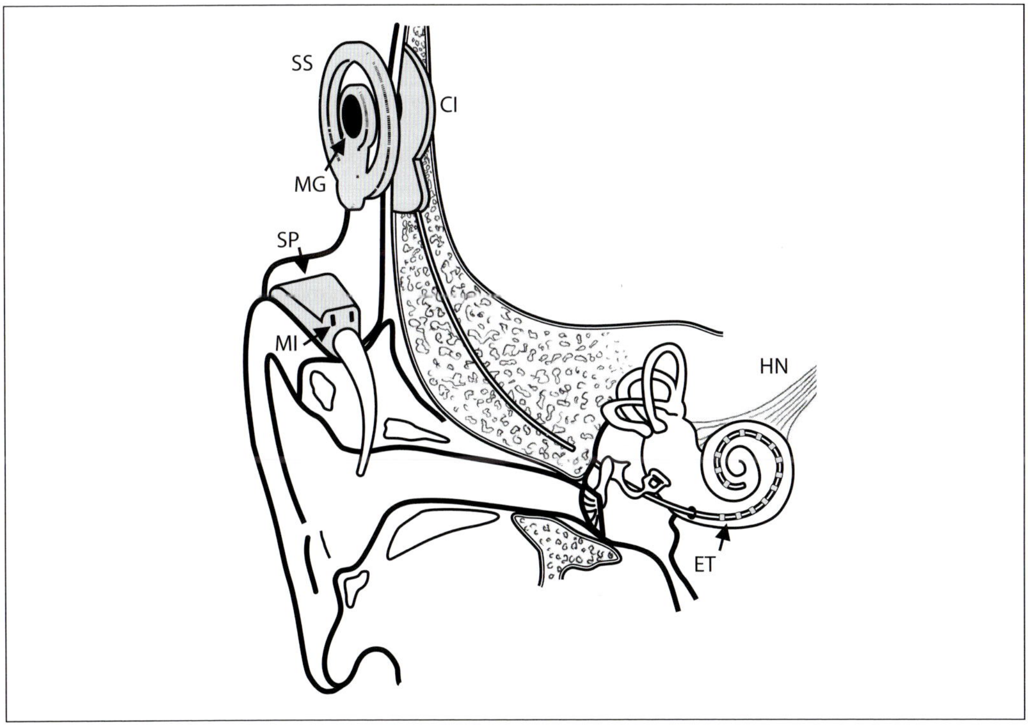

Abb. 15.**8** Funktionsschema des Kochleaimplantats (CI). SS: Sendespule, MG: Magnet, SP: Sprachprozessor, MI: Mikrofon, ET: Elektrodenträger, HN: Hörnerv.

Nach Operation und individueller Anpassung des Sprachprozessors gewinnt der Patient einen Höreindruck, der sich wegen der notwendigen Informationsreduktion vom normalen Hören unterscheidet, so dass nach mehrfachen Einstellungen zur Optimierung des Sprachprozessors meist ein intensives Hörtraining erforderlich ist. Die Versorgung mit einem CI kann so gut gelingen, dass der Patient nicht mehr auf das Ablesen von den Lippen des Sprechers angewiesen ist und sich auch telefonisch gut verständigen kann.

Die Codierung von Sprache gelingt wegen ihrer hohen Redundanz sehr gut durch die herstellerabhängigen Algorithmen der Sprachsignalverarbeitung (sog. *Strategien*); die Umsetzung von sehr viel komplexerer Musik gelingt leider noch nicht so gut.

Indikation und Kontraindikation

Ein Kochleaimplantat kann eingesetzt werden, wenn beidseits eine Taubheit bzw. eine nicht mehr durch ein Hörgerät nutzbare Resthörigkeit besteht sowie der Hörnerv und die zentrale Hörbahn funktionsfähig sind. Die Indikation zur Implantation bei Resthörigen ist momentan gegeben, wenn bei Erwachsenen mit optimal angepassten Hörgeräten im Freifeld die Sprachverständlichkeit der Einsilber des Freiburger Tests (s. Kap. 9) des besseren Ohres bei einem Pegel von 70 dB nicht mehr als 40 % beträgt. Mit der neuen, noch nicht verabschiedeten Leitlinie CI der deutschen HNO-Gesellschaft wird die CI-Indikation sicherlich noch weiter gestellt werden. Eine Begrenzung bis zu einem bestimmten Lebensalter ist nicht vorgesehen.

Beim Erwachsenen bestehen gute Erfolgsaussichten, wenn die Ertaubung nach dem Spracherwerb (postlingual) eingetreten ist. Mit der elektrischen Erregung können Hörerinnerungen reaktiviert werden. Allerdings kommt es nach längerer Ertaubung zu einer zunehmenden Degeneration der Hörnervenzellen, die den Versorgungserfolg verringern kann. Im Fall der prälingualen Ertaubung ist das zentrale Hörsystem wegen der fehlenden auditiven Anregung wenig entwickelt, so dass es etwa nach dem 6. Lebensjahr kaum noch gelingt, den Spracherwerb und ein Sprachverständnis neu zu erlernen.

Wird die Implantation allerdings bei Kleinkindern frühzeitig vorgenommen (ab etwa dem 6. Lebensmonat), kann trotz der im Vergleich mit dem natürlichen Hören unvollkommenen Anregung eine praktisch normale zentrale Hörentwicklung mit normalem Spracherwerb erfolgen. Eine beidseitige CI-Versorgung sollte dabei die Regelversorgung sein. Eine nach der Implantation folgende Rehabilitation oder Habilitation muss dem Alter des Kindes angepasst werden.

Als medizinische Kontraindikationen gelten eine fehlende Kochlea oder ein fehlender Hörnerv, chronische, therapieresistente Mittelohrinfektionen, schwere Allgemeinerkrankungen, Psychosen oder psychomotorische Störungen sowie eine fehlende Rehabilitationsfähigkeit.

Vordiagnostik

Für einige Ursachen der Ertaubung gelten besondere Gesichtspunkte. Nach Meningitis sollte die Implantation möglichst schnell und beidseitig erfolgen, da infolge der Entzündung eine Verknöcherung der Schnecke eintreten kann. Vor allem bei Innenohrmissbildung, bei Otosklerose, nach traumatischer Ertaubung und bei der Frage einer Aplasie des Hörnervs hängt die Möglichkeit einer Implantation vom Ergebnis einer hochauflösenden bildgebenden Diagnostik (CT und MRT) ab. Die Absicherung der Innenohrtaubheit bzw. eine Abschätzung vorhandener Hörreste erfolgen bei Kleinkindern durch OAE, BERA, ASSR und Stapediusreflexmessung. Vor einer CI-Versorgung der Kleinkinder sollen unter pädaudiologischer Kontrolle beidseits Hörgeräte über einen Zeitraum von 3–6 Monaten getragen werden. Über die für den Promontoriumstest (s. u.) gelegte Ohrelektrode kann auch der Ausfall der kochleären Potenziale geprüft werden.

Die erhaltene Funktionsfähigkeit des Hörnervs wird bei Erwachsenen mit dem subjektiven *Promontoriumstest* geprüft. In Lokalanästhesie wird eine Nadelelektrode durch das Trommelfell hindurch auf das Promontorium (knöcherne Schneckenwand) gesetzt. Bei intaktem Hörnerv werden tieffrequente, kurze Strompulse auditiv wahrgenommen. Die verfügbare Hördynamik ergibt sich zwischen der Wahrnehmungs- und der Unbehaglichkeitsschwelle. Ein objektiver Test kann durch Ableitung elektrisch evozierter Hirnstammpotenziale (E-BERA) vorgenommen werden.

Funktionskontrolle, Anpassung und Nachbetreuung

Die erste Funktionskontrolle des Implantates erfolgt noch während der Operation, indem die elektrischen Impedanzen gemessen und der Stapediusreflex (Kap. 11) elektrisch über das CI ausgelöst werden. Noch wichtiger ist die intraoperative Ableitung neuraler Reizantworten (ECAPS, electrically evoked compound potentials) durch elektrische Stimulation und Registrierung über verschiedene Kanäle des CI. Wenn nach 3–4 Wochen das Implantat eingeheilt ist, kann der Sprachprozessor individuell angepasst werden. Einzeln über alle Kanäle werden dabei vom Audiologen die Stromstärken eingestellt, welche die Hörschwelle (T-Level) und den Wert unterhalb der Unbehaglichkeitsschwelle (C-Level) repräsentieren.

Die verwendeten Strategien und Algorithmen zur Sprachkodierung unterscheiden sich in Abhängigkeit von den CI-Herstellern. Durch die wiederholten Anpassungen im Laufe der folgenden Wochen wird die Einstellung des Prozessors unter Berücksichtigung der Verhaltensbeobachtungen durch Eltern und ggf. Logopäden, Psychologen sowie durch erfahrene Pädagogen optimiert.

Sprachaudiometrische Tests im Freifeld und bei Störlärm dienen der Qualitätssicherung der CI-Versorgung.

Anmerkungen

Das CI ist seit etwa 25 Jahren die erste, sehr gut funktionierende Prothese für ein ausgefallenes peripheres Sinnesorgan. Die größte Bedeutung dieser Hörhilfe liegt in der Versorgung von hörgeschädigten Kleinkindern, die trotz der Einschränkungen im Vergleich zum gesunden Gehör Sprache entwickeln sowie verstehen und nach guter hör- und sprachpädagogischer Betreuung auch eine Regelschule besuchen können.

Über eine generelle beidseitige CI-Versorgung bei Erwachsenen zur Verbesserung des Richtungshörens und der Sprachverständlichkeit im Störgeräusch streiten sich noch die Fachleute und die Kostenträger. Dies gilt auch für die Versorgung bei einseitig tauben Patienten mit kontralateraler Normakusis. Wird nur das schlechtere Ohr mit einem CI versorgt und der Patient trägt sein Hörgerät auf der kontralateralen Seite, spricht man von einer *bimodalen Versorgung*.

Es besteht auch die Möglichkeit der kombinierten Versorgung eines Ohres mit Hörgerät für das erhaltene Restgehör im Tieftonbereich und mit CI für das ausgefallene Hochtongehör mit einem EAS-Implantat (gleichzeitige elektrische und akustische Stimulation). Man spricht dann von einer *Hybridversorgung*.

In den seltenen Fällen einer Schädigung des Hörnervs kann ein *zentral auditorisches Implantat* eine akustische Wahrnehmung vermitteln. Bei Schädigung der peripheren Nerven erfolgt die Versorgung mit einem Hirnstammimplantat (engl. *ABI*). Liegt eine Schädigung des Hirnstammes vor, kann auch ein *Midbrain-Implant* implantiert werden. Die Funktionsweisen lassen sich mit dem CI vergleichen, wobei die Stimulationskanäle über eine Fläche verteilt sind.

Die Implantation dieser zentral auditorischen Implantate erfolgt in Kooperation mit einem Neurochirurgen und ist im Vergleich mit einer CI-Operation wesentlich aufwändiger. Der therapeutische Erfolg (engl. *benefit*) lässt sich allerdings mit dem einer CI-Versorgung nicht vergleichen.

Die dem Buch beigefügte CD enthält auch eine technische Simulation der Codierung von wenigen Wörtern und Vogelstimmen über ein CI mit akustischer Wiedergabe bei verschiedenen Sprachstrategien, wobei dies sicherlich nicht einem Hören mit CI gleichkommt. Die aktualisierte Leitlinie der CI-Versorgung soll mit modifizierten Indikationen Ende 2011 veröffentlicht werden und ist unter „AWMF online" im Internet nachzulesen (www.awmf.org).

16 Arbeitsmedizinische Vorsorge

Kaum ein Bereich unserer Umgebung ist frei von Geräuschen, die wir oft unabhängig von ihrer Lautstärke als belastend (Arbeits- und Verkehrslärm) oder entspannend (Musik) empfinden. Lärm kann belästigende, vegetative und gehörschädigende Wirkungen hervorrufen. In diesem Kapitel sollen die Beurteilung des Lärms durch Schallmessung, die audiologischen arbeitsmedizinischen Vorsorgeuntersuchungen zur rechtzeitigen Erkennung lärmbedingter Hörschäden, sowie Maßnahmen zum Gehörschutz behandelt werden.

Schallmessung und Schallbewertung

Lautstärke

Jeder hörbare Lärm ist in das Hörfeld (Kap. 3, Abb. 3.**4**, S. 13) zwischen Hör- und Schmerzschwelle einzuordnen. Da unser Gehör eine sehr komplizierte intensitäts-, frequenz- und zeitabhängige Bewertung der Schallereignisse vornimmt, ist eine technische Messung der empfundenen oder schädigend wirksamen Lautstärke schwierig. Deshalb wurde zunächst versucht, die Lautstärke unterschiedlicher Schallquellen durch einen subjektiven Vergleich mit einem Standardschall der Frequenz 1 kHz zu ermitteln. Für Töne unterschiedlicher Frequenzen ergeben sich dabei die Kurven gleicher Lautstärke. Der Lautstärkepegel L_N wird in *Phon* angegeben (Abb. 16.**1**).

Dieser Lautstärkevergleich ist nicht nur für Töne, sondern auch für Geräusche möglich. Das Problem dieser *Phonmessung* ist der umständliche und nicht immer genaue subjektive Abgleich.

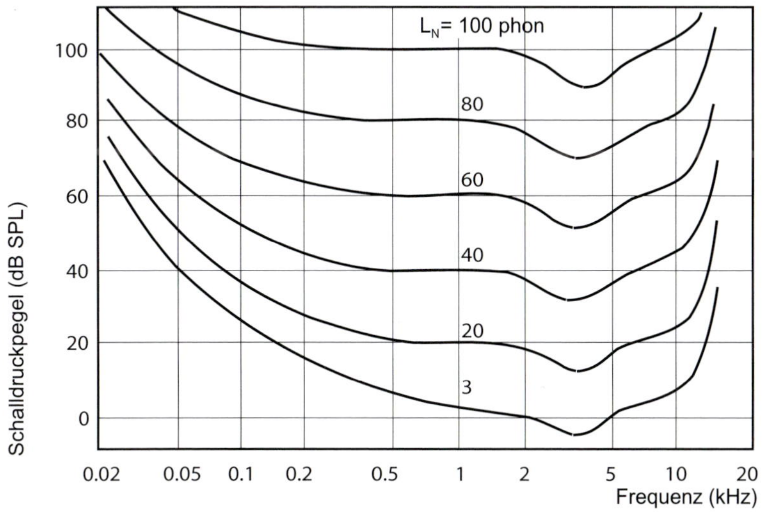

Abb. 16.**1** Kurven gleicher Lautstärke (Isophonen). Im Vergleich mit dem Ton von 1 kHz zeigt sich, dass sehr tiefe und hohe Töne einen höheren Schallpegel benötigen, um gleich laut gehört zu werden. Dieser frequenzabhängige Verlauf wird mit wachsender Lautstärke flacher.

Frequenzbewertung

Soll die Lautstärke durch eine Schalldruckmessung erfasst werden, müssen möglichst alle lautstärkebildenden Eigenschaften des Ohres berücksichtigt werden. Ein *Pegelmesser* muss daher zunächst den Effektivwert des Schalldrucks mit einem Mikrofon messen und durch Logarithmieren in einen Pegelwert umrechnen. Dann ist eine gehörrichtige *Frequenzbewertung* vorzunehmen, da der Lautstärkepegel mit dem Schalldruckpegel nur für einen Ton von 1 kHz übereinstimmt.

Meist wird die *Bewertungskurve* A (A-Filter, Abb. 16.**2**) verwendet, die sich an die Schwellenkurve in Abb. 16.**1** anlehnt und entsprechend der Empfindlichkeit unseres Gehörs den Bereich von 1–4 kHz stärker bewertet als die hohen und tiefen Frequenzen. Der gehörrichtig bewertete Schalldruckpegel wird dann in dB(A) angegeben. Zur Messung kurzer Pegelspitzen in dB(C) dient die weitgehend frequenzunabhängige Bewertung nach der Kurve C in Abb. 16.**2**. Es ist zu berücksichtigen, dass die A-Bewertung keine tieffrequenten Geräusche von z. B. Windrädern und Klimaanlagen erfasst, die empfindliche Personen schädigen können.

Zeitbewertung

Auch die Dauer eines Geräuschs hat einen Einfluss auf die Lautstärke. Schallimpulse von mehr als 100 ms werden so laut empfunden wie ein Dauergeräusch gleichen Pegels. Kürzere Impulse werden leiser gehört. Für eine Zeitbewertung sind am Pegelmesser drei Einstellungen unterschiedlicher Zeitkonstanten (Trägheit) vorgesehen:

Slow (S) Zeitkonstante 1 s
Messwert $\mathbf{L}_{AS}$ dB(A)

Fast (F) Zeitkonstante 125 ms
Messwert $\mathbf{L}_{AF}$ dB(A)

Pegelspitze verzögerungsfrei
Messwert $\mathbf{L}_{C,\ peak}$ dB(C)

Normalerweise wird die gehörrichtige Einstellung *Fast* verwendet. Bei unruhigen Schallereignissen kann der Messwert bei Analoganzeige in der Einstellung *Slow* besser abgelesen werden, wobei der Messwert eine längere Zeit braucht, um sich stabil einzustellen (Abb. 16.**3**). In der Einstellung Spitze (*Peak*) wird der absolute Spitzenwert eines Schallsignals ohne Verzögerung erfasst.

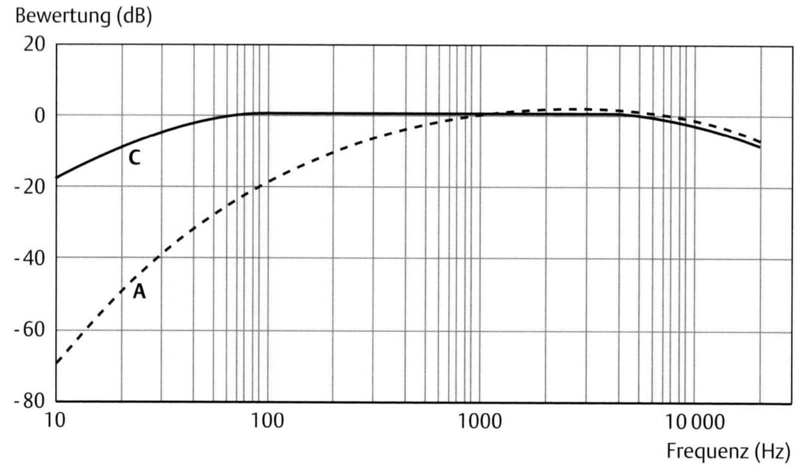

Abb. 16.**2** Bewertungskurven A und C für Schallpegelmesser (Quelle: BGI 5053 Lärmschutzarbeitsblatt LSA 01-400 Ermittlung des Lärmexpositionspegels am Arbeitsplatz, IFA).

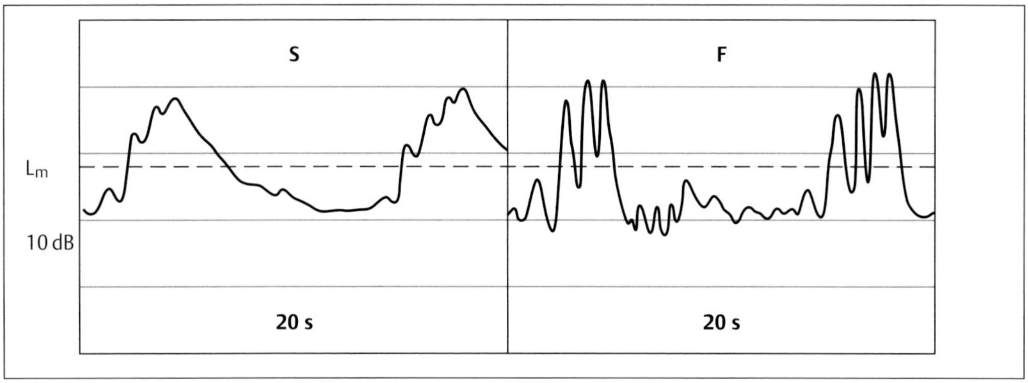

Abb. 16.**3** Zeitlicher Verlauf des Schalldruckpegels eines Maschinengeräusches in den Einstellungen Slow (S) und Fast (F). Nach genügend langer Mittelungszeit ergibt sich der gleiche Mittelungspegel L_m (Quelle: BGI 5053 Lärmschutzarbeitsblatt LSA 01-400 Ermittlung des Lärmexpositionspegels am Arbeitsplatz, IFA).

Pegeladdition

Soll zu einer lärmerzeugenden Maschine eine zweite installiert werden, so kann man, wenn beide Schalldruckpegel bekannt sind, den Summenpegel berechnen, der in der Praxis natürlich noch von den räumlichen Verhältnissen beeinflusst wird. Für voneinander unabhängige Schallquellen, deren Schalldrucke im Zeitverlauf nicht übereinstimmen, werden die Schallintensitäten addiert.

Bei 2 Schallquellen gleicher Intensität $I_1 = I_2$ ergibt sich ein um 3 dB höherer Gesamtpegel:

$$
\begin{aligned}
L_{1+2} &= 10 \log (2\, I_1/I_0) \\
&= L_1 + 10 \log 2 \\
&= L_1 + 3\,\text{dB}
\end{aligned}
$$

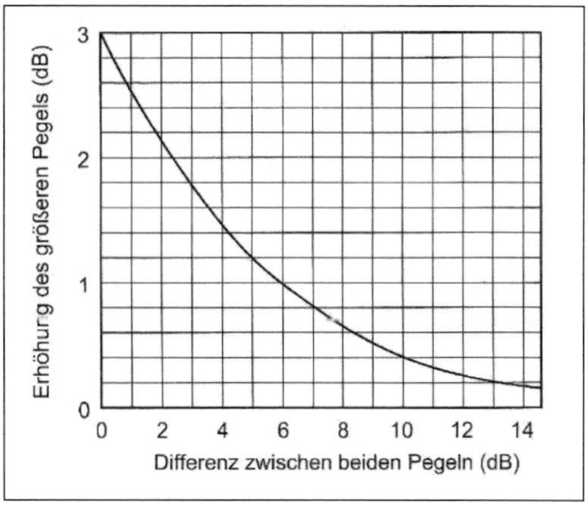

Abb. 16.**4** Diagramm zur Pegeladdition für 2 ungleiche Schallquellen.

Auch bei der Addition ungleicher Pegel werden wieder die Schallintensitäten summiert:

$$L_1 = 10 \log (I_1/I_0) \text{ und } L_2 = 10 \log (I_2/I_0)$$

sind zu addieren.

$$L_{1+2} = 10 \log (I_1/I_0 + I_2/I_0)$$

Die Werte I_1/I_0 und I_2/I_0 stehen nicht direkt zu Verfügung, sondern müssen aus den Pegelwerten L_1 und L_2 durch Delogarithmieren ermittelt werden. So ergibt sich:

$$L_{1+2} = 10 \log (10^{0,1\,L1} + 10^{0,1\,L2}).$$

Bei der Addition ungleicher Einzelpegel ist die Erhöhung des größeren Pegels geringer als 3 dB. Dies kann dem Diagramm der Abb. 16.**4** entnommen werden.

Beispiel: Für die Pegel $L_1 = 90$ dB und $L_2 = 95$ dB wird ein Gesamtpegel von $L_{1+2} = 96{,}2$ dB ermittelt.

Tages-Lärmexpositionspegel

Die bisher genannten Pegelangaben reichen in der Praxis nicht aus, da die auftretenden Geräusche meist zeitlich schwanken, so dass keine eindeutigen Werte angegeben werden können. In diesen Fällen wird mit Hilfe eines „integrierenden" Schallpegelmessers ein *zeitlich* gemittelter Pegel bestimmt, wobei sich die Zeit nach der Schwankungsperiode richtet. Bei nahezu konstanten Geräuschen liegen die Messzeiten bei 15–20 s. Dabei werden nicht die Pegelwerte, sondern die Intensitäten gemittelt

Für gleichmäßige Geräusche stimmen nach hinreichend langer Mittelungszeit die Mittelungspegel für die Zeitbewertungen Fast und Slow überein (siehe Abb. 16.**3**). Der Mittelwert wird als *energieäquivalenter Dauerschallpegel* $\mathbf{L_{Aeq}}$ bezeichnet. Er entspricht dem Pegel eines konstanten Dauergeräuschs mit gleicher akustischer Energie bzw. Störwirkung.

$$L_{ASm} = L_{AFm} = L_{Aeq}$$

Wird der äquivalente Dauerschallpegel auf die Zeitdauer von 8 h (Arbeitstag) bezogen, so ist er gleich dem *Tages-Lärmexpositionspegel*

$$L_{EX,8\,h}$$

Halbierungsregel

Bei verkürzter Arbeitszeit und konstanter Lärmeinwirkung kann $L_{EX,8\,h}$ mit Hilfe der sogenannten *Halbierungsregel* bestimmt werden. Durch die Halbierung der Einwirkzeit wird die akustische Energie halbiert; dies bedeutet eine Pegelverringerung um 3 dB.

> Bei konstanter Lärmbelastung wird bei der Halbierung der Einwirkdauer der Tages-Lärmexpositionspegel um 3 dB verringert.

Ein Tages-Lärmexpositionspegel von 85 dB (A) wird erreicht bei

- 88 dB(A) in 4 Stunden
- 91 dB(A) in 2 Stunden
- 94 dB(A) in 1 Stunden
- 97 dB(A) in 30 Minuten
- 100 dB(A) in 15 Minuten
- 105 dB(A) in 5 Minuten

Berechnung des personenbezogenen Tages-Lärmexpositionspegels

Der Expositionspegel kann auch für einen bestimmten Arbeitsplatz orts- oder auch personenbezogen angegeben werden, wenn die Person an unterschiedlichen Plätzen tätig ist. Dazu werden zunächst die ortsbezogenen Schallpegel an allen Arbeitsplätzen gemessen. Nach Ermittlung der Zeitanteile an allen Arbeitsplätzen wird der personenbezogene Tages-Expositionspegel berechnet. Bei erheblichen Schwankungen der Lärmbelastung ist die Summe der Teilbelastungen über verschiedene Zeitabschnitte mit jeweils konstantem Schalldruckpegel zu bilden. Die Mittelung erfolgt dabei wieder über die Intensitätswerte.

Der Tages-Lärmexpositionspegel $L_{EX,8\,h}$ ergibt sich aus den Einzelwerten $L_{Aeq,i}$ als

$$L_{EX,8h} = 10 \log\left(\frac{1}{T_0} \sum_{i=1}^{n} T_i \cdot 10^{0,1 \cdot L_{AEq,i}}\right)$$

mit T_0: Beurteilungszeitraum (8 h),
T_i: Teilarbeitszeiten,
n: Anzahl der Teilarbeitszeiten

Rechenbeispiel

Die Lärmbelastung am Arbeitsplatz beträgt während einer Stunde 100 dB(A), für 7 Stunden aber nur 92 dB(A). Der Tages-Lärmexpostionspegel ist dann

$$L_{EX,8h} = 10 \log\left[\frac{1}{8}(1 \cdot 10^{0,1 \cdot 100} + 7 \cdot 10^{0,1 \cdot 92})\right]$$
$$= 94{,}2 \text{ dB (A)}$$

Nach dem gleichen Verfahren kann auch der Wochen-Lärmexpostionspegel $L_{EX,40\,h}$ für täglich schwankende Belastungen berechnet werden. Die Benutzung eines Gehörschutzes wird dabei nicht berücksichtigt.

Für den Sonderfall gleicher Teilzeiten mit unterschiedlichen Teilzeitpegeln ist eine Pegelmittelung mit Hilfe der Pegeladdition (Abb. 16.**4**) möglich.

Beispiel:

T_1 = 4 h, L_1 = 90 dB(A)
T_2 = 4 h, L_2 = 85 dB(A)
T_0 = 8 h.

Zunächst werden beide Pegel zum Gesamtpegel von L_{1+2} = 96,2 dB(A) addiert. Die zur Mittelung erforderliche Halbierung (-3 dB) führt zum Mittelwert von

$L_{EX,8\,h}$ = 93,2 dB(A).

Bei mehr als zwei gleichen Teilzeiten wird das Verfahren paarweise in mehreren Schritten vorgenommen.

Lärmgrenzwerte am Arbeitsplatz, Schutzmaßnahmen

Bei Lärmbelastungen mit Tages-Lärmexpositionspegeln von weniger als **85 dB(A)** sind lärmbedingte Gehörschäden nicht wahrscheinlich, jedoch nicht völlig auszuschließen. Ab 85 dB(A) besteht die Gefahr eines lärmbedingten Gehörschadens. Bis 89 dB(A) treten bei lang andauernder Lärmbelastung Gehörschäden auf. Ab **90 dB(A)** nimmt die Schädigungsgefahr deutlich zu. Sehr kurz andauernde, auch einzeln auftretende Pegelspitzen (Knall, Explosion) können das Gehör schädigen, wenn der Höchstwert des Schalldruckpegels **137 dB(C)** erreicht oder überschreitet.

In der „*Verordnung zum Schutz der Beschäftigten von Gefährdungen durch Lärm und Vibrationen (Lärm-Vibrations-Arb-SchV)*" von 2007 sind Auslösewerte und Grenzwerte für den Tages-Lärmexpositionspegel und den Spitzenschalldruckpegel festgelegt worden:

Oberer Auslösewert

$L_{EX,\,8\,h}$ = 85 dB(A) bzw. $L_{C,peak}$ = 137 dB(C)

Unterer Auslösewert

$L_{EX,\,8\,h}$ = 80 dB(A) bzw. $L_{C,peak}$ = 135 dB(C)

Dabei wird die dämmende Wirkung eines Gehörschutzes nicht berücksichtigt.

In Abhängigkeit von der Höhe der Lärmexposition sind vom Arbeitgeber folgende Maßnahmen zu ergreifen:

Erreichen und Überschreiten eines der *unteren* Auslösewerte:
- Beschäftigte informieren und über die Gefahren durch Lärm unterrichten

Überschreiten eines der unteren Auslöse-Werte:
- Gehörschutz bereitstellen
- Arbeitsmedizinische Vorsorgeuntersuchungen anbieten

Erreichen und Überschreiten eines der *oberen* Auslösewerte:
- Lärmbereiche kennzeichnen und abgrenzen
- Arbeitnehmer müssen Gehörschutz verwenden
- Regelmäßig veranlasste Vorsorgeuntersuchungen

Überschreiten eines der *oberen* Auslösewerte:
- Maßnahmen zur Verringerung der Lärmexposition

Der Gehörschutz ist so auszuwählen, dass unter dem Gehörschutz die maximal zulässigen *Expositionsgrenzwerte* $L_{EX,8\,h}$ = 85 dB(A) und $L_{C,peak}$ = 137 dB(A) nicht überschritten werden.

Bei der Ermittlung und Bewertung der Gesundheitsrisiken sind auch die Wechselwirkungen zwischen Lärm und Vibration sowie zwischen Lärm und ototoxischen Arbeitsstoffen zu berücksichtigen.

Vorsorgeuntersuchungen

Um eine Gefährdung der Gehörs durch Lärm frühzeitig zu erkennen und weitere Schutzmaßnahmen zu ergreifen, sind nach der Lärm-VibrationsArbSchV Gehöruntersuchungen vor Beginn der Arbeitsaufnahme und während der Arbeit im Lärm entsprechend dem berufsgenossenschaftlichen *Grundsatz G 20 Lärm* durchzuführen. Für die Fristen gilt:

Erstuntersuchung
- vor erstmaliger Aufnahme einer Tätigkeit im Lärmbereich

Erste Nachuntersuchung
- nach 12 Monaten

Weitere Nachuntersuchungen
- nach 36 Monaten
- nach 60 Monaten bei $L_{EX,\,8\,h}$ < 90 dB(A) und $L_{C,\,peak}$ < 137 dB(C)
- nach Beendigung der Tätigkeit

Vorzeitige Nachuntersuchung
- nach ärztlichem Ermessen in Einzelfällen
- auf Wunsch eines Beschäftigten
- nach Auftreten von Hörstörungen infolge Erkrankung oder Unfall

Vor den Untersuchungen sind für 14 Stunden Expositionspegel von über 80 dB(A) zu vermeiden. Dies kann durch Benutzung eines ausreichenden Gehörschutzes erfolgen. Die audiometrische Untersuchung ist abzulehnen, wenn der Beschäftigte von der Untersuchung unter Lärmeinwirkung von L_{Aeq} = 85 dB(A) oder mehr gestanden hat und die nachfolgende Lärmpause mit L_{Aeq}< 75 dB(A) die Zeit von 30 Minuten unterschreitet.

Bei den Untersuchungen werden spezielle Untersuchungsbögen ausgefüllt:

- Lärm I: Siebtest
- Lärm II: Ergänzungsuntersuchung
- Lärm III: erweiterte Ergänzungsuntersuchung

Für den Ablauf des Untersuchungsganges soll hier nur ein allgemeiner Ablaufplan gegeben werden (Abb. 16.**5**).

Ein Beispiel für eine arbeitsmedizinische Untersuchung mit Ausfüllen der Untersuchungsbögen wird im Fallbeispiel *„Vorsorgeuntersuchung nach G 20“* (Kap. 18) gezeigt.

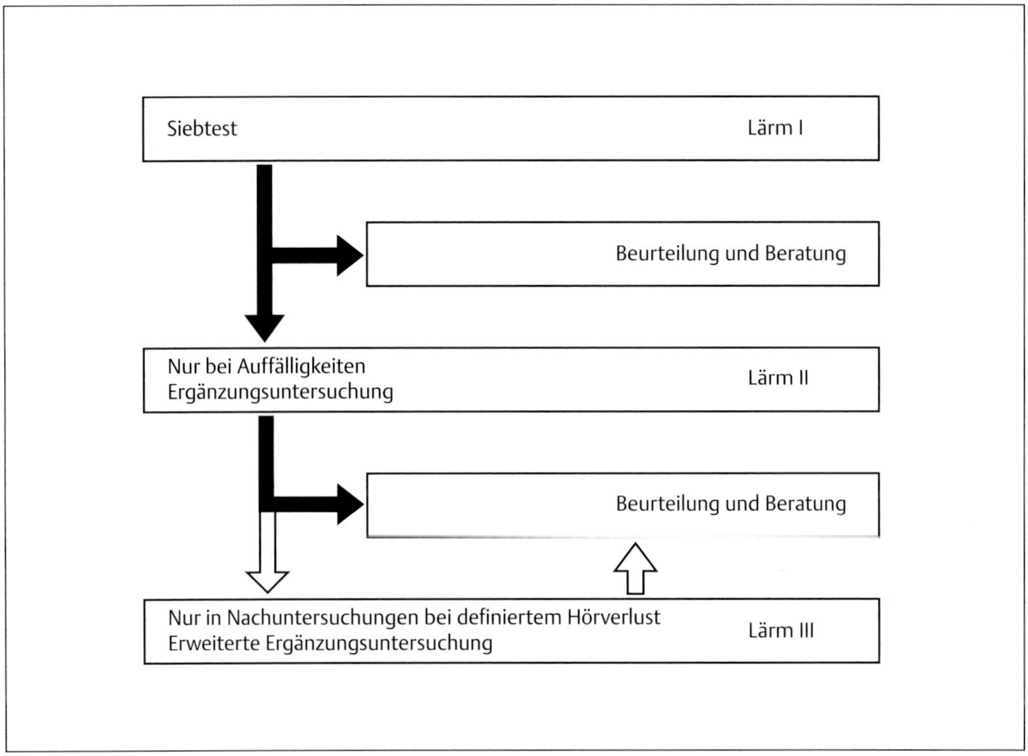

Abb. 16.**5** Ablauf von Vorsorgeuntersuchungen nach dem Grundsatz G 20 „Lärm“.

Die vorliegenden Untersuchungsergebnisse können zu den folgenden Anweisungen für die Weiterarbeit im Lärm führen:

- Keine gesundheitlichen Bedenken
- Keine gesundheitlichen Bedenken mit Auflagen
- Befristete gesundheitliche Bedenken
- Dauernde gesundheitliche Bedenken

Beim Verdacht auf eine berufsbedingte Lärmschwerhörigkeit hat der Arzt beim zuständigen Träger der Unfallversicherung oder bei der zuständigen Landesbehörde eine Anzeige über eine Berufskrankheit nach Ziffer 2301 der Anlage I zur Berufskrankheiten-Verordnung zu erstatten. Wenn die Erwerbsfähigkeit bereits um mindestens 10 % gemindert ist, gilt schon ein Hörverlust von 40 dB bei 3 kHz als erheblich („Stützrente"). Die Anerkennung als Lärmschwerhörigkeit erfordert eine Begutachtung, deren Verfahren im Kap. 17 genauer beschrieben wird.

Anmerkungen

Der „Arbeitskreis 1.6 Lärm im Ausschuss Arbeitsmedizin der Deutschen Gesetzlichen Unfallversicherungen" hat im Jahr 2010 die folgenden Anpassungen des Grundsatzes G 20 beschlossen: Für Lärm I und Lärm II sind Untersuchungsbögen entwickelt worden, die auf einer EXCEL-basierten Datei beruhen. Bei der Gefährdungsbeurteilung sind Kombinationswirkungen von Lärm mit ototoxischen Substanzen und Vibrationen zu erfassen. Da sich die Zuverlässigkeit des *SISI-Tests* als relativ gering erwiesen hat, wird auf seine Durchführung in der Untersuchung Lärm II verzichtet. Für die Tonschwellenaudiometrie werden an Stelle der bisher eingesetzten Dauertöne die bei Tinnitus und Störschall sicherer wahrnehmbaren *Pulstöne* empfohlen.

In neuen Untersuchungen wurden statistisch signifikante Veränderungen der TEOAE bei Lärmbelastung gefunden. Die OAE-Messungen könnten in Zukunft die subjektiven überschwelligen Untersuchungen ablösen.

Lärmminderung und Gehörschutz

Zunächst ist in Lärmbereichen zu versuchen, Maßnahmen zur technischen *Lärmminderung* vorzusehen, um einen Tagesexpositionspegel von weniger als 85 dB(A) einzuhalten. Lärm kann vermindert werden im Bereich der

- Lärmentstehung (Schallanregung, Schallabstrahlung
- Schallübertragung (Luftschall, Körperschall, Raumakustik)
- Organisation (Arbeitsverfahren, räumliche und zeitliche Anordnung).

Hier soll nur die Definition des Schalldämmmaßes R gegeben werden: Es gibt an, wie weit die auf eine Grenzfläche auftreffende Schallleistung P_1 beim Austritt auf der Gegenseite auf P_2 verringert wird.

$$R = 10 \log (P_1/P_2) \text{ (dB)}$$

mit $P = A \cdot I$
(A: Fläche, I: Schallintensität).

Reichen die o. g. Maßnahmen nicht aus, um gehörschädigenden Lärm fernzuhalten, müssen persönliche Schallschutzmittel (*Gehörschützer*) eingesetzt werden. Im Rahmen der Arbeitsmedizinischen Vorsorgeuntersuchungen (nach G 20 „Lärm") muss eine Beratung zum Gehörschutz durchgeführt werden. Der Betriebsarzt nimmt eine individuelle Anpassung vor. In den meisten Fällen werden Gehörschutzstöpsel oder Kapselgehörschützer verwendet. Bei sehr hohen Schallpegeln kommen auch Schutzhelme oder Schutzanzüge zum Einsatz. Hilfreich für die Gehörschutzauswahl und -beratung ist die BGR 194 (bisher ZH 1/705).

Die Eigenschaften von Gehörschutzstöpseln und -kapseln werden kurz gegenübergestellt:

- *Gehörschutzstöpsel* (Abb. 16.**6**) sind auch bei tiefen Frequenzen wirksam, können in Verbindung mit Brillen und Helmen getragen werden und sind vor allem bei andauernder Lärmeinwirkung sinnvoll.
- *Kapselgehörschützer* (Abb. 16.**7**) sind vorzugsweise für mittelfrequenten bis hochfrequenten Lärm geeignet, schonen den Gehörgang und können einfach auf- und abgesetzt werden. Auch mit aufgesetztem Schallschutz ist Sprache meist noch gut verständlich.

Die frequenzabhängige Schalldämmung muss ausreichen, um am Ohr eine Verringerung des Beurteilungspegels auf weniger als **85 dB(A)** zu erreichen.

Eine *Überprotektion* ist zu vermeiden, da sie die Sprachverständigung und die Erkennung von Arbeitsgeräuschen erschwert und zur Ablehnung des Gehörschutzes führen kann.

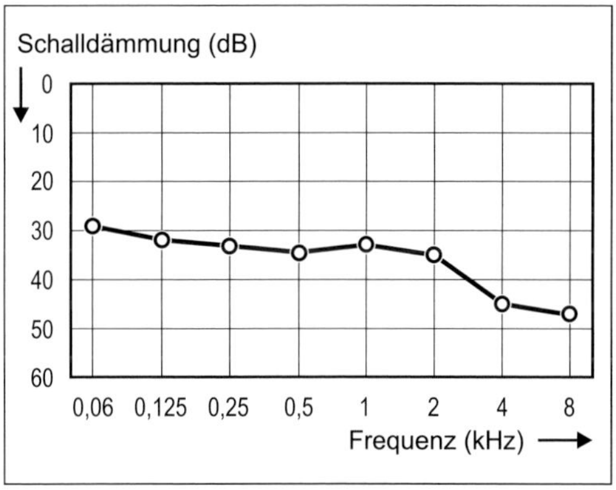

Abb. 16.**6** Typische Schalldämmkurve für Gehörschutzstöpsel.

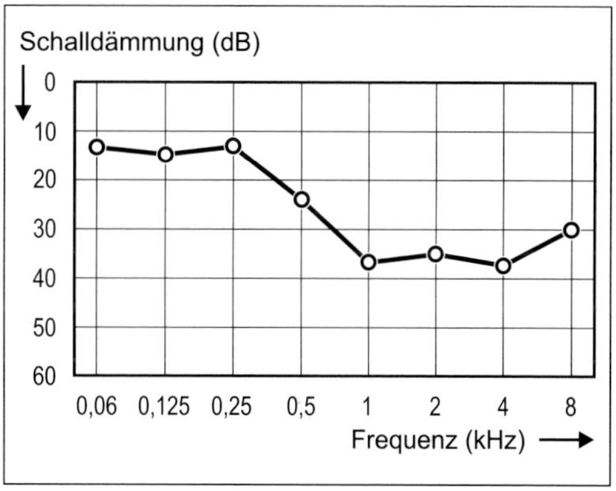

Abb. 16.**7** Typische Schalldämmkurve für Kapselgehörschützer.

Anhang

Für die Auswertung der Untersuchungsergebnisse in den Formularen Lärm I und Lärm II (Fallbeispiel „Vorsorgeuntersuchung nach G 20“) gelten Grenzwerte im Siebtest (Tab. 16.**1**) und bei der Ergänzungsuntersuchung (Tab. 16.**2**).

Tab. 16.**1** Hörverlustgrenzwerte für Erstuntersuchungen (Luftleitung).

Lebensalter L in Jahren	Frequenz in kHz				
	1	2	3	4	6
	Hörverlust in dB				
L<30	15	15	20	25	25
30<L<35	15	20	25	25	30
35<L<40	15	20	25	30	35
40<L<45	20	25	30	40	40
L>45	20	25	35	45	50

Tab. 16.**2** Hörverlustgrenzwerte für Nachuntersuchungen (Knochenleitung).

Lebensalter L in Jahren	Summe der Hörverluste bei 2, 3 und 4 kHz in dB
L<20	65
20<L<25	75
25<L<30	85
30<L<35	95
35<L<40	105
40<L<45	115
45<L<50	130
L>50	140

17 Begutachtung

Bei einer BK-Anzeige ist ein Gutachten über den ursächlichen Zusammenhang und die durch den Gehörschaden bedingte Minderung der Erwerbsfähigkeit (MdE) zu erstellen. Nach der Höhe der MdE richtet sich die Leistung der gesetzlichen Unfallversicherung (z. B. bei Hörhilfe, Tinnitusbehandlung, Rente).

Für die Auswertung und Bewertung der durchgeführten Hörtests sind die Empfehlungen des *„Königsteiner Merkblattes"* (herausgegeben vom Hauptverband der gewerblichen Berufsgenossenschaften) als allgemeine Anhaltspunkte maßgebend. Diese müssen aber im individuellen Fall nicht immer schematisch angewandt werden. Die MdE kann immer nur „eingeschätzt", nicht aber exakt gemessen werden. Für das Gutachten wird meist der Arztvordruck 22 *„Hals-Nasen-Ohrenärztliches Gutachten zur Frage der beruflichen Lärmschwerhörigkeit"* verwendet; bei besonderen Fragestellungen kann das Gutachten auch in freier Form erstellt werden.

Audiometrische Untersuchung

Nach einer HNO-ärztlichen Spiegeluntersuchung, der *Hörweitenprüfung* und der *Stimmgabelprüfung* nach Rinne und Weber wird ein *Tonschwellenaudiogramm* in Luft- und Knochenleitung gemessen. Es dient zum Ausschluss einer Schallleitungsschwerhörigkeit und in bestimmten Fällen zur Beurteilung des Schweregrades einer Hörstörung.

Zur Differenzialdiagnose einer Schallleitungsstörung wird ergänzend eine *Tympanometrie* vorgenommen. Zur Unterscheidung einer kochleären oder retrokochleären Hörstörung genügen 2 Tests, die in ihren Ergebnissen übereinstimmen. In Betracht kommen die in Kap. 7 und 8 beschriebenen Tests des Lautheitsausgleichs, der Verdeckbarkeit und der Hörermüdung. Eine höhere Sicherheit der Aussage bieten die objektiven Messungen der Stapediusreflexschwellen, der *otoakustischen Emissionen* und der *BERA*.

Bei entsprechenden Angaben ist ein Tinnitus zu analysieren. Es ist immer eine orientierende Prüfung auf Spontan- und Provokationsnystagmus unter der Leuchtbrille vorzunehmen.

Die wichtigste Grundlage zur Bemessung der MdE ist der sprachaudiometrische Befund nach dem Freiburger Test. Ausgewertet werden der Hörverlust für Zahlen und die aus den Sprachschallpegeln von 60, 80 und 100 dB errechneten Werte für das einfache bzw. das gewichtete Gesamtwortverstehen (vgl. Kap. 9), die jeweils maximal den Wert 300 erreichen können.

Prozentualer Hörverlust

Der prozentuale Hörverlust wird aus der Tab. 17.**1** ermittelt. Er ergibt sich aus dem Hörverlust für Zahlen und dem *gewichteten* Gesamtwortverstehen. Liegt er *zwischen 20 % und 40 %* (beide Werte einschließlich), so ist der Tabellenwert für die Bemessung der MdE maßgebend.

Bei Werten von *mehr als 40 %* ist der prozentuale Hörverlust noch einmal unter Verwendung des *einfachen* Gesamtwortverstehens zu bestimmen. Wenn auch dabei der prozentuale Hörverlust über 40 % liegt, wird der ermittelte Wert zur Bemessung der MdE verwendet. Bei geringerem Ergebnis gilt der Grenzwert von 40 %.

Tab. 17.**1** Berechnung des prozentualen Hörverlustes aus dem Sprachaudiogramm (Boenninghaus und Röser 1973).

Gesamtverstehen	**Hörverlust für Zahlen in dB**											
	<20	**ab 20**	**ab 25**	**ab 30**	**ab 35**	**ab 40**	**ab 45**	**ab 50**	**ab 55**	**ab 60**	**ab 65**	**ab 70**
< 20	100	100	100	100	100	100	100	100	100	100	100	100
ab 20	95	95	95	95	95	95	95	95	95	95	95	100
ab 35	90	90	90	90	90	90	90	90	90	90	95	100
ab 50	80	80	80	80	80	80	80	80	80	90	95	100
ab 75	70	70	70	70	70	70	70	70	80	90	95	100
ab 100	60	60	60	60	60	60	60	70	80	90	95	
ab 125	50	50	50	50	50	50	60	70	80	90		
ab 150	40	40	40	40	40	50	60	70	80			
ab 175	30	30	30	30	40	50	60	70				
ab 200	20	20	20	30	40	50	60			Hörverlust in Prozent		
ab 225	10	10	20	30	40	50						
ab 250	0	10	20	30	40							

Wenn sich unter Verwendung des gewichteten Gesamtwortverstehens ein prozentualer Hörverlust von *weniger als 20 %* ergibt, ist zusätzlich das Tonschwellenaudiogramm auszuwerten. Aus dem Tonhörverlust bei 1 kHz und der Summe der Hörverluste bei 2 und 3 kHz (bei Schallleitungshörverlust in Knochenleitung) wird aus der Tab. 17.**2** der prozentuale Hörverlust bestimmt. Ergibt sich hier ein Wert von 20 % oder mehr, so ist ein prozentualer Hörverlust von 20 % (nicht mehr) anzunehmen. Die Bestimmung dieses Wertes ist von besonderer Bedeutung, da eine

Tab. 17.**2** Berechnung des prozentualen Hörverlustes aus dem Tonaudiogramm nach der Drei-Frequenz-Tabelle (Röser 1980).

Summe der Hörverluste bei 2 und 3 kHz	**Tonhörverlust bei 1 kHz**										
dB	**0**	**5** **10**	**15** **20**	**25** **30**	**35** **40**	**45** **50**	**55** **60**	**65** **70**	**75** **80**	**85** **90**	**95** **100**
0– 15	0	0	0	0	5	15					
20– 35	0	0	0	5	10	20	30		Hörverlust in Prozent		
40– 55	0	0	0	10	20	25	35	40			
60– 75	0	0	10	15	25	35	40	50	60		
80– 95	0	5	15	25	30	40	50	60	70	80	
100–115	5	15	20	30	40	50	55	70	80	90	100
120–135	10	20	30	35	45	55	65	75	90	100	100
140–155	20	25	35	45	50	60	75	85	95	100	100
160–175	25	35	40	50	60	70	80	95	100	100	100
180–195	30	40	50	55	70	80	90	100	100	100	100
ab 200	40	45	55	65	75	90	100	100	100	100	100

versicherungsrechtlich relevante Schwerhörigkeit erst ab einem prozentualen Hörverlust von 20 % vorliegt (Tab. 17.**3**).

Die Tab. 17.**2** wird auch verwendet, um hilfsweise den prozentualen Hörverlust bei Versicherten mit geringen Deutschkenntnissen oder beim Fehlen eines Sprachaudiogramms (nach Aktenlage) zu ermitteln. Dabei ist zu berücksichtigen, dass sich bei der Anwendung dieser Tabelle ein etwas höherer prozentualer Hörverlust ergibt als aus dem Sprachaudiogramm.

Minderung der Erwerbsfähigkeit

Die Erwerbsfähigkeit wird vor dem Eintritt der BK mit 100 % angesetzt. Die Einschränkung der individuellen Erwerbsfähigkeit durch eine Lärmschwerhörigkeit wird durch die Angabe der MdE eingeschätzt. Eine Rente kann nur gewährt werden, wenn die Erwerbsfähigkeit um wenigstens 20 % gemindert ist. Dieser Wert kann auch als Summe der MdE für mehrere Berufskrankheiten oder Arbeitsunfälle mit einer MdE von jeweils mindestens 10 % erreicht werden („Stütz-MdE“).

Tab. 17.**3** Berechnung der MdE aus den Schwerhörigkeitsgraden beider Ohren (nach Feldmann).

Rechtes Ohr	Normalhörigkeit	0–20	0	0	10	10	15	20
			10					
	Geringgradige Schwerhörigkeit	20–40	0	15	20	20	30	30
				20				
	Mittelgradige Schwerhörigkeit	40–60	10	20	30	30	40	40
					40			
	Hochgradige Schwerhörigkeit	60–80	10	20	30	50	50	50
						60		
	An Taubheit grenzende Schwerhörigkeit	80–95	15	30	40	50	70	70
							80	
	Taubheit	100	20	30	40	50	70	80
		Hörverlust in %	0–20	20–40	40–60	60–80	80–95	100
			Normalhörigkeit	Geringgradige Schwerhörigkeit	Mittelgradige Schwerhörigkeit	Hochgradige Schwerhörigkeit	An Taubheit grenzende Schwerhörigkeit	Taubheit
					Linkes Ohr			

Die Minderung der Erwerbsfähigkeit wird nach Tab. 17.**3** aus dem prozentualen Hörverlust beider Ohren bestimmt, wobei auch Zwischenwerte angegeben werden können. So ergibt z. B. ein beidseitiger Hörverlust von 40 % eine MdE von 20 %, ein beidseitiger Hörverlust von 20 % eine MdE von 10 %. Bei einem prozentualen Hörverlust von beiderseits 10 % oder weniger wird eine messbare MdE nicht erreicht („MdE unter 10 %"). Ein lärmbedingter Tinnitus kann die MdE um bis zu 10 % erhöhen.

Für symmetrische Hörschäden kann zur Ermittlung der MdE die übersichtlichere Tab. 17.**4** benutzt werden. Hier sind auch die für die *Klassifikation des Hörverlustes* wichtigen genauen Bezeichnungen der *Schwerhörigkeitsgrade* (von „Normalhörigkeit" bis „Taubheit") enthalten.

Tab. 17.**4** MdE und Schwerhörigkeitsgrad bei symmetrischen Hörschäden in Abhängigkeit vom Hörverlust (nach Brusis/Mehrtens)

Hörverlust (%)	MdE (%)	Schwerhörigkeitsgrad
0	0	Normalhörigkeit
<20	<10	beginnende Schwerhörigkeit
20	10	knapp geringgradige Schwerhörigkeit
30	15	geringgradige Schwerhörigkeit
40	20	gering- bis mittelgradige Schwerhörigkeit
45	25	knapp mittelgradige Schwerhörigkeit
50	30	mittelgradige Schwerhörigkeit
60	40	mittel- bis hochgradige Schwerhörigkeit
65	45	knapp hochgradige Schwerhörigkeit
70	50	hochgradige Schwerhörigkeit
80	60	hochgradige Schwerhörigkeit bis an Taubheit grenzend
85	65	knapp an Taubheit grenzend
90	70	an Taubheit grenzend
95	80	Taubheit mit Hörresten
100	80	Taubheit

Anmerkungen

Zur genauen Einführung in die Begutachtung von Lärmschädigungen, insbesondere für die Anamnese, die Diskussion des Ursachenzusammenhangs, die individuelle Bemessung der MdE, Vorschädigungen, die Berücksichtigung der zeitlichen Entwicklung der Lärmschwerhörigkeit sowie für medizinische Fragestellungen sollte das „Königsteiner Merkblatt" und die Fachliteratur (Kap. 20) herangezogen werden. Unabhängig vom Erwerbsleben können der *Grad der Behinderung (GdB)* für alle Gesundheitsstörungen unabhängig von ihrer Ursache und der *Grad der Schädigungsfolgen (GdS)* (nach Gesundheitsschädigung) angegeben werden. Sie haben den gleichen Zahlenwert wie die MdE (ohne %).

18 Fallbeispiele

Kindliche Mittelohrentzündung

Die Eltern suchten den Hals-Nasen-Ohren-Arzt auf, weil ihr 4-jähriges Kind über Schmerzen im rechten Ohr klagte. Weiter berichteten sie über eine chronische Infektanfälligkeit und starke Schnarchgeräusche des Kindes, die typischen Symptome vergrößerter und chronisch entzündeter Rachenmandeln. Bei der zunächst vorgenommenen ohrmikroskopischen Untersuchung zeigte sich links ein normales, rechts ein vorgewölbtes, verdicktes, elfenbeinfarbiges Trommelfell.

Da das Kind zu einer konzentrierten Mitarbeit noch nicht fähig ist, lässt sich das *Tonschwellenaudiogramm* (Abb. 18.**1**) nur für wenige Frequenzen und sehr unsicher aufnehmen. Links wird in Luftleitung ein Hörverlust um 10 dB, rechts bei 30 dB gefunden; die Knochenleitungsschwelle ist nicht sicher zu messen. Das Kind reagiert links auf Flüstersprache („Eisenbahn, Teddybär“) aus einer Entfernung von 5 m, rechts auf Umgangssprache aus der gleichen Entfernung, was für das rechte Ohr einen Hörverlust von etwa 30 dB vermuten lässt. Den *Stimmgabeltests* kann das Kind nicht folgen.

Einen verlässlicheren Aufschluss über die Hörstörung bietet hier die *Tympanometrie* (Abb. 18.**2**). Sie zeigt links ein normales Tympanogramm und weist rechts auf einen Mittelohrerguss (Serotympanon) hin. Die *Stapediusreflexschwellen* sind links ipsilateral bei normalen Pegeln zu finden, bei allen anderen Messungen aber ausgefallen.

Ohne das Kind besonders zu belasten, kann der Befund durch die Registrierung der *otoakusti-*

rechts	Zahlen	links
	Fl. (m)	5
5	Umg. (m)	

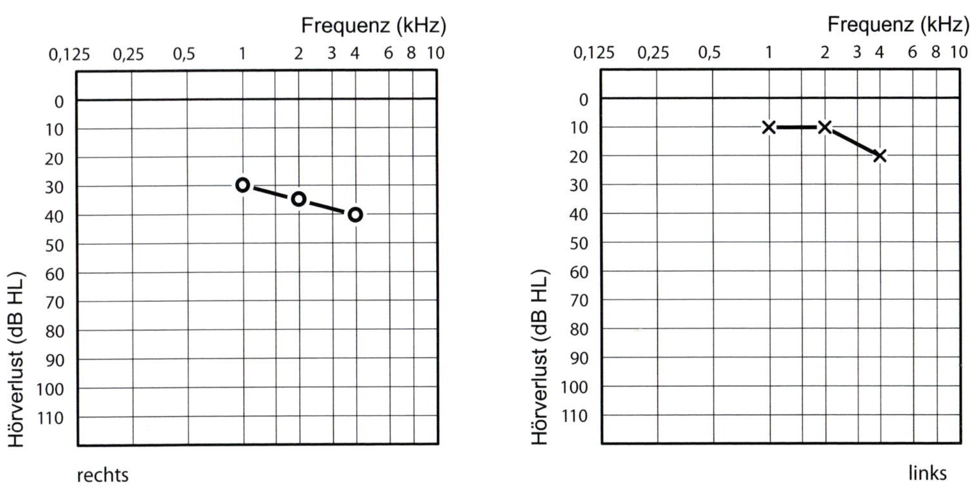

Abb. 18.**1** Kindliche Mittelohrentzündung (Hörweitenprüfung, Tonschwellenaudiogramm).

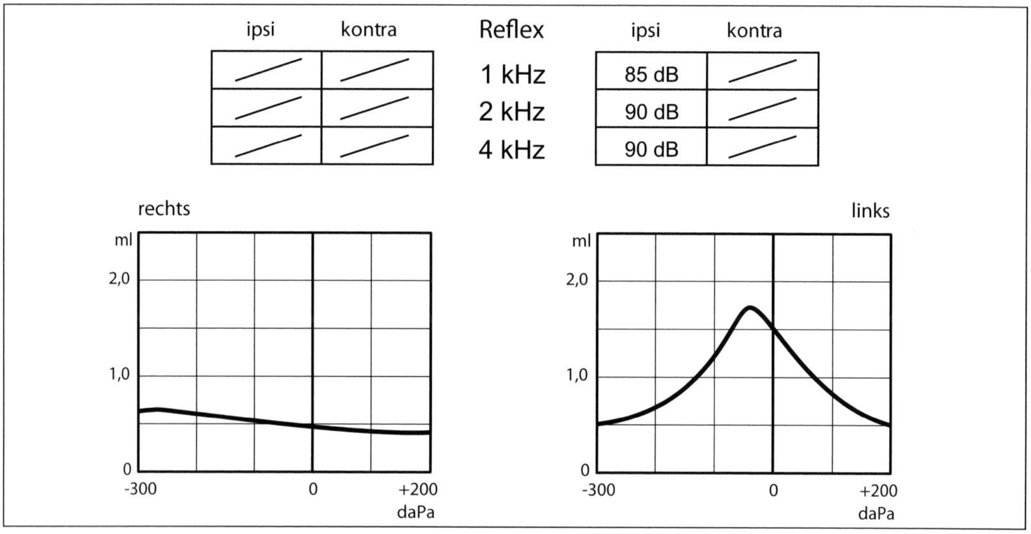

Abb. 18.**2** Kindliche Mittelohrentzündung (Stapediusreflexschwellen, Tympanogramm).

schen Emissionen abgesichert werden. Die TEOAE (Abb. 18.**3**) sind links normal vorhanden, rechts aber nicht registrierbar. Die DPOAE (Abb. 18.**4**) zeigen im linken Ohr normale Werte, sind rechts aber stark verringert.

Während des Eingriffs in Intubationsnarkose wurden die stark vergrößerten Adenoide entfernt (Adenotomie). Rechts wurde durch einen kleinen Trommelfellschnitt (Parazentese) viel zähes Sekret aus dem Mittelohr abgesaugt. Um der in diesem Fall stark veränderten Mittelohrschleimhaut durch die Sicherstellung einer ausreichenden Belüftung Zeit zur Ausheilung zu geben, wurde rechts in das Trommelfell ein Paukenröhrchen eingesetzt, welches 6 Monate nach dem Eingriff wieder entfernt werden konnte. Einige Wochen später zeigte das Tympanogramm auch rechts einen normalen Verlauf, die Otoemissionen hatten sich normalisiert.

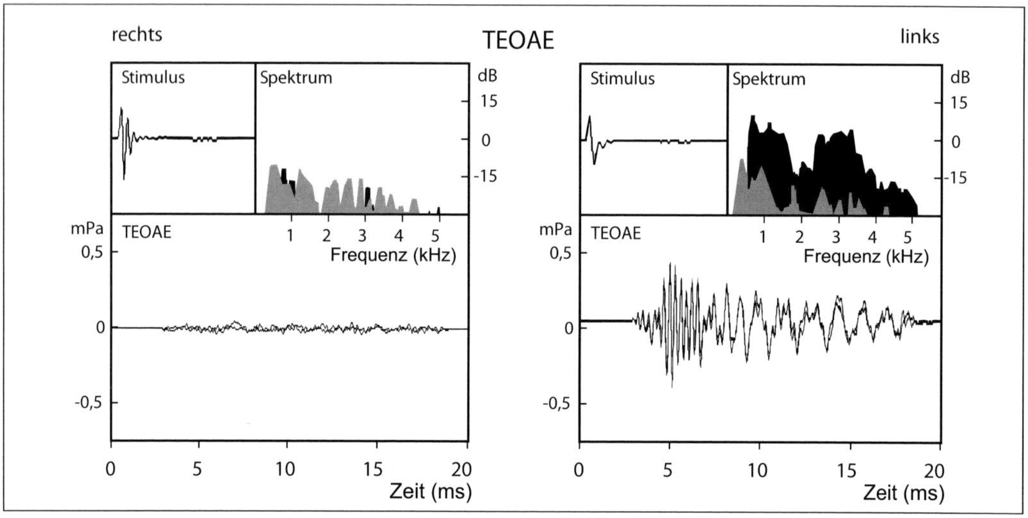

Abb. 18.**3** Kindliche Mittelohrentzündung (TEOAE).

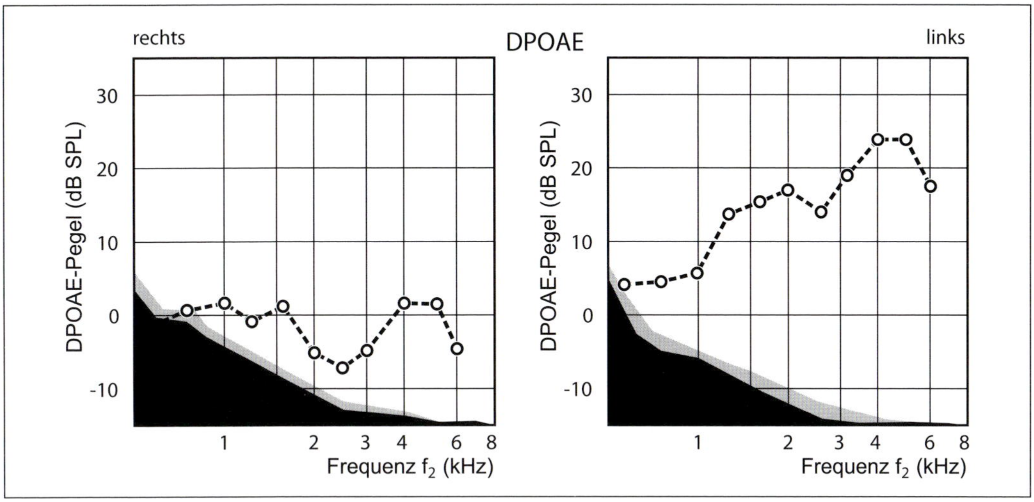

Abb. 18.**4** Kindliche Mittelohrentzündung (DPOAE).

Otosklerose

Eine jetzt 30-jährige Patientin bemerkte erstmals im 26. Lebensjahr eine langsam zunehmende Hörminderung des linken Ohres, welche sich nach der Geburt ihres ersten Kindes rasch verstärkte. Seit einem Jahr trat ein gleichmäßiges Rauschen im gleichen Ohr hinzu. Die Untersuchung der Trommelfelle zeigte keinerlei Auffälligkeiten, ebenso wie die Röntgenaufnahmen der Felsenbeine.

Im *Tonschwellenaudiogramm* (Abb. 18.**5**) erkennt man bei einem rechts praktisch normalen Hörvermögen eine deutliche Schallleitungsschwerhörigkeit links, welche in den tiefen Frequenzen am meisten ausgeprägt ist. In der Knochenleitungsschwelle ist um 2 kHz die *Carhart-Mulde* (vgl. Abb. 5.**3** d) angedeutet. Der Weber-Test lateralisiert wegen der Schallleitungsstörung nach links. Der *Rinne*-Test hat für das normale rechte Ohr ein positives, auf der linken Seite wegen der Schallleitungsstörung ein negatives Ergebnis.

Das Maximum der Nachgiebigkeit im *Tympanogramm* (Abb. 18.**6**) ist links gegenüber der gesunden Seite verkleinert. Der ipsilaterale *Stapediusreflex* für das gesunde rechte Ohr zeigt normale Schwellenwerte. Die für dieses Ohr kontralateral angeregten Reflexe weisen höhere Schwellen auf, da der Schallpegel links um den Betrag des Schallleitungshörverlustes leiser wahrgenommen wird. Für das linke Ohr ist kein Reflex auszulösen, da der Stapediusmuskel hier den wahrscheinlich festsitzenden Steigbügel nicht bewegen kann.

Bei der operativen Eröffnung der Paukenhöhle fiel eine Knochenwucherung am Rande der Fußplatte auf, welche zu einer nahezu kompletten Fixation des Steigbügels geführt hatte. Der Steigbügel wurde durch eine Teflon-Stahl-Prothese ersetzt. Nach dem Entfernen des Verbandes am 7. Tag nach der Operation wies das Tonschwellenaudiogramm links einen fast normalen Verlauf auf. Das Tympanogramm normalisiert sich allerdings nach Mittelohroperationen nur selten, weil operationsbedingte Narben das Trommelfell verhärten.

rechts	Zahlen	links
> 6	Fl. (m)	4
	Umg. (m)	> 6

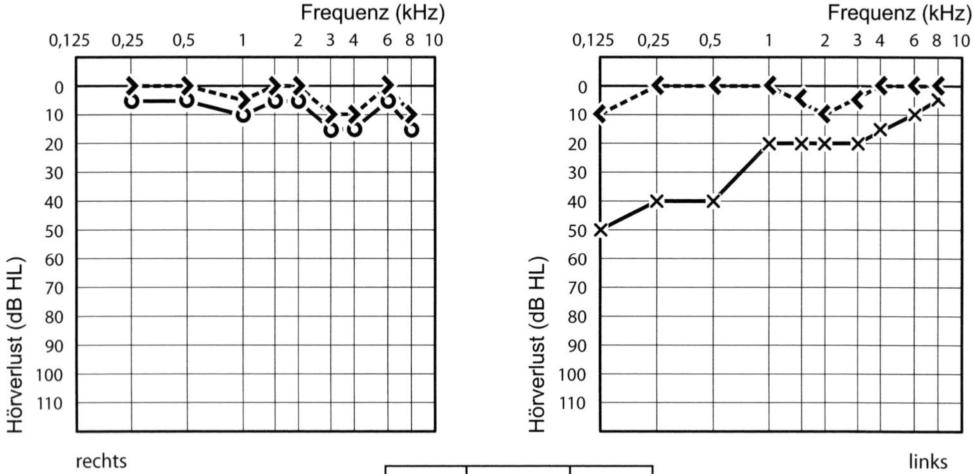

rechts		links
	Weber	→
+	Rinne	−

Abb. 18.**5** Otosklerose (Hörweiten- und Stimmgabelprüfung, Tonschwellenaudiogramm).

ipsi	kontra	Reflex	ipsi	kontra
85 dB	100 dB	1 kHz	/	/
85 dB	105 dB	2 kHz	/	/
90 dB	110 dB	4 kHz	/	/

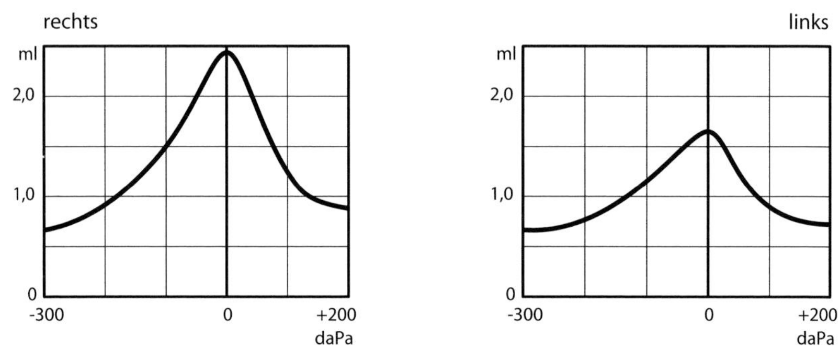

Abb. 18.**6** Otosklerose (Stapediusreflexschwellen, Tympanogramm).

Morbus Menière

Sie sei gerade dabei gewesen, ihre Hausarbeit zu verrichten, berichtete die 42-jährige Patientin, als sie urplötzlich von einem heftigen Drehschwindel befallen wurde, der sich bei jeder kleinsten Kopfbewegung verstärkte; sie blieb aber bei vollem Bewusstsein. Schließlich musste sie sich übergeben. Unmittelbar danach setzte ein entsetzliches Rauschen auf dem linken Ohr ein, welches sie, wenn auch in abgeschwächter Form, noch heute, 3 Wochen nach diesem ersten Ereignis ununterbrochen vernehme. Seitdem verspüre sie auch eine deutliche Hörminderung links. Nach ca. 1½ Stunden sei der Drehschwindel abgeflaut. 6 Tage danach war es nach Angaben der Patientin nochmals zu einem ähnlichen anfallartigen Ereignis gekommen.

Das *Tonschwellenaudiogramm* (Abb. 18.**7**) zeigt bei einem Normalgehör rechts eine Schallempfindungsschwerhörigkeit links vorwiegend im Tieftonbereich. Der Knochenleitungs-Schwellenwert bei 250 Hz links deutet nicht auf eine Schallleitungskomponente, sondern ist gefühlt worden. Durch Tonvergleiche kann ein Ohrgeräusch bei 500 Hz festgestellt werden. Es ist mit einem Schmalbandrauschen bei dieser Frequenz von 50 dB verdeckbar. Der *Weber*-Test lateralisiert zur besseren Knochenleitung nach rechts. Der *Rinne*-Test hat beidseits ein normales (positives) Ergebnis. Die Ergebnisse des *SISI*- und *Carhart*-Tests lassen auf das Vorliegen einer Innenohrschädigung schließen.

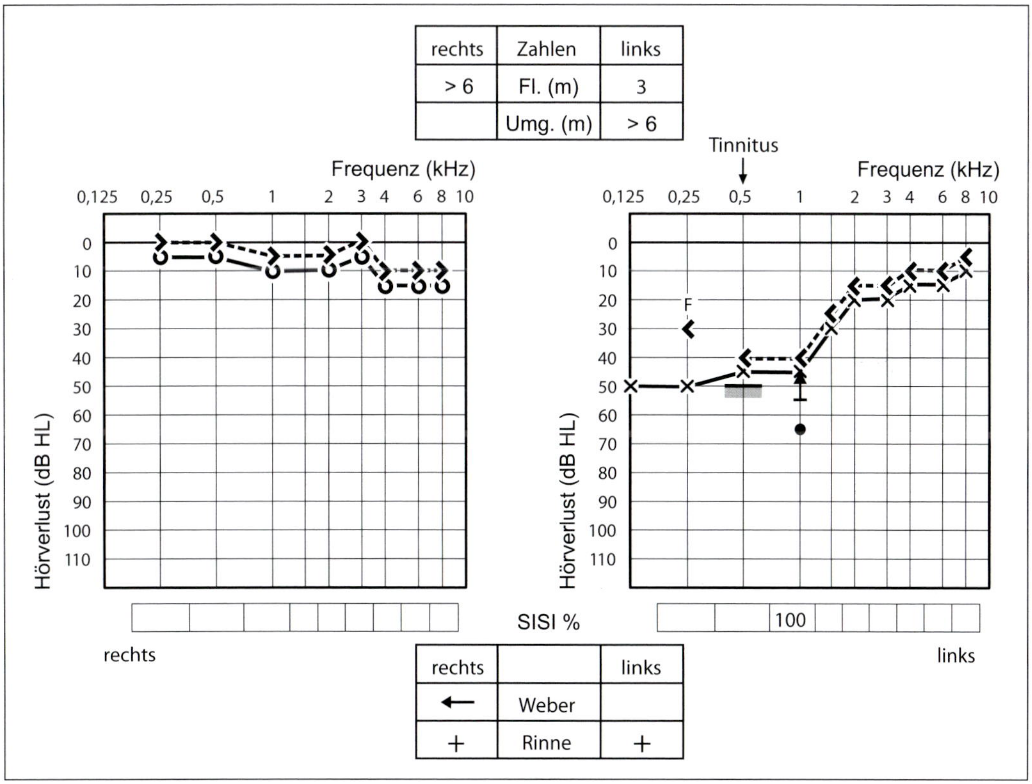

Abb. 18.**7** Morbus Menière (Hörweiten- und Stimmgabelprüfung, Tonschwellenaudiogramm, SISI- und Carhart-Test). F: Fühlschwelle.

Die *Tympanogramme* beider Ohren sind normal. Die *Stapediusreflexschwellen* bei 1 und 2 kHz sind normal, da der Innenohrhörverlust weniger als 60 dB beträgt. Die Reflexschwellen bei 4 kHz liegen meist etwas höher als die für tiefere Frequenzen. Auch die normalen Reflexschwellen sprechen nicht für eine retrokochleäre Erkrankung.

Das *Sprachaudiogramm* (Abb. 18.**8**) ist rechts normal. Für das linke Ohr wird infolge des Hörverlustes im Sprachbereich ein Hörverlust für Zahlen (HVZ) von 35 dB gefunden. Auch die Einsilberkurve ist entsprechend verschoben, erreicht aber für genügend hohe Sprachschallpegel eine fast volle Verständlichkeit.

Zur Absicherung des Befundes einer Innenohrerkrankung wird ein *BERA*-Test durchgeführt, der normale Latenzen ergibt, also nicht auf eine retrokochleäre Hörstörung hinweist.

Die Gleichgewichtsprüfung (Elektronystagmografie) zeigt bei der thermischen Prüfung eine angedeutete Mindererregbarkeit des linken Labyrinths. Alle bildgebenden Verfahren zeigen keinen pathologischen Befund. Zur Absicherung der Diagnose wird eine Elektrokochleografie angeordnet. Um die Anfallshäufigkeit und -schwere zu mindern, wird Betahistin verordnet.

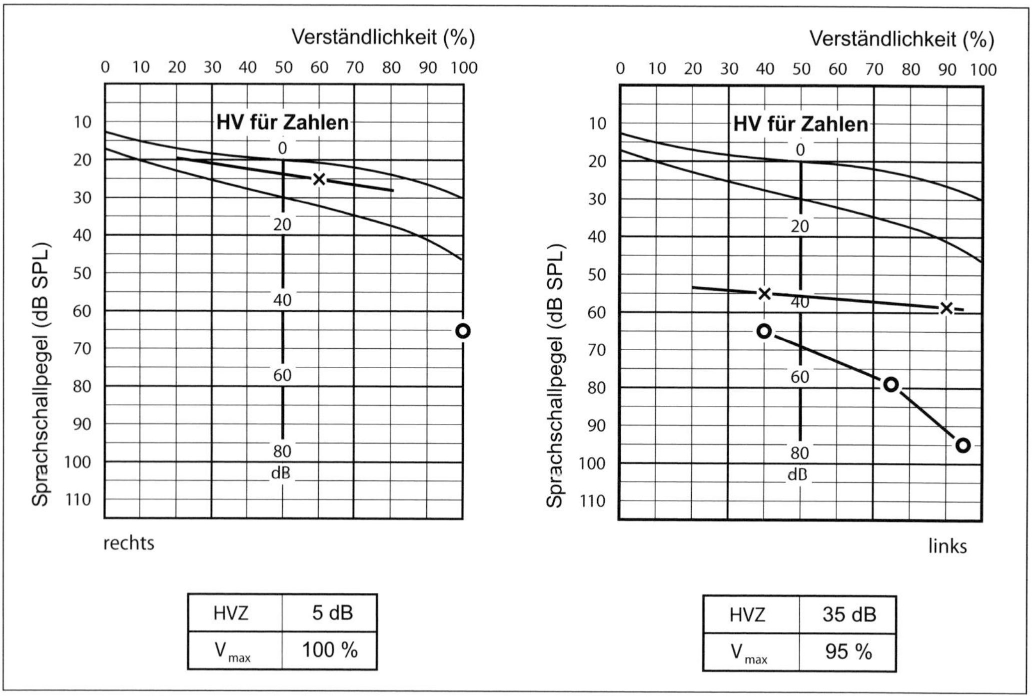

Abb. 18.**8** Morbus Menière (Sprachaudiogramm).

Hörsturz

Der 41-jährige leitende Angestellte eines Großunternehmens hatte gerade eine unerfreuliche Auseinandersetzung mit einem Kollegen, als er plötzlich eine erhebliche Hörverschlechterung des rechten Ohres verspürte. Etwa 3 Stunden nach diesem Ereignis gesellte sich bei unverändert schlechtem Hörvermögen ein Tinnitus des betroffenen Ohres hinzu, der nach einiger Zeit wieder verschwand. Schwindel oder Übelkeit waren nicht aufgetreten. Der Spiegelbefund beider Ohren war normal.

Das *Tonschwellenaudiogramm* (Abb. 18.**9**) zeigt rechts einen erheblichen Hochtonabfall. Bei seitengleichen Knochenleitungsschwellen bei 500 Hz ergibt der *Weber*-Test einen Mitteneindruck. Bei fehlender Schallleitungsstörung ist der *Rinne*-Test beidseits positiv. Nach einer Woche können die überschwelligen Tests durchgeführt werden. Die Ergebnisse des *SISI*- und *Fowler*-Tests weisen auf eine Schädigung des Innenohres hin. Die *Tympanogramme* beider Ohren sind normal, ebenso die *Stapediusreflexschwellen* (R im Tonschwellenaudiogramm) bei 1 und 2 kHz. Beim *Carhart*-Test wird ein Schwellenschwund von 15 dB gefunden, was ebenso gegen eine retrokochleäre Ursache spricht.

Das *Sprachaudiogramm* (Abb. 18.**10**) ist links normal. Rechts ist der Hörverlust für Zahlen wegen der fast normalen Schwelle im Tieftonbereich kaum erhöht. Dagegen ist die Kurve für das Einsilberverständnis wegen des Hochtonhörverlustes stärker zu höheren Pegeln verschoben. Auch

rechts	Zahlen	links
4	Fl. (m)	> 6
> 6	Umg. (m)	

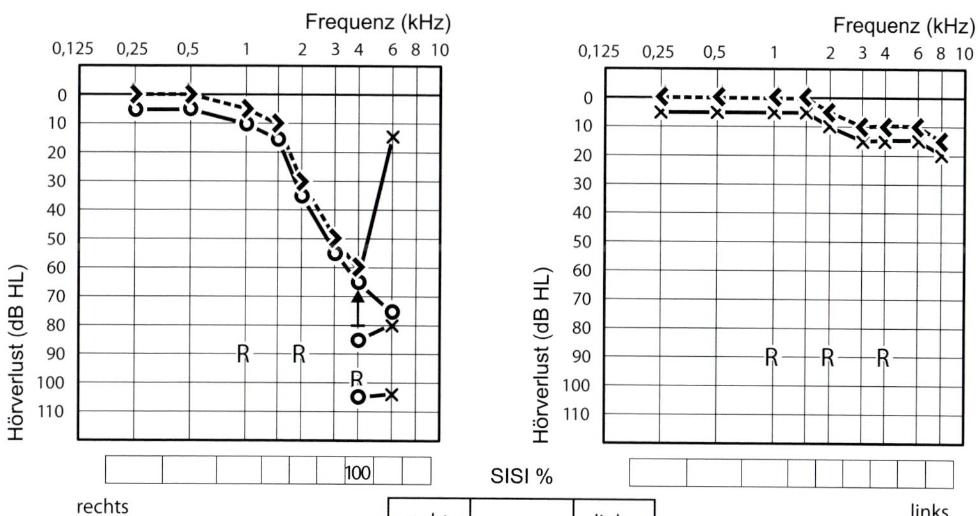

rechts		links
→	Weber	←
+	Rinne	+

Abb. 18.**9** Hörsturz (Hörweiten- und Stimmgabelprüfung, Tonschwellenaudiogramm, SISI- und Carhart-Test, Stapediusreflexmessung).

für hohe Sprachschallpegel erreicht das maximale Sprachverständnis (V_{max}) nicht 100 %.

Bei der *BERA-Untersuchung*, die nach einer Woche durchgeführt wird, zeigt sich links ein normaler Potenzialverlauf. Für das rechte Ohr ist die Latenz der Welle V wegen des Hochtonabfalls verlängert. Die Latenzdifferenz (V–I) ist normal; damit kann eine retrokochleäre Ursache des Hörschadens ausgeschlossen werden.

Die bildgebenden Verfahren der Ohrregion und der retrokochleären Strukturen ergeben Normalbefunde. Die Funktionsprüfung des Gleichgewichtssystems verläuft unauffällig.

Unmittelbar nach dem Hörsturz wurde der Patient in eine Fachabteilung aufgenommen und mit Infusionen durchblutungsfördernder Medikamente behandelt. 14 Tage nach dem Hörsturz hatte sich das Gehör bis auf eine kleine noch verbliebene Hochtonsenke normalisiert.

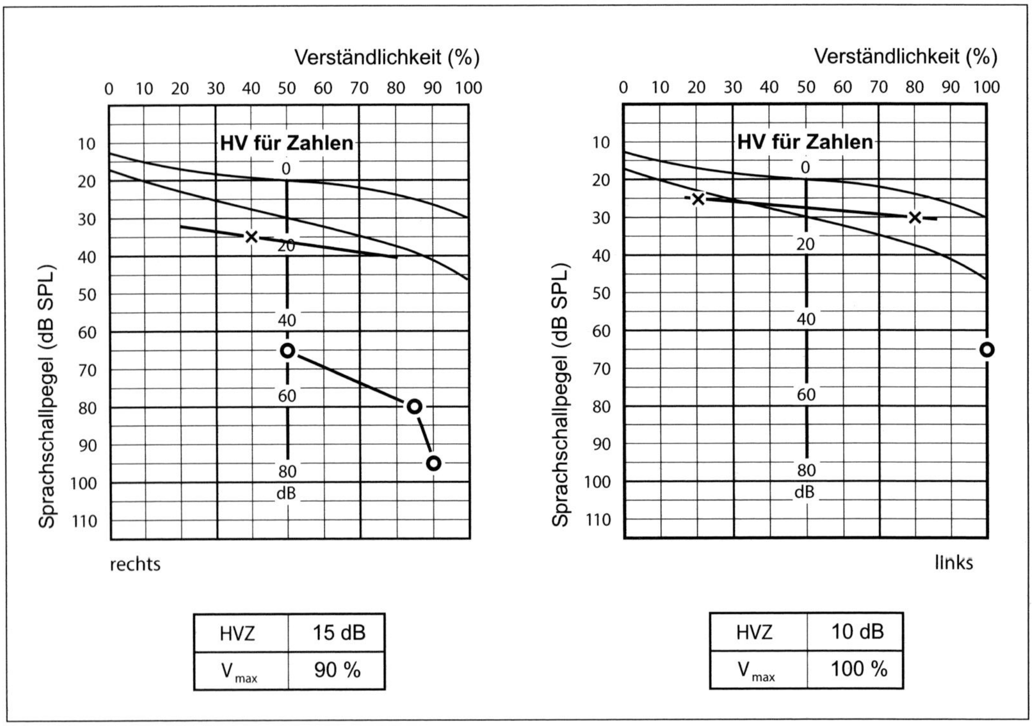

Abb. 18.**10** Hörsturz (Sprachaudiogramm).

Kochlea-Implantation

Eine 30-jährige Frau kam in unsere CI (cochlear implant)-Sprechstunde, um sich über die Möglichkeit einer chirurgischen Therapie mit einem Kochleaimplantat zu informieren. Seit ihrem 5. Lebensjahr ist sie beidseits mit Hörgeräten versorgt, wobei sich im Lauf der Zeit das Hörvermögen progredient verschlechtert hat. Wegen der deutlichen Einschränkung beim Telefonieren kann sie ihren Dienst beim Finanzamt nur noch eingeschränkt ausführen. Bei diesem Vorgespräch konnte man mit der Patientin so gut verbal kommunizieren, dass die Indikation für eine CI-Versorgung zunächst nicht gegeben schien.

Die anschließenden audiometrischen Untersuchungen ergeben im Tonschwellenaudiogramm rechts eine an Taubheit grenzende Schwerhörigkeit, links eine sog. *Resthörigkeit* mit einer recht guten *Aufblähkurve* (Abb. 18.**11**). Das Sprachaudiogramm im Freifeld mit Hörgerät ergibt links eine Verständlichkeit der Einsilber von nur 30 % bei 70 dB SPL (Abb. 18.**12**).

Beim Göttinger Satztest ohne Störgeräusch, von einer Männerstimme gesprochen, erzielt sie mit ihrem linken versorgten Ohr eine Verständlichkeit von fast 50 %, während sie bei gleichem Pegel von 70 dB SPL mit Frauenstimme nur 25 % des Innsbrucker Satztests verstehen kann.

Patienten mit Restgehör ohne Hinweise auf eine retrokochleäre Hörstörung erfüllen die Indikation für ein CI, wenn das Einsilberverständnis auf dem besseren Ohr mit optimaler Hörgeräteversorgung bei 70 dB SPL kleiner oder gleich 40 % beträgt (Leitlinie der ADANO). Nach Abschluss der bildgebenden Vordiagnostik und des positiven Promontoriumtests wurde die Patientin auf der rechten Seite mit einem CI versorgt und erfolgreich rehabilitiert, wobei ihr die ausgeprägte Fähigkeit des Lippenablesens sehr hilfreich war. Nach wie vor trägt sie ihr Hörgerät links, telefoniert aber mit dem Kochleaimplantat ohne Probleme.

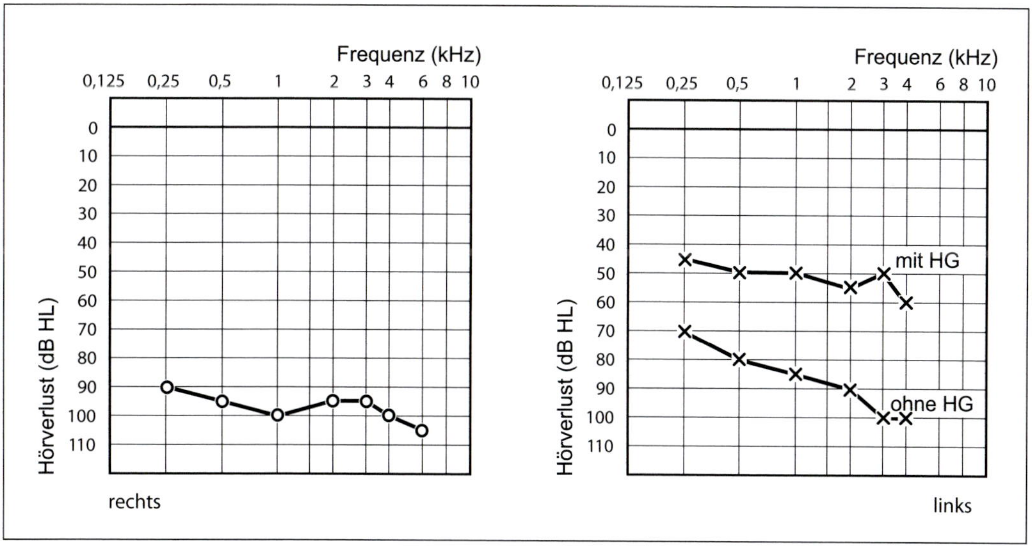

Abb. 18.**11** CI-Voruntersuchung (Tonschwellenaudiogramm mit und ohne Hörgeräte (HG) im Freifeld).

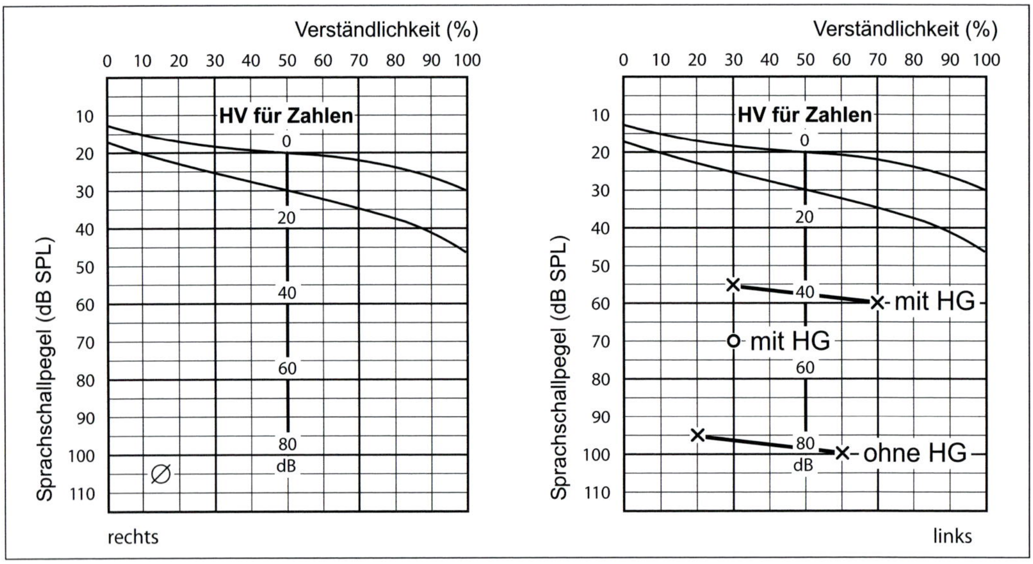

Abb. 18.**12** CI-Voruntersuchung (Sprachaudiogramm mit und ohne Hörgeräte (HG) im Freifeld mit Einsilbern. Ø: kein Verstehen).

Akustikusneurinom

Ein 26-jähriger Krankenpfleger kam in die Praxis mit dem unbestimmten Gefühl einer Hörminderung des rechten Ohres vor allem beim Sprachverständnis. Ansonsten fühlte er sich gesund. Er verspürte aber in ruhiger Umgebung ein leises Rauschen im selben Ohr und gelegentlichen Schwindel. Der Spiegelbefund der Trommelfelle war unauffällig.

Das *Tonschwellenaudiogramm* (Abb. 18.**13**) ist links normal, zeigt aber rechts eine Schallempfindungsstörung mit Hochtonabfall. *Weber-* und *Rinne*-Test liefern für den Bereich um 500 Hz normale Ergebnisse. Zur Klärung der Ursache der Schallempfindungsstörung werden die überschwelligen Tests eingesetzt. Das Ergebnis des *SISI*-Tests ist 0 %. Der *Fowler*-Test führt zu keinem Lautheitsausgleich. Im *Carhart*-Test findet sich ein unbegrenzter Schwellenschwund bei 4 kHz. Alle diese Ergebnisse lassen eine retrokochleäre Ursache für die Hörschädigung vermuten. Der Stapediusreflex (Abb. 18.**14**) ist von rechts nicht mehr auslösbar, er fehlt rechts ipsilateral und links kontralateral.

Das *Sprachaudiogramm* (Abb. 18.**15**) ist links normal. Rechts ist der Hörverlust für Zahlen entsprechend dem Tonschwellenverlauf erhöht. Einsilbige Wörter werden sehr schlecht verstanden (V_{max} = 30 %). Mit der Erhöhung des Sprachschallpegels nimmt das Verständnis sogar ab. Die *BERA-Untersuchung* (Abb. 18.**16**) zeigt eine verlängerte Latenzdifferenz (V–I) für das rechte Ohr. Damit wird die neurale Schädigung bestätigt. In der Gleichgewichtsprüfung ergeben sich pathologische Befunde in den zentral-vestibulären Tests sowie eine erhebliche Untererregbarkeit des rechten Gleichgewichtsorgans.

Das Computertomogramm enthüllt einen bereits relativ großen Kleinhirnbrückenwinkeltumor, welcher 3 Wochen nach Diagnosestellung erfolgreich durch den Neurochirurgen entfernt werden konnte. Allerdings ließen sich dabei die Funktionen des Hör- und Gleichgewichtsnervs sowie des Gesichtsnervs der rechten Seite nicht erhalten.

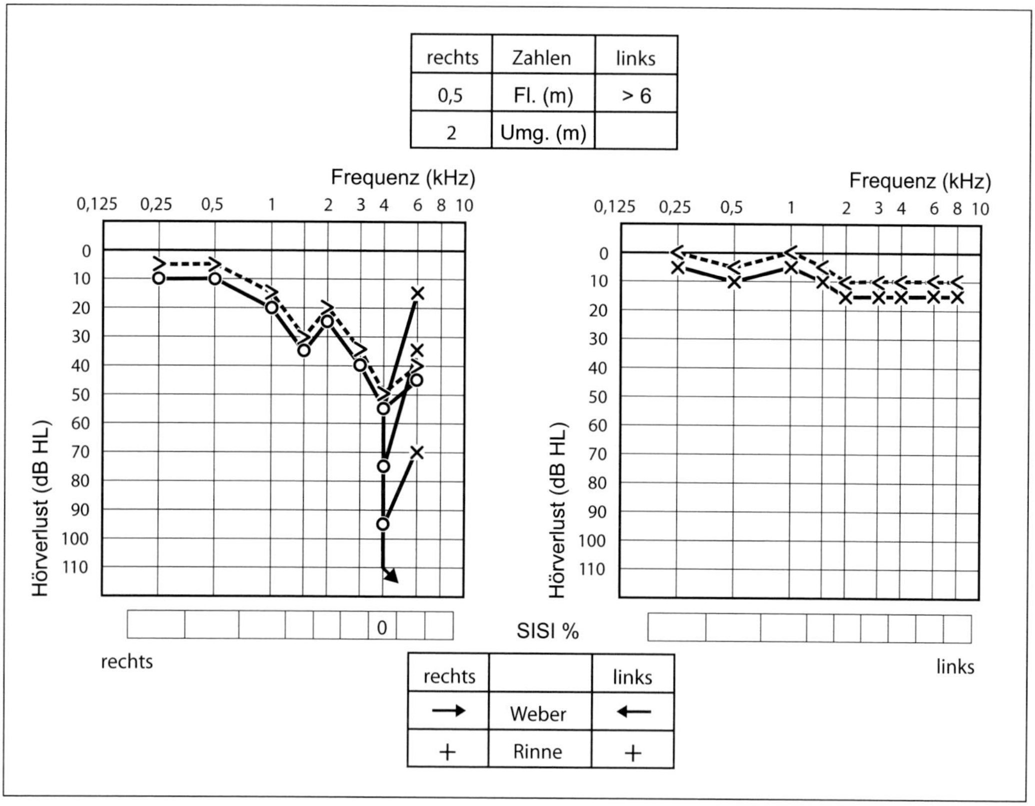

Abb. 18.**13** Akustikusneurinom (Hörweiten- und Stimmgabeltest, Tonschwellenaudiogramm, SISI-, Fowler- und Carhart-Test).

Reflexschwelle (dB HL)

rechts ipsi	rechts kontra		links ipsi	links kontra
–	90	1 kHz	85	100
–	90	2 kHz	85	–
–	90	4 kHz	90	–

rechts ← Sonde → links

Abb. 18.**14** Akustikusneurinom (Stapediusreflexschwellen).

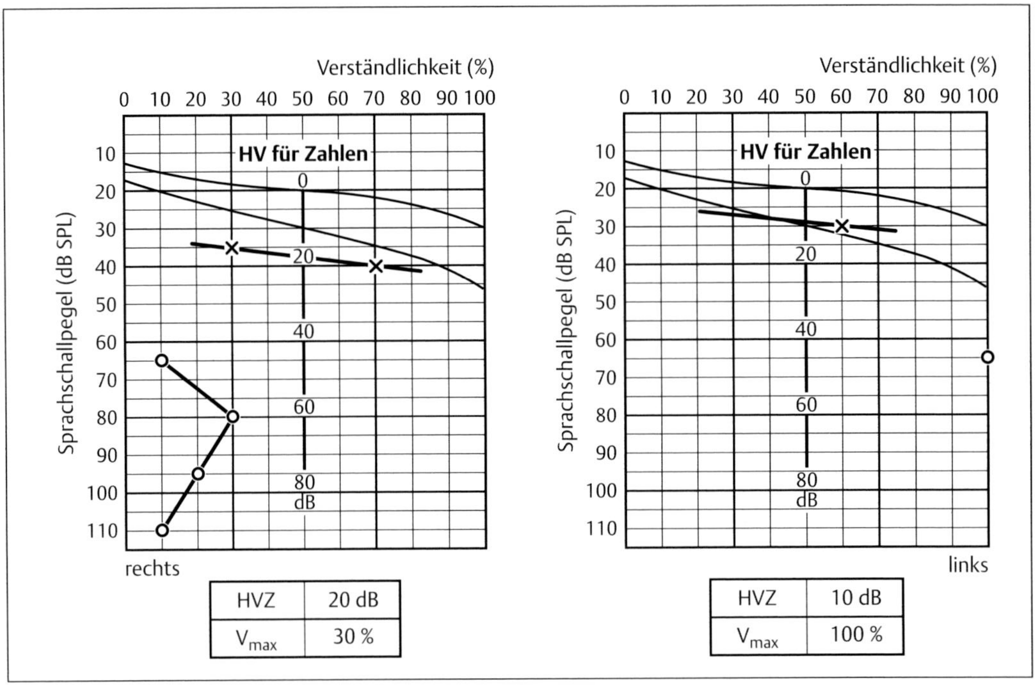

Abb. 18.**15** Akustikusneurinom (Sprachaudiogramm).

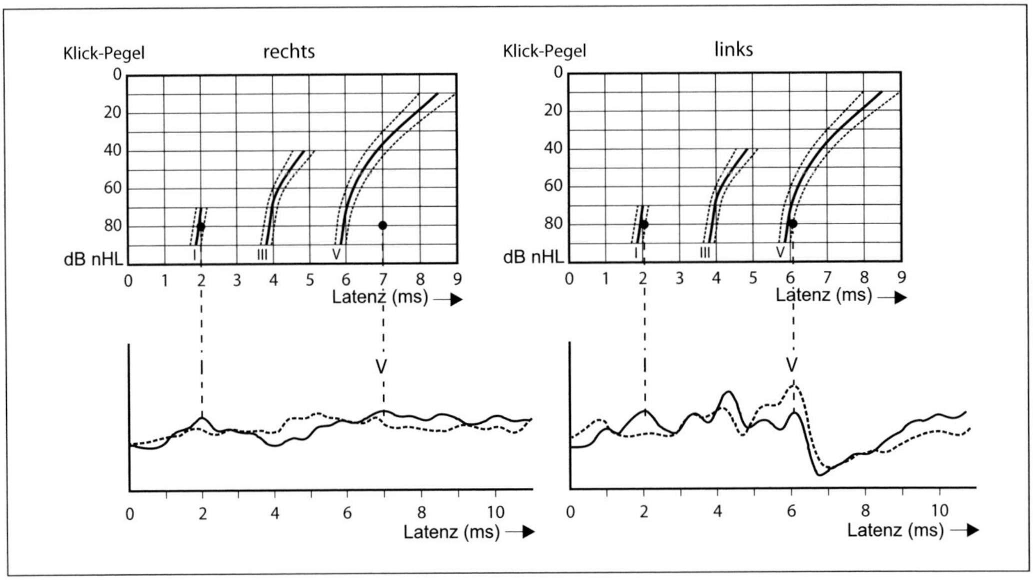

Abb. 18.**16** Akustikusneurinom (BERA-Untersuchung). Oben: Latenzdiagramm, unten: Potenzialkurven. Die Latenzen der Wellen I und V liegen beim linken Ohr im Normalbereich (Interpeaklatenz (V–I) = 4,1 ms); rechts ist die Latenz der Welle I normal, aber die Interpeaklatenz (V–I) auf 5,0 ms verlängert.

Lärmschwerhörigkeit

Für einen Metallarbeiter im Alter von 60 Jahren wurde wegen des Verdachts auf eine Lärmschwerhörigkeit von seinem Werksarzt eine *Anzeige über eine Berufskrankheit* erstellt. Die Berufsgenossenschaft leitete daraufhin ein Berufskrankheiten- (BK-) Verfahren ein, um zu prüfen, ob eine Entschädigungspflicht besteht. Wie in den meisten Fällen wurde ein erfahrener HNO-ärztlicher Gutachter damit beauftragt, das Vorliegen einer berufsbedingten Lärmschwerhörigkeit zu beurteilen.

Aus den vorliegenden Akten konnte die bisherige Entwicklung der Hörminderung beurteilt werden (Abb. 18.**17**): Die im Jahr 1977 gemessene Hochtonsenke um 4 kHz war dem Betroffenen kaum aufgefallen, hatte sich aber bis zur nächsten Untersuchung im Jahr 1983 zu einem Hochtonabfall ausgeweitet. Da von diesem Zeitpunkt an ein persönlicher Lärmschutz verwendet wurde, zeigte das bei einer betrieblichen Nachuntersuchung erhobene Tonschwellenaudiogramm aus dem Jahr 1994 kaum eine weitere Verschlechterung.

Bei der Begutachtung klagte der Arbeiter über ein zunehmendes „zischendes" Ohrgeräusch in beiden Ohren, welches anfangs einige Zeit nach dem Ende des Arbeitstages wieder abflaute, nun aber ständig vorhanden wäre. Er berichtete über Schwierigkeiten, Unterhaltungen mit mehreren Personen folgen zu können („Ich höre, aber verstehe schlecht"). Laute Geräusche empfand er als schrill, manchmal geradezu schmerzhaft.

Die für die Begutachtung durchzuführenden audiologischen Untersuchungen sollten das Ausmaß des Hörschadens dokumentieren und eine Auskunft darüber ermöglichen, ob ein lärmbedingtes Rekruitment, also eine Schädigung der Haarzellen vorlag. Dazu sind in der Regel 2 unterschiedliche überschwellige Tests erforderlich.

Das *Tonschwellenaudiogramm* (Abb. 18.**18**) zeigt den für beide Ohren fast gleichen Verlauf einer Schallempfindungsschwerhörigkeit mit Hochtonabfall. Wegen der begrenzten Leistung des Knochenleitungshörers kann die Knochenleitungsschwelle allerdings beidseits nur bis 2 kHz ermit-

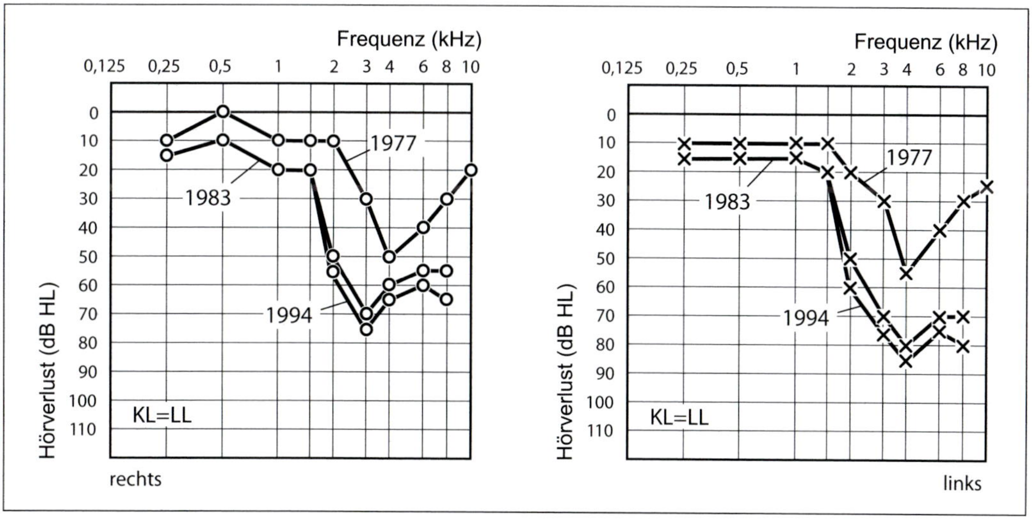

Abb. 18.**17** Lärmschwerhörigkeit (Tonschwellenaudiogramm im Zeitverlauf).

telt werden. Typisch für den steilen Hochtonabfall ist die geringe *Hörweite* für Flüstersprache. Das für beide Ohren angegebene *Ohrgeräusch* kann mit Breitbandrauschen von rechts bei 85 dB, links bei 90 dB verdeckt werden. Wegen der für beide Ohren gleichen Schwellen bei 500 Hz ergibt der *Weber*-Test einen Mitteneindruck. Der *Rinne*-Test ist beidseits positiv.

Das Ergebnis des *SISI*-Tests (bds. 100 % bei 4 kHz) weist auf einen Haarzellenschaden hin. Das mit 5 dB nur geringe Ausweichen der Mithörschwelle vor der Hörschwelle beim *Geräuschaudiogramm* und der auf beiden Seiten gefundene *Schwellenschwund* von 10 dB geben keinen Hinweis auf eine neurale Ursache des Hörschadens.

Das *Tympanogramm* (nicht dargestellt) verläuft beidseits normal. Die ipsilateralen *Reflexschwellen* sind in das Tonschwellenaudiogramm eingetragen (R) und sprechen für einen Lautheitsausgleich bei den Frequenzen 1 und 2 kHz, bestätigen also einen Haarzellenschaden. Bei 4 kHz ist wegen des hohen Hörverlustes kein Reflex registrierbar.

rechts	Zahlen	links
0,5	Fl. (m)	0,2
4	Umg. (m)	4

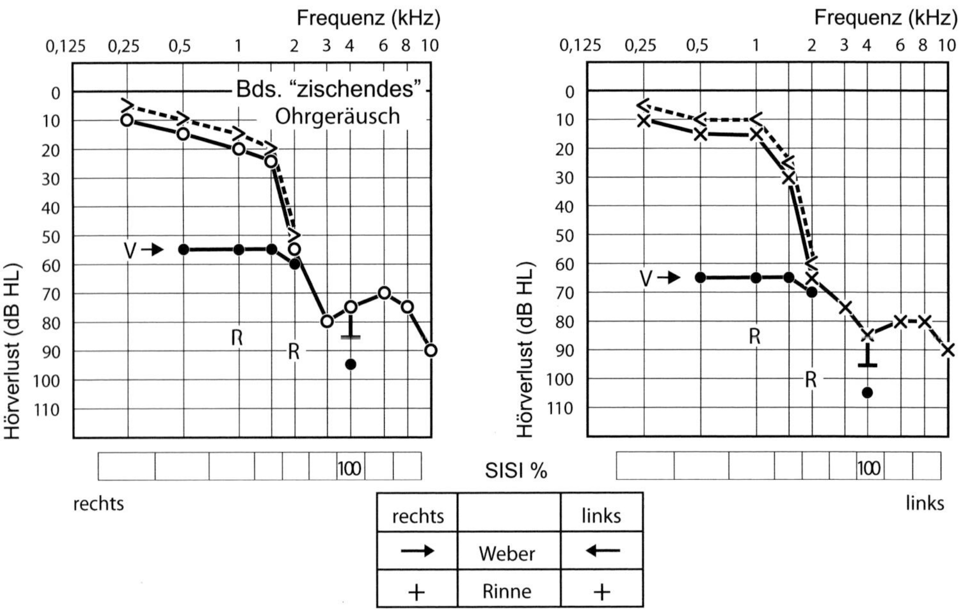

rechts		links
→	Weber	←
+	Rinne	+

Abb. 18.**18** Lärmschwerhörigkeit (aktuelles Tonschwellenaudiogramm, Hörweiten- und Stimmgabelprüfung, Stapediusreflexe, SISI- und Carhart-Test, Geräuschaudiogramm nach Langenbeck). R: ipsilaterale Reflexschwellen, V: Verdeckung.

Im *Sprachaudiogramm* (Abb. 18.**19**) wird ein Hörverlust für Zahlen von 20 dB bzw. 15 dB gefunden, der jeweils gut mit der Tonschwelle bei 0,5 bis 1 kHz übereinstimmt. Für hohe Sprachschallpegel wird beidseits eine fast volle Sprachverständlichkeit erreicht. Wegen des Hochtonabfalls liegen die Messkurven für Zahlen und Einsilber weit voneinander entfernt. Die Verständlichkeitskurve für Einsilber überschreitet insgesamt die in Abb. 18.**19** eingetragene schraffierte Grenze, über der entsprechend dem Grundsatz G 20 dauernde gesundheitliche Bedenken für die Weiterbeschäftigung im Lärm ausgesprochen werden.

Das Gesamtwortverstehen ergibt sich aus den Verständlichkeitswerten bei den Sprachschallpegeln von 60, 80 und 100 dB rechts zu 160 (10 + 60 + 90) und links zu 150 (0 + 60 + 90).

Das gewichtete Gesamtwortverstehen beträgt rechts 120 und links 105.

Zur *Begutachtung* wird zunächst der prozentuale Hörverlust beider Ohren ermittelt. Mit den Ergebnissen des Sprachaudiogramms (HVZ rechts 20 dB, links 15 dB, gewichtetes Gesamtwortverstehen rechts 120 und links 105) ergibt sich aus der Tab. 17.**1** (S. 142) der prozentuale Hörverlust rechts und links zu jeweils 60 %. Aus der Tab. 17.**4** (S. 144) wird für eine mittel- bis hochgradige Schwerhörigkeit eine MdE von 40 % entnommen. Da der Wert zwischen 20 % und 40 % liegt, wird keine weitere Berechnung mit dem einfachen Gesamtwortverstehen durchgeführt. Dem Arbeitgeber wurde nahegelegt, den Metallarbeiter trotz des dauernd getragenen Gehörschutzes auf einem lärmfreien Arbeitsplatz einzusetzen.

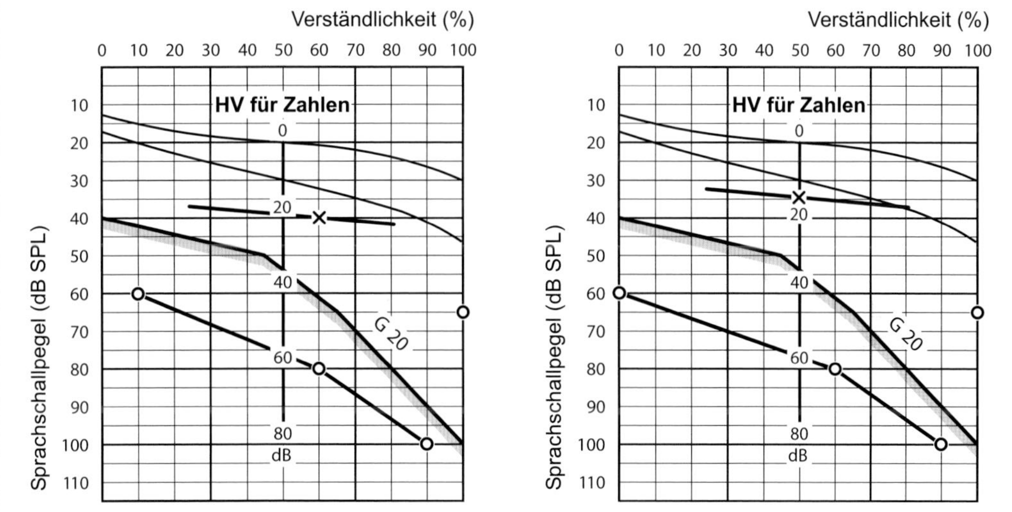

HVZ	20 dB
V_{max}	90 %

HVZ	15 dB
V_{max}	90 %

Abb. 18.**19** Lärmschwerhörigkeit (Sprachaudiogramm).

Vorsorgeuntersuchung nach G 20

Ein 19-jähriger Mann stellt sich vor der Arbeitsaufnahme in der Stanzerei beim Betriebsarzt zur Erstuntersuchung vor. Er hat bisher nicht in Lärmbereichen gearbeitet. Die Anamnese und Ohrinspektion ergeben keinen Hinweis auf vorliegende Ohrerkrankungen.

Das im Siebtest aufgenommene Tonschwellenaudiogramm für die Frequenzen 1, 2, 3, 4 und 6 kHz in Luftleitung ist im Formular *Lärm I* (Abb. 18.**20**) dargestellt. Die Auswertung der Erstuntersuchung wird im unteren Bildteil vorgenommen. Im Vergleich der Schwellenwerte mit den Grenzwerten der Tab. 16.**1** für das Alter von unter 30 Jahren wird keine Überschreitung festgestellt. Daher ist keine Ergänzungsuntersuchung notwendig; die Arbeit im Lärmbereich kann aufgenommen werden.

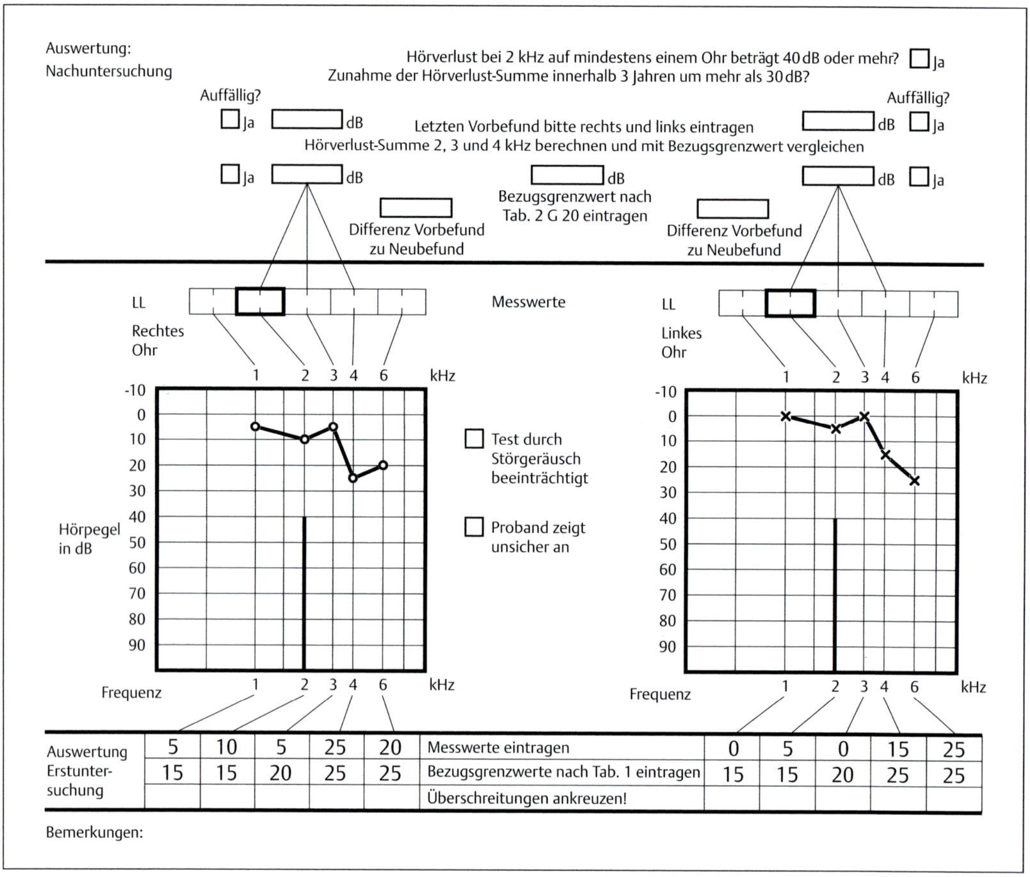

Abb. 18.**20** Untersuchungsbogen Lärm I (Ausschnitt). Erstuntersuchung, Siebtest.

Nach 12 Monaten wird die erste Nachuntersuchung vorgenommen, die ebenfalls mit dem Siebtest beginnt (Abb. 18.**21**). In der Anamnese wird eine leichte zurzeit bestehende Erkältung angegeben. Das Tonschwellenaudiogramm in Luftleitung hat sich gegenüber der Erstuntersuchung offensichtlich verschlechtert.

Die Auswertung des Siebtests bei der Nachuntersuchung wird im oberen Teil des Untersuchungsbogens *Lärm I* vorgenommen.

Dafür wird die Summe der Hörverluste bei den Frequenzen 2,3 und 4 kHz berechnet.

- Ein Hörverlust bei 2 kHz von 40 dB wird auf beiden Ohren nicht erreicht.
- Die Summe der Luftleitungshörverluste bei den Frequenzen 2, 3 und 4 kHz hat im linken Ohr um mehr als 30 dB zugenommen.
- Die Hörverlustsumme überschreitet den für ein Alter von bis zu 20 Jahren gültigen Grenzwert der Tab. 16.**2**.

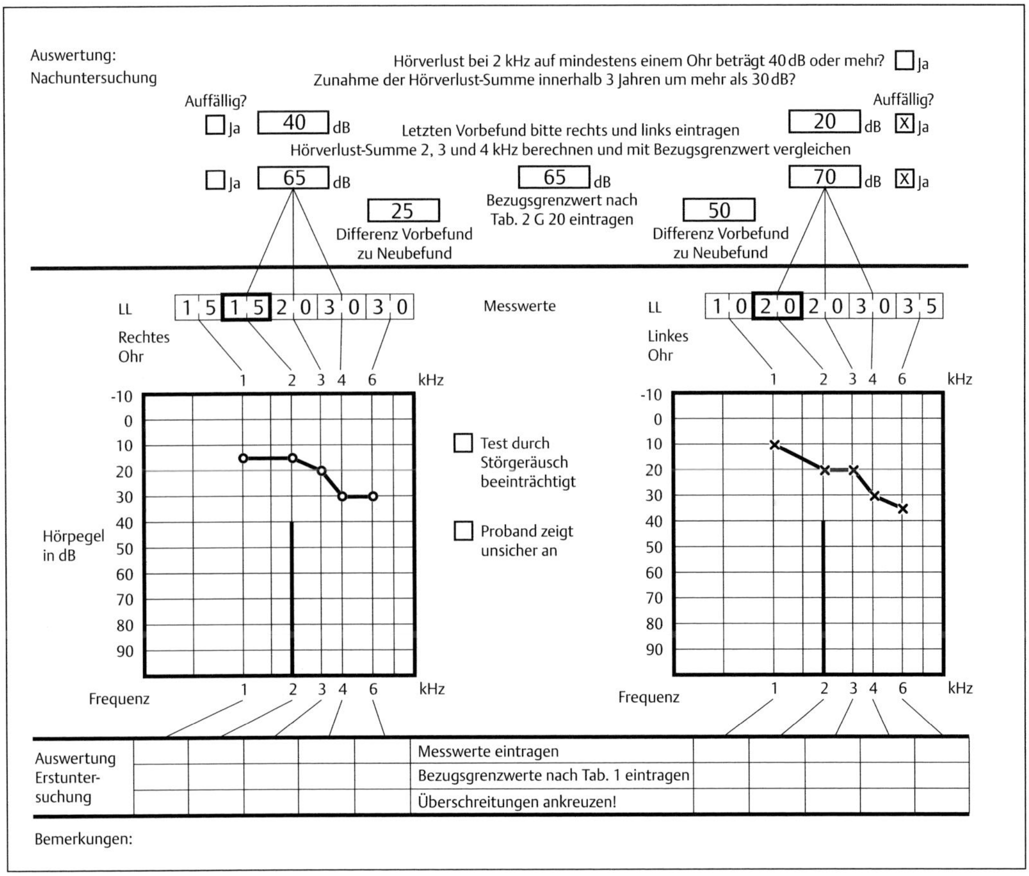

Abb. 18.**21** Untersuchungsbogen Lärm I (Ausschnitt), Nachuntersuchung, Siebtest.

Da die beiden letzten Befunde auffällig sind, ist eine Ergänzungsuntersuchung vorzunehmen (Untersuchungsbogen *Lärm II*, Abb. 18.**22**). Dafür werden die Hörschwellen in Luft- und Knochenleitung gemessen. Der Webertest zeigt eine Lateralisation nach links.

Zur Auswertung wird die Summe der Schwellenwerte in Knochenleitung für die Frequenzen 2, 3 und 4 kHz berechnet. Die Zunahme der Hörverlustsumme gegenüber der Voruntersuchung kann nicht bestimmt werden, da bei der Erstuntersuchung nur die Luftleitungswerte gemessen wurden. Die Hörverlustsumme überschreitet aber in Knochenleitung *nicht* den Bezugsgrenzwert der Tab. 16.**2** (S. 140). Es bestehen daher keine gesundheitlichen Bedenken für die Arbeit im Lärmbereich. Die Ursache für die Hörverschlechterung ist eine Mittelohrhörstörung links, die als Differenz von Luft- und Knochenleitungsschwelle erscheint. Auch der Weber-Test weist auf einen Schallleitungshörverlust links hin. Der otoskopische Befund ergibt keine Kontraindikation zum Tragen des bisherigen Gehörschutzes. Der Betriebsarzt ordnet eine verkürzte Frist zur nächsten Nachuntersuchung an, um den Heilungsverlauf der Mittelohrerkrankung zu kontrollieren.

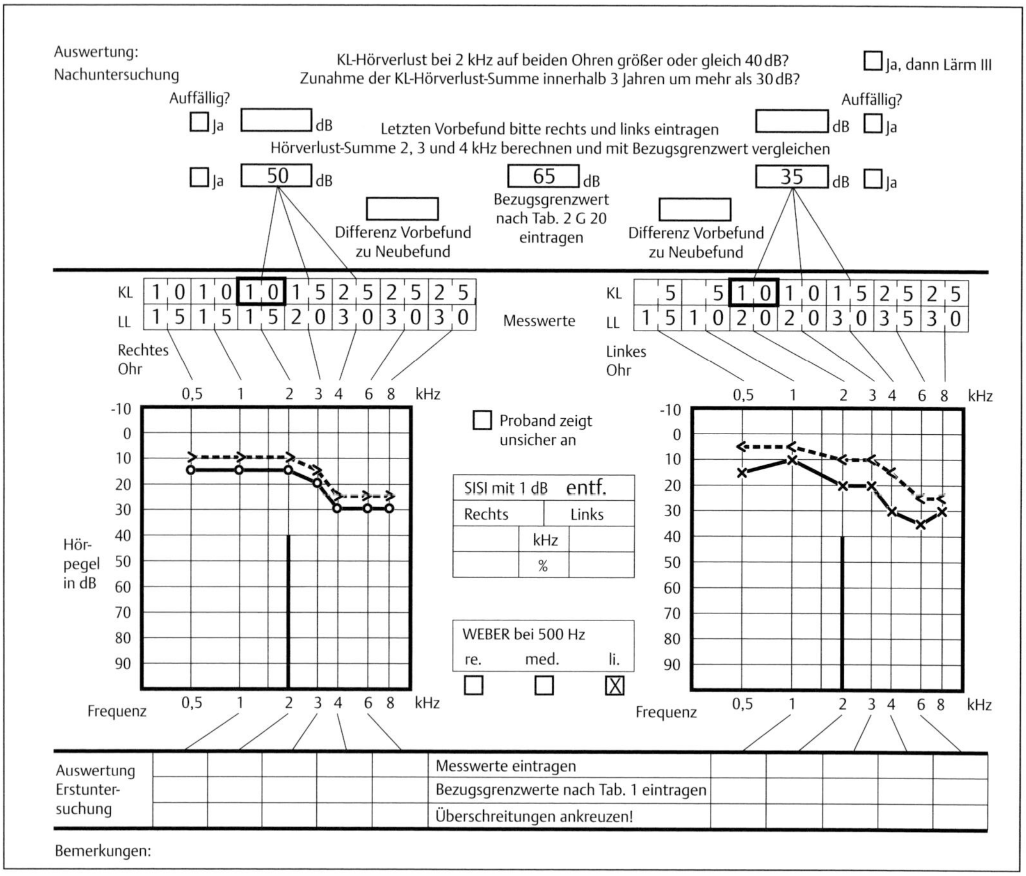

Abb. 18.**22** Untersuchungsbogen Lärm II, Nachuntersuchung, Ergänzungsuntersuchung.

19 Übersicht der audiometrischen Verfahren

Die in Abb. 19.1 dargestellte Übersicht zeigt die diagnostische Relevanz der gängigen subjektiven und objektiven Verfahren der Audiometrie in Bezug auf den Ort der Hörstörungen. Die Abkürzungen gehen aus den voran gegangenen Kapiteln des Textes hervor, wobei die englischen Abkürzungen OHC (outer hair cell) und IHC (inner hair cell) mittlerweile auch als allgemein verwendete Kürzel in der deutschen Fachliteratur Verwendung finden.

Die grau eingezeichneten Balken bedeuten, dass sich sekundär auch diagnostische Aussagen über die Funktionen des Mittelohres oder der weiteren Hörbahn treffen lassen.

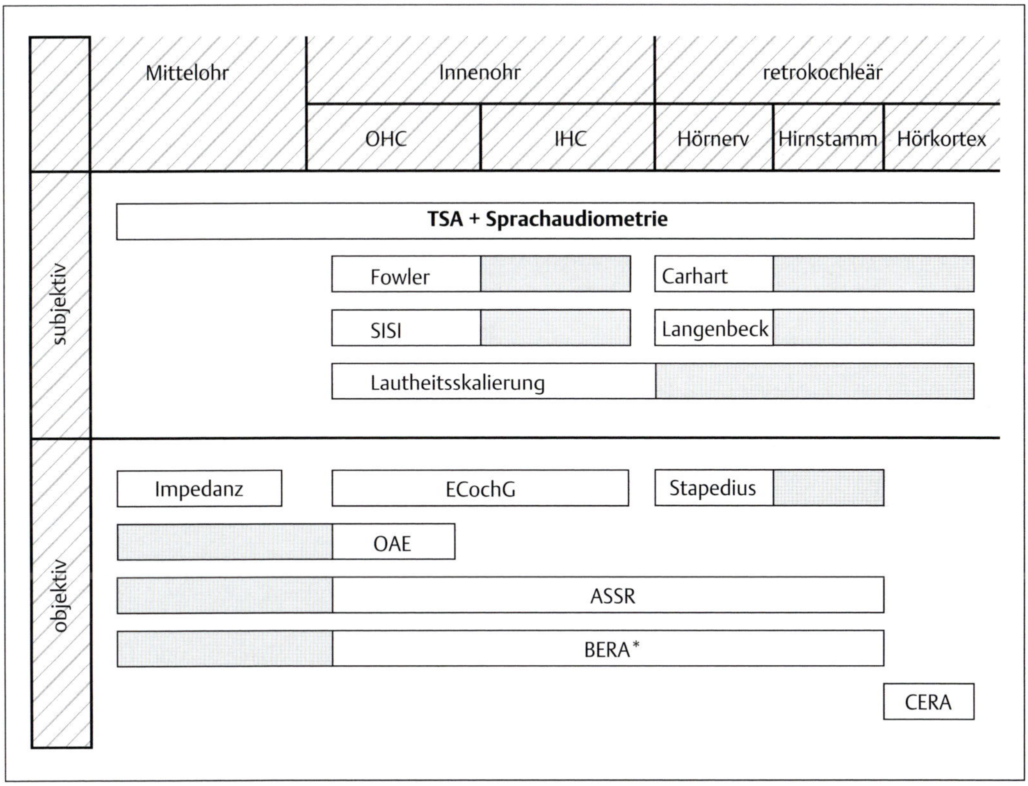

Abb. 19.1 Übersicht über die wichtigsten audiometrischen Verfahren (* BERA umfasst N-Noise und Chirp).

20 Literatur

Für die weitere Vertiefung werden zu den einzelnen Kapiteln die folgenden Bücher empfohlen: Das umfassendste Standardwerk in deutscher Sprache ist das Buch von

Lehnhardt E, Laszig R (Hrsg.):
Praxis der Audiometrie. Stuttgart:
Thieme Verlag; 9. Auflage 2009.*

Darin finden Sie auch weiterführende Informationen und vor allem eine ausführliche Literaturübersicht, sowie spezielle Gebiete der Audiometrie, die im vorliegenden Buch nicht enthalten sind. Im Folgenden ist zu einigen Kapiteln die grundlegende Literatur angegeben.

Kap. 1 Hörorgan

Zenner, HP: Hören. Physiologie, Biochemie, Zell- und Neurobiologie. Stuttgart: Thieme Verlag; 1994.

Inhaltsgleich:

Zenner, HP: Physiologie und biochemische Grundlagen des normalen und gestörten Gehörs, in: Naumann H, Helms J, Herberhold C, Kastenbauer E (Hrsg.) Oto-Rhino-Laryngologie in Klinik und Praxis, Bd.1 Ohr. Stuttgart: Thieme Verlag;1994, 81-211.

Lehnhardt E, Janssen Th: Physiologie und Pathophysiologie des Innenohres, in: Lehnhardt/Laszig*, 35-46.

Dallos P, Popper AN, Fay RR (Hrsg.) The Cochlea. New York: Springer Verlag; 1996.

Kap. 2 Krankheiten des Gehörs

Boenninghaus HG, Lenarz T: Hals-Nasen-Ohren-Heilkunde. Heidelberg: Springer Verlag; 2007.

Probst R, Grevers G, Iro H: Hals-Nasen-Ohren-Heilkunde. Stuttgart: Thieme Verlag; 2008.

Zenner HP (Hrsg.): Hals-Nasen-Ohren-Heilkunde. Stuttgart: Thieme Verlag; 1997.

Kap. 3 Akustische Grundlagen

Hellbrück J, Ellermeier W: Hören, Physiologie, Psychologie und Pathologie. Göttingen: Hogrefe; 2004.

Zwicker E: Psychoakustik. Berlin: Springer Verlag; 1982.

Zwicker E, Fastl H: Psychoacoustics. Facts and Models. Berlin: Springer Verlag; 1999.

Zwicker E, Zöllner M: Elektroakustik. Berlin: Springer Verlag; 1984.

Kap. 7 Lautheitsausgleichstests

Kollmeier B (Hrsg.): Hörflächenskalierung – Grundlagen und Anwendung der kategorialen Lautheitsskalierung für Hördiagnostik und Hörgeräteversorgung. Heidelberg: Median Verlag;1997.

Kap. 8 Verdeckbarkeit, Hörermüdung, Ohrgeräusche

Biesinger H: Tinnitus: Endlich Ruhe im Ohr. Stuttgart: Trias Verlag; 2005.

Feldmann H: Tinnitus. Grundlagen einer rationalen Diagnostik und Therapie. Stuttgart: Thieme Verlag; 1998.

Goebel G, Schulte D, Grawe K, Hahlweg K: Tinnitus und Hyperakusis. Göttingen: Hogrefe Verlag; 2003.

Hesse G: Tinnitus. Diagnostik und Therapie von Ohrgeräuschen. Stuttgart: Thieme Verlag; 2008.

Leitlinien Tinnitus der Deutschen HNO-Gesellschaft 2010. www.hno.org

Kap. 9 Sprachaudiometrie

Kollmeier B (Hrsg.): Moderne Verfahren der Sprachaudiometrie. Heidelberg: Median Verlag; 1992.

Kap. 12 Otoakustische Emissionen

Hoth S, Lenarz T: Otoakustische Emissionen – Grundlagen und Anwendungen. Stuttgart: Thieme Verlag; 1997.

Hoth S, Neumann K: Das OAE-Handbuch – Otoakustische Emissionen in der Praxis. Stuttgart: Thieme Verlag; 2006.

Janssen Th: Otoakustische Emissionen, in Lehnhardt/Laszig*, 113–136.

Kap. 13 Akustisch evozierte Potenziale

Hoth S, Lenarz Th: Elektrische Reaktionsaudiometrie. Berlin: Springer Verlag; 1994.

Mrowinski D: ERA – Elektrische Reaktionsaudiometrie, in Lehnhardt/Laszig*, S. 203–238.

Pethe J, Mühler R, Specht Hv: Amplitude modulation following responses (AMFR) in der audiologischen Diagnostik. HNO 50 (2002): 1045–1052.

Kap. 14 Kinderaudiometrie

Böhme G: Auditive Verarbeitungs- und Wahrnehmungsstörungen (AVWS) im Kindes- und Erwachsenenalter. Defizite, Diagnostik, Therapieschwerpunkte. Bern: Huber; 2008.

Böhme G, Welzl-Müller K: Audiometrie. Hörprüfungen im Erwachsenen- und Kindesalter. Bern: Huber; 2005.

Heinemann M: Subjektive Audiometrie bei Kindern und akustisch evozierte Potentiale. Bingen: Gross; 1990.

Lauer N: Zentral-auditive Verarbeitungsstörungen im Kindesalter. Stuttgart: Thieme Verlag; 2006.

Wendler J, Seidner W, Eysoldt U: Lehrbuch der Phoniatrie und Pädaudiologie. Stuttgart: Thieme Verlag; 2005.

Auditive Verarbeitungs- und Wahrnehmungsstörungen (AVWS). Leitlinien der Deutschen Gesellschaft für Phoniatrie und Pädaudiologie 2010. www.awmf-online.de

Kap. 15 Hörgeräte

Battmer RD: Cochlear Implant heute. Berlin. Springer Verlag, 2009

Kießling J, Kollmeier B, Diller G: Versorgung und Rehabilitation mit Hörgeräten. Stuttgart: Thieme Verlag; 2008.

Kinkel M: Hörgeräte, in Lehnhardt/Laszig* S. 165–187.

Lenarz Th: Cochlea-Implantat. Berlin: Springer Verlag; 1998.

Cochlea-Implantat (Versorgung einschließlich zentral-auditorischer Implantate. Leitlinie der Arbeitsgesellschaft deutschsprachiger Audiologen und Neurootologen der Deutschen Gesellschaft für Hals-Nasen-Ohren-Heilkunde, Kopf- und Hals-Chirurgie. www.awmf.org.

Periphere Hörstörungen im Kindesalter IX. Cochlea Implantation, Leitlinie der Deutschen Gesellschaft für Phoniatrie und Pädaudiologie. www.awmf.org.

Kap. 16 Arbeitsmedizin

Berufsgenossenschaftliche Grundsätze für arbeitsmedizinische Vorsorgeuntersuchungen „Lärm", G 20 (Bearbeit. 2007) Herausgeber: Hauptverband der gewerblichen Berufsgenossenschaften e. V., Alte Heerstr. 111, 53757 Sankt Augustin.

Ermittlung des Lärmexpositionspegels am Arbeitsplatz. Lärmschutz-Arbeitsblatt LSA 01-400 (2007). Institut für Arbeitsschutz, Alte Heerstr. 111, 53757 Sankt Augustin.

Verordnung zum Schutz der Beschäftigten vor Gefährdung durch Lärm und Vibration (Lärm-VibrationsArbSchV). Bundesanzeiger-Verlag mbH. Amsterdamer Str. 192, 50735 Köln.

Kap. 17 Begutachtung

Feldmann H: Das Gutachten des Hals-Nasen-Ohren-Arztes. Stuttgart: Thieme Verlag; 2006.

Plath P: Lärmschäden des Gehörs und ihre Begutachtung. Hannover: Schlüter; 1991.

Empfehlungen des Hauptverbandes der gewerblichen Berufsgenossenschaften für die Begutachtung der beruflichen Lärmschwerhörigkeit (Königsteiner Merkblatt 1996). HVBG, Alte Heerstr. 111, 53754 Sankt Augustin.

21 Anlagen (CD-ROM)

AUDIOSIM – Anleitung zum Audiometrie-Simulationsprogramm

Nach Durchführung der Stimmgabel- und Hörweitentests ist das Tonschwellenaudiogramm die Grundlage und der Ausgangspunkt für alle weiteren Höruntersuchungen. Die Schwellenwerte können bei geschädigtem Gehör in Luft- und vor allem in Knochenleitung nur mit dem Einsatz der Vertäubung des Gegenohres richtig bestimmt werden.

Das Erlernen dieser schwierigen Untersuchungstechnik bereitet oft Probleme, da zum Üben meist nur normalhörende Personen zur Verfügung stehen, an denen die Vertäubung nicht sinnvoll eingesetzt werden kann. Das Üben an Schwerhörigen ist nicht zu empfehlen, weil diese wegen ihrer Empfindlichkeit für hohe Lautstärken bei ungeschicktem Audiometrieren bald ihre Geduld verlieren. Das Problem wird meist so gelöst, dass die Lehraudiometristin eine Schwerhörigkeit simuliert und für beide Ohren die entsprechenden Schwellen angibt. Dies ist nicht einfach, und das Verfahren kann zum eingehenden Lernen nicht beliebig oft wiederholt werden.

Das vorliegende PC-Lernprogramm AUDIOSIM kann diese Rolle beim Audiometrieunterricht übernehmen. Für die Übung wird eins der mitgelieferten oder ein selbst eingegebenes „richtiges“ Audiogramm zugrunde gelegt. In einem auf dem Monitor dargestellten praxisgerechten Audiogramm können wie beim Audiometer Pegel und Frequenzen eingestellt werden; beim Erreichen der jeweiligen Schwelle erscheint (wie beim Tastendruck des Patienten) eine Meldung.

Mit diesen Hörmeldungen kann wie beim Audiometer das Audiogramm erstellt werden, ohne dass bei der Simulation Messtöne hörbar werden. Bei falschen Einstellungen erfolgen Fehlermeldungen, welche den Lernenden auf den richtigen Weg zurückführen.

Das Programm AUDIOSIM wurde unter dem Betriebssystem Windows XP erstellt und ist auf allen IBM-kompatiblen und auch auf Apple-Rechnern mit Standard-Peripherie lauffähig.

Audiometrieren mit AUDIOSIM

Audiogramm hinterlegen

Zum Beginn muss zunächst ein Audiogramm „hinterlegt“ werden, das dem wahren Audiogramm eines Probanden entspricht. Dazu wählt man mit der Maus DATEI und ÖFFNEN. Durch Öffnen eines der zweckmäßig in den „Eigenen Dateien“ gespeicherten Audiogramme wird dieses im Audiogramm in blauer Farbe eingefügt. Zum Üben werden die Audiogramme „audiogramm 1–4“ auf der CD mitgeliefert. Eigene Audiogramme lassen sich durch SPEICHERN von Audiogrammen erstellen, die ohne Hinterlegung geschrieben wurden. Es kann auch das Textdokument direkt eingegeben werden.

Audiometrieren

Wie bei der „richtigen“ Audiometrie ist auch bei der Simulation immer eine Seite aktiv. Sie wird durch die Anzeige des jeweils eingestellten Wandlers (des Luftleitungs- oder Knochenleitungshörer) über dem Audiogramm gekennzeichnet. Die S-Taste dient dem Umschalten der aktiven Seite, mit der W-Taste wird der Wandler gewechselt.

Zur Pegeleinstellung werden (wenn verfügbar) die Tasten des numerischen Tastenblocks (NUM) benutzt (Abb. 21.**1**).

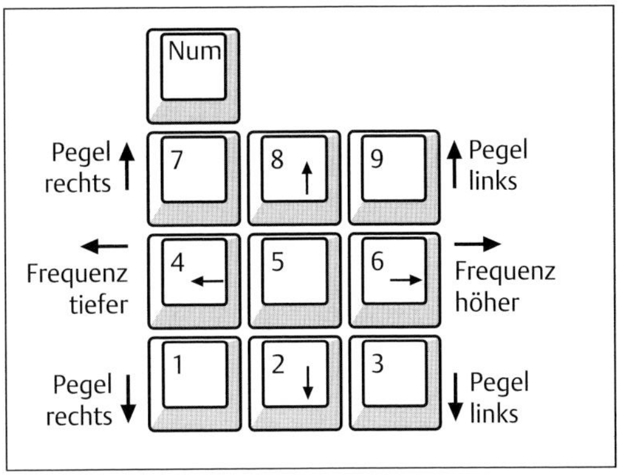

Abb. 21.**1** Steuerung von AUDIOSIM.

Zum Variieren von Frequenz und Pegel können auch die **Cursortasten** verwendet werden. Mit der Taste **ALT** wird zwischen Messton und Vertäubungsgeräusch gewechselt.

Das Eintragen des eingestellten Pegels in das Audiogramm erfolgt mit der **ENTER**-Taste.

Patientenmeldung

Entsprechend der Patientenmeldung bei der Audiometrie wird vom Simulator ein Höreindruck (Messton) durch das Aufleuchten des Feldes HÖREN zwischen den Audiogrammfeldern signalisiert. Wenn über das Menu ANZEIGE die ERWEITERTEN INFORMATIONEN eingeschaltet sind, werden zusätzlich die Meldungen

SCHWELLE

ÜBERHÖREN

FÜHLEN

ÜBERVERTÄUBT

gegeben.

Menu ANZEIGE

Wird DATEN ZEIGEN nicht angewählt, so wird das hinterlegte Audiogramm nicht angezeigt. Ist CURSOR ZEIGEN nicht gewählt, wird die Pegelanzeige während der Messung gelöscht. 20 dB PEGELSPRUNG verringert beim Wechsel der Messfrequenz den Pegel um 20 dB. MESSDATEN LÖSCHEN beseitigt die aktuellen Messpunkte.

Die Werte für Hörweiten- und Stimmgabeltests können in das Textdokument eingegeben werden.

HOERSIM – Hörbeispiele

Die CD enthält unter dem Programmnamen HOERSIM Klangbeispiele, die vereinfacht demonstrieren sollen, wie Patienten mit unterschiedlichen Hörschäden Sprache wahrnehmen könnten. Die Software wird direkt von der CD gestartet und läuft auf einem PC mit Standard Soundkarte und Windows Betriebssystem.

Mit dem normal aufgesprochenen Text einer weiblichen und einer männlichen Stimme wurden mit digitalen Frequenzfiltern und Kompressionskennlinien die folgenden Hörstörungen simuliert:

Hörsenke

Die in diesem Fall mit 30 dB bei 4 kHz relativ tiefe Senke im Schwellenverlauf ist mit dem Gehör nur an einer leichten Verfärbung des Sprachklangs zu erkennen. Insbesondere bei langsamer Entstehung, verbunden mit der entsprechenden Gewöhnung, wird dieses Zeichen einer beginnenden Lärmschädigung vom Betroffenen kaum bemerkt. Aus diesem Grund werden bei Lärmarbeitern Vorsorgeuntersuchungen (Kapitel arbeitsmedizinische Vorsorge) durchgeführt, die eine weitere Schädigung verhindern sollen.

Otosklerose

In diesem Fall einer Schallleitungshörstörung beim Versteifungstyp werden nur die hohen Frequenzen ungedämpft gehört. Da der Formantbereich praktisch erhalten ist, bleibt die Sprache auch beim Fehlen der Stimmgrundfrequenz verständlich, wenn auch sehr leise. Die Hördynamik wird im Pegel verschoben, aber nicht komprimiert.

Innenohr-Hochtonabfall

Die Stimme hat einen dunklen Klang, und das Verständnis wird durch den abgesenkten Formantbereich erschwert. Anteile mit hohen Frequenzen werden bei enger Dynamik nur gehört, wenn sie die Hörschwelle überschreiten.

Tieftonhörrest

Reicht der erhaltene Hörbereich nur bis 500 Hz, so ist bei einem steilen Schwellenabfall Sprache nicht mehr zu verstehen. Auch ein Hörgerät ist in vielen Fällen nicht mehr hilfreich, so dass ein Kochleaimplantat erwogen werden sollte.

Pankochleäre Schwerhörigkeit

Das Tonschwellenaudiogramm zeigt, dass der Bereich des leisen Hörens im gesamten Frequenzbereich verlorengegangen ist. Die noch erhaltenen inneren Haarzellen bewirken ein Rekruitment, bei dem nur noch die lauten Sprachanteile gehört werden. Dies bewirkt auch Verzerrungen des Sprachklangs.

Anmerkung

Wir danken Herrn Rudolf Becker für die Erstellung dieser Hörbeispiele sowie Frau Stefanie Räke als Sprecherin.

Die Simulation des Sprachklangs beim Kochleaimplantat wird im Programm COCHLEARSIM akustisch wiedergegeben.

COCHLEARSIM – Hörbeispiele

Die CD enthält ferner unter dem Namen COCHLEARSIM Klangbeispiele von gesprochenen Wörtern in Englisch und Deutsch sowie Vogelstimmen, die demonstrieren sollen, wie die verschiedenen Sprachverarbeitungsstrategien eines Kochleaimplantats die ausgewählten Eingangssignale kodieren. Es sind reine Simulationen. Die signaltheoretisch umgesetzten Reize lassen sich akustisch wiedergeben, spiegeln aber in keinem Fall die echte Wahrnehmung eines CI-Trägers nach der kortikalen Verarbeitung wider.

Dieses Programm wird nicht automatisch auf dem PC installiert, da es ca. 4 MB freien Speicher auf der Platte voraussetzt. Das Simulationsprogramm wird mit strategies.exe gestartet und lässt sich unter Windows XP bedienen.

Wir danken dem Autor des Programms Herrn Jürgen Roth vom Implant Centrum Freiburg sowie der Fa. Cochlear, Hannover für die Überlassung dieser Hörbeispiele.

Sachregister

N

O

P

Q

R

S

T

U

V

W

Z